高等职业教育种子系列教材
全国种子行业技术培训教材

种子学基础

张小玲　胡伟民　主编

中国农业大学出版社
·北京·

内 容 简 介

《种子学基础》是按照高等职业院校人才培养模式的新需求，本着宽基础、精专业、重能力、求创新的总体思想，参考国内外种子学的基础理论和最新研究成果，结合我国种子科技实践而编写。本书主要介绍了种子的形成、发育和成熟，种子的形态构造和分类，种子的化学成分，种子的休眠、活力、寿命、萌发及调控措施等。结合我国种子行业最新进展，增加介绍了种子学新技术，最后附种子学实验实训。种子学实验实训部分主要介绍了种子的形态构造、形成发育过程的观察及种子萌发、休眠、衰老、引发等实验。

本书可作为高等职业院校种植类专业的教材，也可供种子科技工作者及农业技术人员学习参考。

图书在版编目(CIP)数据

种子学基础/张小玲，胡伟民主编. —北京：中国农业大学出版社，2016.3(2022.10 重印)

ISBN 978-7-5655-1532-3

Ⅰ.①种…　Ⅱ.①张…②胡…　Ⅲ.①作物-种子-基础理论　Ⅳ.①S330

中国版本图书馆 CIP 数据核字(2016)第 040463 号

书　　名　种子学基础

作　　者　张小玲　胡伟民　主编

策划编辑　张　蕊　　**责任编辑**　张　蕊

封面设计　郑　川

出版发行　中国农业大学出版社

社　　址　北京市海淀区圆明园西路 2 号　　**邮政编码**　100193

电　　话　发行部 010-62818525,8625　　读者服务部 010-62732336

编辑部 010-62732617,2618　　出　版　部 010-62733440

网　　址　http://www.cau.edu.cn/caup　　**e-mail** cbsszs @ cau.edu.cn

经　　销　新华书店

印　　刷　北京时代华都印刷有限公司

版　　次　2016 年 5 月第 1 版　　2022 年 10 月第 2 次印刷

规　　格　787×1 092　　16 开本　　12.5 印张　　310 千字

定　　价　42.00 元

种子系列教材编委会

编写人员

主　编　张小玲（温州科技职业学院）

胡伟民（浙江大学）

副主编　罗天宽（温州科技职业学院）

朱世杨（温州科技职业学院）

徐　谦（温州科技职业学院）

关雅静（浙江大学）

编　者　（按姓名汉语拼音排序）

关雅静（浙江大学）

胡伟民（浙江大学）

李　梅（广西农业职业技术学院）

罗天宽（温州科技职业学院）

王海萍（湖北生物科技职业学院）

徐　谦（温州科技职业学院）

张小玲（温州科技职业学院）

朱世杨（温州科技职业学院）

周　鹏（上海农林职业技术学院）

总　序

农业发展，种业为基。党中央、国务院历来高度重视种业工作。习近平总书记强调，要下决心把民族种业搞上去，从源头上保障国家粮食安全。李克强总理指出，良种是农业科技的重要载体，是带有根本性的生产要素。汪洋副总理要求，突出种业基础性、战略性核心产业地位，把我国种业做大做强。

当前我国农业资源约束趋紧，要确保"谷物基本自给、口粮绝对安全"，对现代种业发展、加强种业科技创新、培育和推广高产优质品种提出了更高、更迫切的要求。与此同时，全球经济一体化进程不断加快，生物技术迅猛发展，农作物种业国际竞争日益激烈。要突破资源约束、把饭碗牢牢端在自己手中，做大做强民族种业、提升国际竞争力，必须加快我国现代种业科技创新步伐。

培养大批种子专业技术人才和提升现有种业人才的技术水平是加快我国现代种业科技创新步伐的关键之举。目前我国农作物种业人才培养主要有两个途径：一是通过高等院校开设相关专业培养；二是通过对种子企业科研、生产、检验、营销、管理等人员及种子管理机构的行政管理、技术人员进行定期培训。但由于我国高等农业职业教育办学起步较晚，尚没有种子专业成套的全国通用教材，而种子行业培训也缺乏成套的全国通用技术培训教材。为培养农作物种业优秀人才，加大种业人才继续教育和培训力度，落实《国务院关于加快推进现代农作物种业发展的意见》有关要求，全国农业技术推广服务中心与温州科技职业学院联合组织编写了这套全国高等职业教育种子专业和种子行业技术培训兼用的全国通用系列教材。

该系列教材由种子教学、科研、生产经营与管理经验丰富的专家教授共同编写。在编写过程中坚持五个相结合原则，即坚持种子专业基础理论、基本知识与种业生产实际应用相结合；坚持提高种业生产技术与操作技能相结合；坚持经典理论、传统技术与最新理论、现代生物技术在种业上的应用相结合；坚持专业核心课程精与专业基础课程宽相结合；坚持教材实用性与系统性相结合，力争做到教材理论与实践紧密结合，便于学生（员）更好地学习应用。

这套教材系统地介绍了现代种业基础理论与实用技术，包括种子学基础、作物遗传育种、种子生产技术、种子检验技术、种子加工技术、种子贮藏技术、种子行政管理与技术规范、种子经营管理和植物组织培养等九本教材。其中，种子行政管理与技术规范、种子生产技术、种子加工技术、种子贮藏技术、种子检验技术等五本教材兼作种子行业技术人员培训教材。希望本系列教材的出版发行能在促进我国高等职业教育种子专业学生培养和种子行业技术人员培训中发挥重要作用。

全国农业技术推广服务中心主任 陈生斗

2016 年 3 月

前 言

种子是农业生产最基本的生产资料，是影响作物产量和品质最关键的因素，在我国农业和国民经济发展中占有重要地位。种子学是研究植物种子的特征、特性和生命活动规律及农业生产应用技术的一门应用科学技术。它可以为植物生产、种子繁育和种子加工处理及贮藏提供科学的理论依据，指导生产实践，最大限度地提高作物种子的产量和质量。近年来，随着现代农业对种子质量要求的提高，种子产业在快速发展，种子基础理论的研究在农业可持续发展中的作用日趋重要。全国农业高职高专院校也相继开设了种子学相关课程，此书为高等职业教育种子系列教材之一，由温州科技职业学院与农业部合作编写。

本书是按照高等职业院校人才培养模式的新需求，本着宽基础、精专业、重能力、求创新的总体思想，参考国内外种子学的基础理论和最新研究进展，结合我国种子科技实践而编写的。本书内容主要包括种子的形成发育和成熟、种子形态特征、种子化学成分、种子的休眠、种子的萌发、种子的活力和种子的寿命等，可为植物生产、种子加工、种子检验、种子繁育及品种资源保存和如何为提高种子营养价值提供理论依据和技术基础。因此，种子学基础既是种植类专业的一门重要专业基础课，又是一门直接为农业生产服务的课程。本书可作为高等职业院校种植类专业的教材，也可供种子科技工作者及农业技术人员参考。

本书绪论由张小玲编写，第一章由关雅静编写，第二章由罗天宽、李梅编写，第三章由张小玲、徐谦编写，第四章由朱世杨编写，第五章由朱世杨、王海萍编写，第六章、第八章由胡伟民编写，第七章由胡伟民、周鹏编写，全书由张小玲、胡伟民、徐谦修改统稿。

本书的出版得到各参编人员所在学校领导和同事们的大力支持和帮助，在此深表谢意。本书编写过程中得到了种子专业系列教材编委会和中国农业大学出版社的大力支持，编委会专家为本教材提出了许多宝贵意见，在此一并表示感谢。本书参阅了大量国内外文献，在此我们也向这些文献的作者致以衷心的谢意。

随着科学技术的不断发展，种子学研究成果也日新月异，由于编者水平有限，编写时间仓促，书中难免存在不足和疏漏之处，希望广大读者批评指正。

编 者

2016 年 1 月

目录

绪　论

知识目标

1.理解种子的含义。

2.了解农业种子的基本类型。

3.了解种子学的发展历史和种子学在农业生产中的作用。

4.掌握种子学基础的内容和主要任务。

第一节　种子的基本概念及意义

一、种子的概念

种子的涵义通常有两种，一种是植物学上所指的狭义的种子，另一种是农业生产上所指的广义的种子。

在植物学上种子是指由胚珠受精后发育而成的结构，一般说来，种子由种皮、胚和胚乳等部分组成。胚是种子最重要的部分，包括胚芽、胚根、胚轴和子叶，萌发后长成新个体。

在农业生产上，种子泛指播种材料，即凡是可直接作为播种材料的植物器官，统称为种子。2015年新修订的《中华人民共和国种子法》规定，种子是指农作物和林木的种植材料或者繁殖材料，包括子粒、果实、根、茎、苗、芽、叶、花等。为了与植物学上种子的涵义有所区别，后者称为农业种子更为恰当，但在习惯上，农业工作者为了简便起见，统称为种子。目前世界各国所栽培的作物，包括农作物、园艺植物、牧草和森林树木等，播种材料种类繁多，大体上可分为真种子、类似种子的果实、用以繁殖的营养器官和植物人工种子等。

1.真种子

真种子系植物学上所指的种子，它们都是由胚珠发育而成的，它不包括花器的其他组织发育而来的部分。如豆类(除少数例外)、棉花、油菜及十字花科的各种蔬菜、黄麻、亚麻、蓖麻、烟草、芝麻、瓜类、茄子、番茄、辣椒、苋菜、茶、柑橘、梨、苹果、银杏以及松柏类等种子。

2.类似种子的果实

某些作物的果实，成熟后果皮不开裂，可以直接用果实作为播种材料。这一类植物学上称为果实，即由子房发育成的繁殖器官，有的还附有花器的其他部分发育而成的附属物如稃壳、花萼等。此类型大部分为小型干果，其内含有一颗或几颗真种子，如禾本科作物的颖果（禾本科作物的小麦及玉米等为典型的颖果，而水稻与皮大麦果实外部包有稃壳，在植物学上称为假果），向日葵、荞麦、大麻、苎麻的瘦果，伞形科（如胡萝卜和芹菜）的分果，山毛榉科（如板栗和麻栎）和藜科（如甜菜和菠菜）的坚果，黄花苜蓿和鸟足豆的荚果以及蔷薇科的内果皮木质化后形成的核果等。在这些干果中，以颖果和瘦果在农业生产上最为重要。这两类果实的内部均含有一颗真种子，在外形上和真种子也很类似，所以往往称之为子实，意为类似种子的果实。禾谷类作物的子实有时也称为谷实，而子实及真种子均可称之为子粒。

3.用以繁殖的营养器官

有些种类的植物除种子和果实能形成新个体外，其营养器官也能形成新个体，而有些植物在一定的生存条件下只能用营养器官繁殖后代。许多根茎类作物具有自然无性繁殖器官，如甘薯和山药的块根，马铃薯和菊芋的块茎，荸荠、芋、慈姑的球茎，葱、蒜、洋葱的鳞茎等。另外，又如甘蔗和木薯可用地上茎繁殖，莲和竹子可用地下根茎、苎麻可用吸枝繁殖等。上述这些作物大多亦能开花结实，并且可供播种，但在农业生产上一般均利用其营养器官进行繁殖，以发挥其特殊的优越性，一般只有在进行杂交育种等少数情况下，才直接用种子作为播种材料。

4.植物人工种子

植物人工种子是指将植物离体培养中产生的体细胞胚或能发育成完整植株的分生组织（芽、愈伤组织、胚状体等）包埋在含有营养物质和具有保护功能的外壳内，所形成的在适宜条件下能够发芽出苗的颗粒体。也可称为合成种子（synthetic seeds）、人造种子（man-made seeds）或无性种子（somatic seeds）。完整的人工种子包括三部分：胚状体、人工胚乳、人工种皮。由于人工种子与天然种子非常相似，都有具有活力的胚胎与具有营养和保护功能的外部构造（相当于胚乳和种皮），是适用播种或繁殖的颗粒体。由于天然种子的繁殖和生产受到气候季节的限制，并且在遗传上会发生天然杂交和分离现象，而人工种子在本质上属于无性繁殖，因此，具有繁殖速度快、可固定杂种优势，使 F_1 代杂交种多代使用等优点。严格地说，人工种子仍属于营养繁殖的范畴，但它利用的不是某些天然营养器官而是人工制成的繁殖单位。

二、种子的重要性

种子是遗传信息的携带者，肩负着植物世代繁衍的使命，是植物传种接代的载体，也是人类从事农林生产的最为基本的、不可替代的生产资料，种子质量的好坏密切关系到农林生产的成败。

种子是一种具有生命力的特殊生产资料，是农业生产中最基本的、不可替代的必须物质，是实现农作物高产优质的内因，是各项技术措施的核心载体，更是决定农作物产量和质量的关键因素。无论原始农业、传统农业、现代农业以及未来农业，都不能离开种子，没有种子，就没有农业的生产和发展。种子是农业生产的内在因素，一切先进的技术措施都需要通过种子才能发挥增产的作用。推广应用良种是提高产量、改善品质的一条最经济、最有效的途径，是促进生产发展的重要条件。种子既作为生产资料，同时又是人们从事生产的最终目的。种子是人类生存所依的食粮，世界粮食的80%是直接取自植物的种子，它还是食油和医药等众多工业的原料。种子是农业生产循环中的桥梁，每个作物品种所具有的生物学特性和优良性状，都必须通过种子传递给后代。因此，种用作物的种子对每季作物的生长发育、适应环境能力以及产量的高低和产品质量的优劣等都具有决定性的作用。人类定居以来，就开始了种子的利用、生产和研究。大量的资料表明，种子与人类的历史和文化紧密联系，对人类的生存、发展及进步起着极其重要的作用。

从遗传育种的角度来说，作为品种资源予以保存以待利用的种子称为种质(germplasm)。通过人类长期的劳动实践，当今世界上已拥有许多种质资源库和大量丰富的种质资源。截至2013年年底，我国通过广泛考察、征集和引种，现有各种作物种质资源42万多份，这是世界各国人民的共同财富，对其良好的保存和利用是育种工作和农业生产持续发展无可取代和必不可少的基本条件。

第二节 种子学基础的内容和任务

种子学是研究植物种子的特征特性和生命活动规律及种子处理加工、种子贮藏原理和技术的一门应用科学。种子学基础部分内容主要包括种子的形成发育和成熟、种子形态特征、种子化学成分、种子的休眠、种子的萌发、种子的活力和种子的寿命等内容，从基础理论方面加深对种子的认识。了解和研究种子各部分的形态特征和各方面的生理特点，可为种子加工处理、种子检验、种子繁育、大田生产及品种资源保存和提高营养价值提供理论依据和技术。因此，种子学既是植物生产类专业的一门重要专业基础课，又是一门直接为农业生产服务的课程。

种子学基础的主要任务是为植物生产、种子繁育和种子加工处理及贮藏提供科学的理论依据，以指导生产实践，最大限度地提高作物种子的产量和质量。具体可归纳为以下四个方面。

(1)根据种子的生理生化特性与生态关系，阐明各种作物种子的形成、发育、成熟、休眠及萌发的特性和机理，从而为种子生产和作物栽培提供有效的调控管理技术措施。

(2)根据种子的形态特征、化学成分和活力特性。为种子合理安全的加工提供理论依据和实用技术，并为种子利用提供营养价值及加工工艺的参考依据。

(3)根据种子的生理结构，理化特性和生命活动规律，阐明其贮藏特性，为制定种子合理、安全的包装和贮藏管理措施提供依据。

(4)根据种子的生命活力和繁殖特性，对种子的真实性、品种纯度和播种品种进行检验。确定其优劣，评定其等级，制定相应的管理措施，确保生产上利用优质种子，推动农业的现代化和可持续发展。

第三节 种子学的发展

种子学是一门较为年轻的科学，到目前只不过100多年的历史。但关于种子的研究已经有几千年乃至上万年的历史。我国是世界上最大的栽培植物起源中心之一，具有悠久的农业历史。我们的祖先在开发利用野生植物资源，创造和改良栽培植物品种，从事植物栽培生产的漫长岁月中，在种子方面积累了极为丰富的经验和知识。现代考古证实，最迟在一万年前中国就开始了水稻的人工种植。早在2 400多年前的《周礼》中就有关于种子方面的论述。汉朝氾胜之编写的《氾胜之书》、北魏贾思勰的《齐民要术》、唐代韩鄂的《四时纂要》、元代王祯的《王祯农书》、明代徐光启的《农政全书》等均有关于种子发育、生产、贮藏、检验或处理等方面的知识。但这些知识都是零散的、不系统的，距离一门学科的建立还差得很远。

19 世纪是种子学科的诞生时期。19 世纪初，欧洲各国的自然科学迅猛发展，在生物学、农学、森林学和畜牧学等的飞速发展的基础上，种子科技知识也相应地不断积累，日趋完善。奥地利科学家 F. Nobbe 在德国的萨克松主持建立了国际上第一个种子实验站，并做了大量的研究工作，于 1876 年在德国首次发表了种子科技方面的巨著《种子学手册》，该书被公认为当时种子文献中的权威著作。该书出版后，种子学开始以一门新兴学科的面貌出现在生物科学和农学领域，标志着种子学的诞生，因此 Nobbe 被推崇为种子学的创始人。在此前后，许多杰出的科学家对种子科学也做出了引人注目的贡献。在种子形成和发育方面，Sachs(1859，1865，1868，1887)对种子成熟过程中营养物质累积变化进行了研究，Nawashin(1898)对被子植物双受精进行了研究，De Vries(1891)揭示了后熟与温度的关系。在种子寿命方面，Haberlandt (1874)等对种子寿命进行了长期研究。在种子萌发方面，也有许多有价值的报道，Wiesner(1894)研究了萌发抑制物质，Cieslar(1883)研究了光对发芽的影响和光谱的作用，Kinzel(1907)报道了关于光对发芽的作用，Sachs(1860，1862)报道了温度对发芽的影响。这些研究报道表明，19 世纪种子学在各个方面都有了良好的发展。

20 世纪是种子科学迅猛发展并推动世界各国种子工作及农业生产前进的重要时期。1924 年国际种子检验协会(ISTA)成立，1931 年颁发了世界第一部国际种子检验规程，促进了国际种子的贸易和交流。1933—1934 年，日本科学家近藤万太郎接连出版的《农林种子学》上、下卷，可视为 20 世纪初种子学领域的经典论著，对种子界的影响很大。美国 1953 年问世的《种子生理学》一书被认为是现代种子生理学的第一部巨著，该书作者 Crocker 和 Barton 系统总结了 Bevce Thompson 植物研究所近半个世纪时间从事种子生理研究的成就与进展，并论述和汇总近一个世纪的有关种子生理的论著。随着物理、化学实验技术的进步和各相关学科的渗透，在 20 世纪 60～80 年代，在种子生理方面的研究取得了不少的突破，如光敏色素的发现，种子休眠的内源激素和代谢途径的调控理论，赤霉素(GA)和壳梭孢素(FC)对种子萌发生理的独特效应，活力的原理及其应用以及“引发”、“渗调”技术和其他各种处理与播种的新技术等系列成就。

我国首先从事种子生理研究的是汤佩松教授，他于 1931—1933 年在美国哈佛大学生理实验室进行了以羽扇豆、玉米种子为材料的一系列关于呼吸、萌发生理的试验研究。1934 年前后李继侗教授等在清华大学进行了银杏胚发育及其人工培养的系统研究，首次查明了胚发育生长的条件，并发现种子萌发迟缓的原因并不在于胚发育的不成熟，而是由于未成熟胚乳须待后熟的缘故，这一创见在当时与汤佩松的工作一样很受重视，作为重要参考文献引入了国外有关种子生理学的重要著作中。20 世纪 40 年代，我国已有很多植物学研究者在工作条件很差的情况下，进行了一些种子生理方面的研究，包括微量元素、激素在发芽、胚培养上的应用以及种子在贮藏中的物质转化等。从 20 世纪 50 年代中期开始，种子科学的研究在我国逐渐兴起。叶常丰等对主要禾谷类作物和油菜种子的休眠萌发生理、贮藏特性及品种鉴定进行了系统的研究；郑光华等对种子休眠及其控制、种子活力等进行了广泛研究；傅家瑞等对种子萌发生理、贮藏生理、种子活力等进行了大量研究。这些研究为我国种子学和种子科技事业的发展做出了开拓性的贡献。

种子学课程于 1953 年在浙江农学院创设，作为种子研究生的一门重点课程，1955 年开始作为该校农学专业本科生的必修课。叶常丰是该课程的创始人。由于我国种子工作发展的需要，他主编的种子科学方面的教材(《种子学》1961 年出版，1980 年修订；《种子贮藏与检验》1961 年出版；《作物种子学》，1981 年出版)成为全国种子工作者的必备参考书和在职进修干部的课本，20 世纪 70 年代，种子学课程被规定为全国农业院校农学专业学生必修课。种子学课程的普遍设置与发展，对推进我国的种子工作和农业生产发挥了重要的作用。

目前，许多研究机构已成为对种子学的发展具有突出贡献并具有权威性的单位，如英国的里丁(Reading)大学农学系、英国皇家植物园、美国马里兰州贝尔茨维尔的国家种子研究实验室、美国康奈尔大学、美国俄亥俄州立大学农学系和柯林斯堡国家种子贮藏实验室、美国艾奥瓦州立大学种子科学中心、美国加州大学戴维斯分校种子生物技术中心、荷兰瓦赫宁根大学种子科学中心、巴黎第六大学植物生理与应用实验室、以色列希伯来大学、日本的山口大学农学系、马来西亚马来大学农学系等。同时，国际种子检验协会(ISTA)、美国官方种子分析家协会(AOSA)和国际植物遗传资源研究所(IPGRI)对推动世界各国种子科技工作的发展也都起到了极其重要的作用。在我国，中国农业科学院作物种质资源保护与研究中心国家农作物种质库和南宁、武汉、南京、杭州、哈尔滨等地有关农林部门单位已建立各种形式和规模的现代化种子库，也是开展种子生理和种子学研究的理想基地。我国国家农作物种质库自建库以来在收集保存了大批的种质资源存样的同时，已开展了有关种质保存技术与理论及其他种子生理领域的系列研究，并取得了不少成果与进展。

随着科学技术的发展和进步，尤其是分子生物学、分子遗传学、基因工程等学科的快速发展，促进了种子科学和技术的发展。在种子科学方面，种子休眠、萌发的生理生态及机制，种子生命活动及劣变过程中的亚细胞结构变化和分子生物学，种子活力的分子基础，种子代谢和发育，顽拗型种子的特性，种子寿命的预测及种质资源保存等方面的研究均达到了一定的深度。在种子技术方面，种子引发、种子超干贮藏、种子超低温贮藏、人工种子的研究方兴未艾，受到各国科学家的日益关注与重视。

第四节 种子学在农业生产中的作用

种子是农业生产最基本的生产资料，是关系到农业增产和农民增收的关键因素，农业生产水平的高低在很大程度上取决于种子的质量。

优质种子的生产取决于良种种子生产、检验及加工与贮藏技术等关键工作。种子生产是良种推广转化的重要技术措施。没有科学的种子繁育技术，良种增产特性将难以在生产中得到发挥。因此，掌握各类作物种子的形成、发育、成熟、休眠与萌发特性以及与生态环境的关系，可为采取科学先进的调控管理技术措施进行作物种子生产提供理论依据，使良种与良法配套，确保为农业生产提供优良品种的优质种子。科学的种子加工与贮藏管理可以延长种子的寿命，保持种子的活力。科学的种子加工方法可以提高种子的纯度和净度、种子活力和发芽力、种子价值和商品特性，降低种子水分，提高耐藏性和抗逆性；科学的贮藏管理防止种子霉变和仓虫微生物的为害及种子的劣变，提高种子的播种品质和种用价值，为作物的增产打下良好的基础。种子检验是确保种子质量的重要环节。通过种子检验，对种子质量做出正确的评价，防止伪劣种子进入市场，从而保护国家和农民的利益。同时，对检测有问题的种子，采用适当的处理措施，改善和提高种子质量。通过种子检验，掌握种子水分、杂质和病虫情况，制定科学、安全的种子贮藏措施和运输方法。种子学是以上这些工作的基础，为以上工作的开展提供基础理论和技术基础。

种子产业是农业产业中最能体现科技含量的领域之一。我国1970年杂交水稻的育成、1985年杂交油菜的育成和大面积推广应用以及不同作物新品种的育成与推广，促进了我国种子产业的大发展。党和政府十分重视种子工作，在1995年9月28日中国共产党地十四届五中全会公报中就明确提出"突出抓好种子工程，加快良种培育，引进和推广"。1995年，我国开始创建种子工程，目标是建立起适应社会主义市场经济体制的现代化种子产业发展体制和法制管理体制，实现种子生产专业化、育繁推销一体化、种子商品化、管理规范化、种子集团企业化。种子工程的主要内容包括新品种选育和引进、种子繁殖和推广、种子加工和包装、种子推广及销售和宏观管理等五个方面，具体包括种质资源收集和利用、新品种选育和引进、品种适应性区域试验、新品种审定和管理、原种繁殖、良种生产、种子加工精选、种子包衣、种子挂牌包装、种子贮藏管理、种子收购销售、种子调拨运输、种子检疫、种子检验和种子管理等15个内容。2000年我国实施了《中华人民共和国种子法》，2015年又对《种子法》进行了修订。种子法的实施对规范我国种子产业和市场，提高种子质量水平起到了重要作用。实施种子工程和种子法的目的就是为了加速建设我国现代化种子产业，提高我国良种的综合生产力及种子的商品质量和科技含量，提高良种的覆盖率和市场占有率，促进农业和农村经济持续快速健康发展。2012年12月，国务院办公厅发布了《全国现代农作物种业发展规划(2012—2020年)》，提出到2020年，主要农作物良种覆盖率达到97%以上，良种在农业增产中的贡献率达到50%以上。

种子学能为种子工程建设、推进现代农作物种业发展提供种子科学的基础理论依据和先进实用技术。因此种子学对我国实施种子工程和种子产业化发展，促进农业的快速、健康、可持续发展具有重要的作用。

本章小结

种子是农业生产中最重要也是最基本的生产资料，是一种具有生命力的特殊生产资料。种子学是研究植物种子的特征、特性和生命活动规律及种子加工处理、贮藏的一门应用科学。种子学基础的内容包括种子的形成发育和成熟、种子的形态特征、种子的化学成分、种子的休眠、种子的萌发、种子的活力和种子的寿命等种子基础理论，主要任务是为植物生产、种子繁育、种子加工处理、种子贮藏及种子检验提供科学的理论依据，以指导生产实践，最大限度地提高作物种子的产量和质量，推进种子工程的实施和种子产业的发展。

随着科学技术的发展和进步以及农业生产经验的积累，人们对种子的发育成熟、休眠、萌发、寿命等方面有了深入的了解和研究，极大地推进了种子科学的发展，进而为农业生产提供了基础理论依据和先进的实用技术。

思考题

1. 何为种子？农业种子应该包括哪些类型？
2. 种子学基础包含哪些内容？主要任务是什么？

第一章　种子的形态构造和分类

知识目标

1. 了解种子的一般形态和基本构造，熟悉种子胚部的基本组成。

2. 掌握主要作物种子的形态和构造。

3. 了解种子的植物学分类方法和主要农作物种子的类型归属。

能力目标

学会观察主要农作物种子的形态构造。

第一节　种子的一般形态和构造

一、种子的外观性状

自然界的种子种类繁多，各种植物的种子在形态构造上千差万别，种子外观性状的差异主要可从形状、色泽和大小等方面进行区分。

1. 种子大小

种子的大小常用两种方法表示，一种是用子粒的平均长、宽、厚来表示，一种是用种子重量(千粒重或百粒重)来表示。不同植物间种子的大小差异很大(表 1-1)，例如烟草种子极小，长 0.6～0.9 mm；水稻种子长 5.0～11.0 mm；莲子长约 24 mm；而椰子种子长 10～15 cm，最长可达 40 cm 以上。种子的重量也因植物种类不同存在极大的差异，如烟草种子千粒重仅 0.05～0.2 g，莴苣种子的千粒重 0.8～1.5 g，玉米种子千粒重 50～700 g，莲子种子千粒重可达 1 400 g，油棕的果实，单个重 6～8 kg。同一种作物品种间种子大小的变异幅度也相当大，如小粒玉米的千粒重约 50 g. 而大粒品种可达 1 000 g 以上。种子的大小是品种特征之一，种子的长度和宽度一般比较稳定，而种子的厚度及千粒重则受生长环境和栽培条件的影响较大。

表 1-1 常见的 40 种作物种子的大小

作物	种子大小/(mm/粒)			千粒质量/g	作物	种子大小/(mm/粒)			千粒质量/g
	长	宽	厚			长	宽	厚	
玉米	6.0～17.0	5.0～11.0	2.7～5.8	50.0～700.0	黄瓜	10.0	4.3	1.4	16.0～30.0
小麦	4.0～8.0	1.8～4.0	1.6～3.6	15.0～88.0	胡萝卜	3.0～4.0	1.2～1.4	1.5～1.6	1.1～1.5
大麦	7.0～14.6	2.0～4.2	1.2～3.6	20.0～55.0	韭菜	3.1	2.1	1.3	2.5～4.5
燕麦	8.0～18.6	1.4～4.0	1.0～3.6	15.0～45.0	洋葱	3.1	2.1	1.5	3.0～－4.0
黑麦	4.5～9.8	1.4～3.6	1.0～3.4	13.0～45.0	葱	3.1	1.9	1.3	2.0～3.6
水稻	5.0～11.0	2.5～3.5	1.5～2.5	15.0～43.0	甘蓝	2.1	2.0	2.0	3.0～4.5
荞麦	4.2～6.2	2.8～3.7	2.4～3.5	15.0～40.0	油菜	1.5～2.2	1.5～2.2	1.5～2.2	2.0～6.0
花生	10.0～20.1	7.5～13	—	500.0～900.0	白菜	1.9	1.9	1.6～1.9	2.5～4.0
大豆	6.0～9.0	4.0～8.0	3.0～6.5	130.0～220.0	芥菜	1.3	1.2	1.1	1.2～1.4
红豆	9.5	5.5	3.3	100.0～200.0	辣椒	3.9	3.3	0.8～1.1	3.7～6.8
菜豆	15.8	7.0	6.9	70.0～100.0	芹菜	1.6	0.8	0.7	0.3～0.6
棉花	8.0～11.0	4.0～6.0	—	90.0～110.0	茼蒿	2.9	1.5	0.8	1.3～2.0
蓖麻	9.0～12.0	6.0～7.0	4.5～5.6	100.0～700.0	苋菜	1.2	1.1	1.9	0.4～0.7
向日葵	10.0～20.0	6.0～10.0	3.5～4.1	50.0～65.0	烟草	0.6～0.9	0.4～0.7	0.3～0.5	0.05～0.2
西瓜	8.2～12.5	4.7～8.3	2.1～2.3	40.0～140.0	荠菜	1.1	0.9	0.5	0.08～0.2
南瓜	8.5～12.3	4.0～7.8	2.0～2.3	40.0～140.0	四季萝卜	2.9	2.6	2.1	7.7～9.9
番茄	4.0～5.0	3.0～4.0	0.8～1.1	2.5～4.0	苦苣	3.8	1.3	0.6	1.7
茄子	3.4	2.9	1.0	3.5～7.0	莴苣	3.8	1.3	0.6	0.8～1.5
马铃薯	1.7	1.3	0.3	0.4～0.6	菠菜	4.5	3.8	2.2	11.0～14.0
冬瓜	12.2	8.2	2.2	30.0～60.0	莲子	24.0	11.0	11.0	1 300.0～1 400.0

注：引自胡晋，2014。

2. 种子形状

种子的外形以球形（豌豆、天门冬、麦冬等）、椭圆形（大豆、草木樨）、肾脏形（菜豆、甘草）、牙齿形（玉米）、纺锤形（大麦、沙枣）、扁椭圆形（蓖麻）、卵形（相思豆）或圆锥形（棉花）、扁卵形（瓜类）、扁圆形（兵豆）、楔形或不规则形（黄麻）等较为常见。其他比较稀少的有三棱形（荞麦）、螺旋形（黄花苜蓿的荚果）、近似方形（豆薯）、盾形（葱）、钱币形（榆树）、头颅形（椰子）、马蹄形（裂叶牵牛）、白絮状（杨树、柳树）、降落伞形（蒲公英）。种子的外形一般可用肉眼观察，但有些细小的种子则需借助于放大镜或显微镜等仪器，才能观察清楚（图 1-1）。

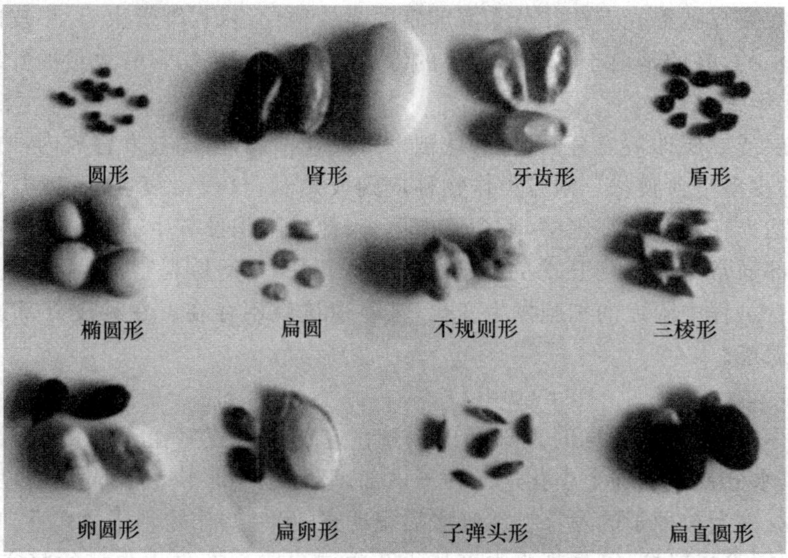

图 1-1　种子的形态

3. 种子色泽

种子由于含有各种不同的色素，往往呈现各种不同的颜色及斑纹，有的鲜明，有的暗淡。自然界的植物种子外表颜色以褐色、棕色最多，如油菜、高粱、苏丹草等。此外，也有绿色的种子如绿豆，黄色的如栽培大豆等，红色的如赤豆、相思豆等，白色的如白皮小麦、粉花山扁豆等，黑色的如黑豆、广玉兰等。种子的形状和色泽在遗传上是相当稳定的，而在不同品种之间，往往存在着显著的差异。因此，在实际生产中，可根据种子色泽的不同来大致鉴别作物的种和品种。如大豆随品种的不同而呈现多种多样的颜色，有浅黄色、浅绿色、紫色、深褐色以及黑色等。

正常成熟而干燥的种子色泽较深，新鲜而有光泽；未充分成熟的种子颜色较淡。受害虫、霉菌侵害的种子暗淡无光，常呈青灰色或灰白色；因发热而损伤的种子常表现不同程度暗红色；种子在潮湿状态下贮藏，籽粒易变成暗晦色，有的呈现白色；陈种子的色泽较新种子暗，而且无光泽。

二、种子的基本结构

自然界植物种子外表性状虽千差万别，形态各异，但种子内部构造基本上具有共同之点，即都由种皮、胚和胚乳三个主要部分所组成。

(一)果皮和种皮

1. 果皮

果皮由子房壁发育而成，一般分三层：外果皮、中果皮和内果皮，但在农作物中，水稻、小麦、玉米、荞麦等果皮分化均不明显。外果皮通常为一层或二层表皮细胞所组成，常有茸毛及气孔。根据果皮上茸毛的有无和多少，可作为鉴定某些作物不同品种种子的依据；如硬粒小麦子粒，上端无茸毛或很不明显，而普通小麦茸毛很长。中果皮大多数只有一层，内果皮细胞一至数层不等。在果皮或稃壳上往往分布着非常明显的输导组织(维管束)。果皮的颜色有的是由于花青素产生的,有的是由于存在杂色体的缘故,未成熟的果实含有大量的叶绿素。

2.种皮

种皮由一层或二层珠被发育而成,外珠被发育成外种皮,内珠被发育成内种皮。外种皮质厚而强韧,内种皮多呈薄膜状。禾谷类作物种皮到成熟时,只残留痕迹,而豆类作物种子的种皮一般都很发达。在种皮的细胞中,不含原生质,因此细胞是没有生命的。

在种皮外部通常可以看到胚珠的遗迹,有时种子太小,不易观察清楚,需经放大才明显。有些种子在发育过程中附近的细胞发生变化,某些遗迹就不存在。在种皮外部通常可以看到以下几种胚珠遗迹。

(1)发芽口

发芽口又称“种孔”,是胚珠时期珠孔的遗迹。它的位置正好位于种皮下面的胚根尖端。当种子发芽时,水分首先从这个小孔进入种子内部,胚根细胞很快吸水膨胀,即从这个小孔伸出。蚕豆和菜豆等大粒种子的发芽口在吸胀后很明显,另一些作物种子的发芽口很不明显,但种子吸胀以后,用手指轻挤,可看到小水滴从小孔中冒出来。有果皮包着的籽实,发芽口不易观察到,但可以通过解剖的方法,根据胚根的所在确定它的位置。

(2)种脐

种子成熟后从珠柄上脱落时的疤痕,或是种子附着在胎座上的部位,是种子发育过程中营养物质从母体流入子体的通道。脐的颜色和种皮不同。形状大小亦因植物种类而有异。有些种子实际上是植物学上的干果,如禾谷类的籽实,菊科和蓼科的瘦果,只能看到果脐。禾谷类籽实的果脐很小,且不明显,需用放大镜进行观察。但有的品种的种脐很明显,用肉眼即可轻易分辨,特别是豆科作物的种子。例如:蚕豆的脐呈粗条状,黑色或青白色,位于种子较大的一端;菜豆的脐呈卵圆形,白色或边缘带有其他颜色;大豆的脐有圆形、椭圆形、卵形及长方形等,颜色从黄白色到黑褐色都有。脐在种子表面部位的高低也随作物属种而不同。有的突出于种皮之上,有的与种皮相平,有的凹入种皮内。脐的性状是鉴定和区别品种的重要依据。

(3)脐褥或脐冠

有些植物的种子,从珠柄脱落时,珠柄的残片会附着在脐上,这种附着物称为脐褥或脐冠,如蚕豆、扁豆等。

(4)脐条

脐条又称种脊或种脉、子脊,它是倒生或半倒生胚珠从珠柄通到合点的维管束遗迹。维管束从珠柄到合点时,不直接进入种子内部而先在种皮上通过一段距离,然后至珠心层供给养分。豆类、棉花、蓖麻等作物种子种皮上可观察到明显的脐条,其位置因作物类型而不同。由直生胚珠发育而来的种子是没有脐条的。

(5)内脐

脐条的终点部位(亦即维管束的末端),是胚珠时期合点的遗迹。通常稍呈突起状,在豆类、棉花、蓖麻的种子上可看得比较明显。

(二)胚

1.胚的基本组成

胚是种子最主要的部分,通常是由受精卵发育而成的幼小植物体。各类种子的胚,因各部分的构造与发育程度不同，其形状各异，但所具备的基本器官完全相同，一般可分为胚芽、胚轴、胚根和子叶四部分。

(1)胚芽

胚芽又称幼芽，它是叶、茎的原始体，萌发后发育成植株的地上部分。胚芽位于胚轴的上端，它的顶部就是茎的生长点。在种子萌发前，胚芽的分化程度是不同的，有的在生长点基部已形成一片或数片初生叶，有的仅仅是一团分生细胞。禾本科植物的胚芽是由 3～5 片胚叶所组成，着生在最外部的一片，呈圆筒状，称为胚芽鞘，起着保护胚芽的作用。

(2)胚轴

胚轴又称胚茎，是连接胚芽和胚根的过渡部分。双子叶植物子叶着生点和胚根之间部分，称为下胚轴，而子叶着生点以上部分的，称为上胚轴，在种子发芽前大都不十分明显。有些种子萌发时，随着幼根和幼芽的生长，其下胚轴也迅速地伸长，因而把子叶和幼芽顶出土面，如大豆，棉花等。有的种子在发芽时，胚芽显著生长，下胚轴仍很短，则子叶遗留在土中，如蚕豆，豌豆等。禾谷类作物的籽实的胚轴部不很明显，但在黑暗中萌发时，则延长而为第一节间，称为中胚轴，亦称中茎。

(3)胚根

胚根又称幼根，在胚轴下面，为植物未发育的初生根，有一条或多条。在胚根中已经可以区分出根的初生组织与根冠部分。在根尖有分生细胞，当种子萌发时，这些分生细胞进行迅速生长和分化而产生根部的次生组织。

禾本科植物的胚根外包有一层薄壁组织，称为胚根鞘。当种子萌发时，胚根突破胚根鞘而伸入土中。

(4)子叶

子叶即种胚的幼叶，具一片(单子叶植物称内子叶，子叶盘或盾片)、两片(双子叶植物)或多片(裸子植物)。子叶和真叶不同，子叶常较真叶厚，叶脉一般不明显，也有较明显的，如蓖麻。子叶在种子内的主要功能是贮藏营养物质，如大豆、花生的子叶含有丰富的蛋白质和脂肪；蚕豆、豌豆种子除蛋白质外，还含有相当多的淀粉。双子叶植物种子的胚芽着生于两片子叶之间，子叶起保护作用。两片子叶通常大小相等，互相对称，但经仔细观察，有时也会发现两片子叶大小不同的类型，如棉花，油菜等。出土的绿色子叶又是幼苗最初的同化器官。禾本科植物种子的子叶(即盾片)具有特殊的生理功能，在发芽时能分泌酶使胚乳中的养料迅速分解，成为简单的可溶性物质，并吸收以供胚利用，起了传递养料的桥梁作用。

2.胚的类型

胚的大小、形态及在种子中的位置因植物种类不同而有很大的差异，根据这些差异，可将胚分为以下几种类型(图 1-2)。

①直立型：胚根、胚轴及子叶与种子纵轴平行，如菊科、葫芦科、大戟科等植物的种子。

②弯曲型：胚根和胚芽弯曲成钩状，如大豆、蚕豆等。

③螺旋型：子叶及胚根盘旋成螺旋形，如番茄、辣椒等。

④环状型：胚细长，沿种皮内层一周呈环状，胚根与子叶几乎相接，如甜菜、菠菜等。

⑤折叠型：子叶发达，折叠数层，填满于种皮内部，如棉花、红麻等。

⑥偏在型：胚较小，位于胚乳的侧面或背面的基部，如禾本科的稻、麦、玉米等。

⑦多叶型：胚部有多张子叶，主要有裸子植物种子如油松等。

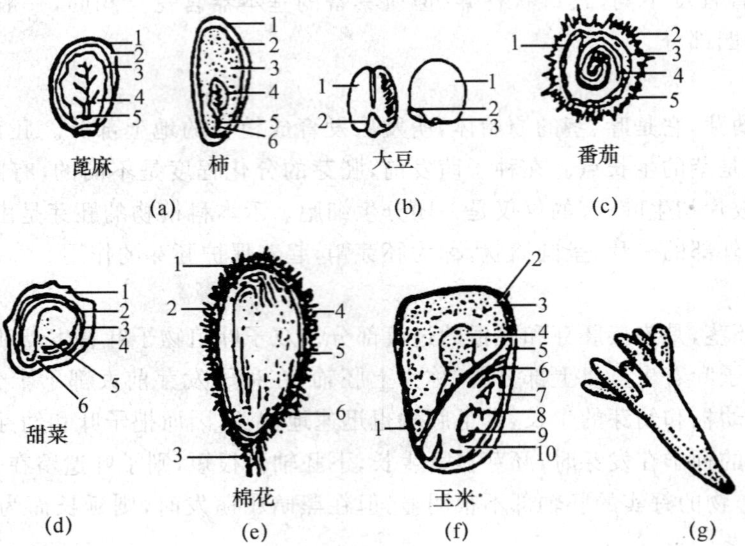

图 1-2 主要农作物种子胚的类型

(引自孙昌高 1990;胡晋和谷铁城 2001)

(a)直立型:蓖麻 1.外种皮 2.内种皮 3.内胚乳 4.子叶 5.胚根

柿 1.外种皮 2.内种皮 3.内胚乳 4.子叶 5.胚轴 6.胚根

(b)弯曲型:大豆 1.子叶 2.胚根 3.胚芽

(c)螺旋型:番茄 1.胚根 2.胚根 3.胚芽

(d)环状型:甜菜 1.花被 2.果皮 3.种皮 4.子叶 5.外胚乳 6.胚根

(e)折叠型:棉花 1.种皮 2.腺体 3.种柄 4.短线 5.子叶 6.胚根

(f)偏在型:玉米 1.果皮及种皮 2.花柱遗迹 3.角质胚乳 4.粉质胚乳 5.子叶 6.胚芽鞘 7.胚芽 8.胚轴 9.胚根 10.胚根鞘

(g)多叶型:油松

(三)胚乳

胚乳按来源不同分为外胚乳和内胚乳两种。由珠心层细胞直接发育而成的,称为外胚乳;由胚囊中受精极核细胞发育而成的,称为内胚乳。有的胚乳在种子发育过程中被胚吸收而消耗殆尽,仅留下一层薄膜,因而成为无胚乳种子。在无胚乳种子中,营养物质主要贮藏在子叶内,如豆科、葫芦科、蔷薇科及菊科植物种子。在有胚乳的种子中,一般内胚乳比较发达,如禾本科、茄科、伞形科等植物种子。

在裸子植物中,如银杏、松、柏之类,种子内部亦有相当发达的贮藏组织,含有丰富养料。从表面看,这种组织具有营养生理功能,亦应列为胚乳的一种。但从植物发生学的角度看,这一部分完全由母体组织直接发育而来,不经过受精过程,所以和被子植物的胚乳在本质上是截然不同的。从植物形态学的角度看,不论被子植物还是裸子植物,只有从经受精的胚珠发育而成的繁殖器官,才是真种子。种子的组成如图 3-1 所示。

种子的构成

- 1. 胚（幼植物）——胚中轴
  - 胚根——位于胚的最下端，包括根的生长点和根冠；禾本科作物的胚根周围有根鞘保护着。
  - 胚芽——位于胚的最上端，包括茎的生长点和若干片真叶；禾本科作物的胚芽周围有芽鞘保护着。
  - 胚轴——连接胚根和胚芽的中间部分，位于子叶着生点以下；禾本科种子放在黑暗中发芽，胚轴特别延长，即中胚轴或称中茎。
  - 子叶——胚的初生叶，单子叶植物有一片，双子叶植物有二片，裸子植物有二至十多片不等。
- 2. 胚乳（营养组织）
  - 内胚乳——由极核或次生细胞经受精作用发育而成，有些植物在发育过程中被吸收。
  - 外胚乳——由珠心层直接发育而成。
- 3. 种皮（保护构造）
  - 包在种子的表面，一般分内层和外层。禾谷类种子的种皮很薄，和果皮密接在一起，不易分离，合称果种皮；有些植物种子的外部还附有假种皮。

图 1-3　种子的构成

（引自胡晋，2014）

第二节　主要作物种子的形态构造

种子的形态结构在种和品种之间常存在差异，因此很多性状可作为鉴别植物种和品种的依据，如种子的形状、大小、颜色，种子表面的光滑度以及表皮上茸毛的有无、稀密和分布状况，胚和胚乳的部位等。本节将简要介绍几种主要作物种子的形态特点和组织解剖结构。

一、主要农作物种子的形态构造

1. 水稻

水稻的籽粒又称稻谷，由糙米（米粒）及稃壳两部分构成。稃壳由护颖、内稃及外稃组成，护颖是籽粒基部的一对披针形的小片，糙米由内外稃（各 1 片）所包裹，稃壳的顶端称稃尖，在许多品种中，外稃的尖端延伸而为芒。各品种的护颖、内外稃和芒所具有的颜色、特征及稃尖的颜色等性状，可以作为鉴定品种的依据。

稻谷剥去稃壳后就是糙米，糙米是一颗真正的果实，其有胚的一侧被外稃所包裹，习惯上称这一侧为腹面，另一侧则称之为背面（禾本科其他作物的子粒恰好相反）；背部有一条纵沟，在米粒的两侧又各有两条纵沟称侧纵沟。纵沟部位与其稃壳上的维管束相对应，米粒顶端可看到花柱遗迹。

糙米由皮层（包括果皮和种皮）、胚乳及胚 3 部分组成。果皮包括表皮、中层（中果皮）、横细胞和管状细胞。表皮仅由 1 列细胞组成，中果皮则有 6～7 列细胞，其下的横细胞为 2 列含叶绿体的细长形细胞，管状细胞由 1 列细长的纵向排列的细胞层组成。紧靠管状细胞的为一层种皮细胞，此层细胞内若有明显的色素则就成为红米。种皮以下残留一层细胞轮廓不明晰的组织，为珠心层的遗迹，其下的组织即为内胚乳。内胚乳外层是糊粉层，包含 1～2 层（多至

5～6层)大形细胞,其内部充满糊粉粒和脂肪,易与其他各层细胞相区分。糊粉层以内的胚乳是由形状更大的薄壁细胞所组成,细胞内充满着淀粉粒和蛋白质。

水稻的胚很小,由胚芽、胚轴、胚根、盾片四部分组成。从纵剖面图上看,稻谷的胚芽和胚根之间呈一定角度(图1-4)。

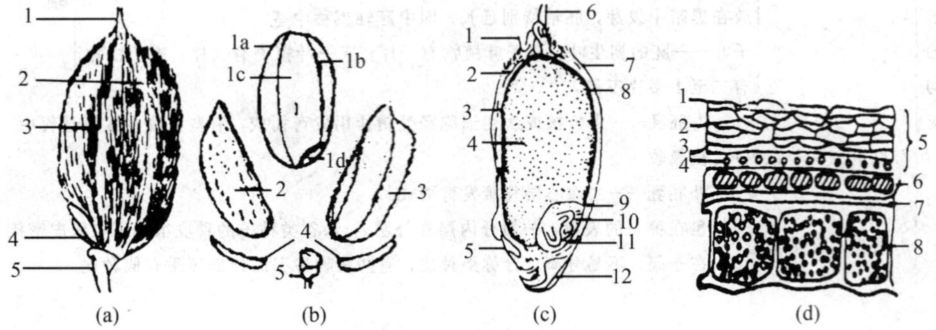

图1-4 稻谷外形及剖面

(引自颜启传,2001;高荣岐和张春庆,2002)

(a)稻谷外形:1.芒 2.外稃 3.内稃 4.护颖 5.小穗柄

(b)稃粒构造:1.米粒 1a.果种皮 1b.纵沟 1c.胚乳 1d.胚 2.内稃 3.外稃 4.护颖 5.小穗柄

(c)稻谷纵剖面:1.稃毛 2.外稃 3.胚乳糊粉层 4.胚乳淀粉层 5.护颖 6.芒 7.外稃 8.果皮 9.盾片 10.胚芽 11.胚根 12.护颖

(d)种皮横剖面:1.表皮 2.中层 3.横细胞 4.管状细胞 5.果皮 6.种皮 7.外胚乳 8.糊粉层

2.小麦

普通小麦的稃粒不带稃壳(裸粒),由皮层、胚乳和胚3部分组成。种子的腹面有一纵沟,称腹沟。胚在种子背面的基部,在种子的另一端有茸毛。小麦腹沟的宽狭、深浅以及种端茸毛的疏密状况,都可作为鉴别品种的依据。

小麦的果皮由表皮、中层、横细胞、内表皮等组成。表皮细胞长形,具角质,顺着纵轴排列,这层细胞在稃粒的顶端形成茸毛,其长短因品种而不同。中层具2～3列细胞,细胞壁的厚度增加不均匀,细胞间有明显的空隙,分布气孔遗迹,此层细胞在种子成熟的前期,对气体交换起很大作用。中层以下有一列长形细胞顺着种子横轴排列,称横细胞层,胞壁增厚不均匀,在种子发育初期时细胞内含有淀粉粒和叶绿体,随着成熟度提高,叶绿体消失,此层即失去光合作用能力,淀粉粒则向内部转移,细胞中充满空气。内表皮与水稻一样也是管状细胞层,顺着种子纵轴排列。小麦的种皮分内外两层,外层透明,内层存在色素,色素层的厚薄决定种子颜色的深浅。这两层均由长形的薄壁细胞组成,形状整齐,与种子的中心轴略成角度。种皮以下为不透明细胞组成的膨胀层,属外胚乳,其内部为内胚乳。内胚乳的外层是由近方形的较大的细胞组成的糊粉层,细胞内充满了混有油滴的蛋白质。此层在小麦中只有1列细胞,而在靠近胚处,则完全消失,在腹沟处可有数列细胞。

糊粉层以内为内胚乳的淀粉层,由大型薄壁细胞组成,细胞具各种不同的形态,内部充满了各种大小不同的淀粉粒,淀粉粒的间隙中含有蛋白质。淀粉粒与蛋白质结合的牢固程序,在普通小麦与硬粒小麦之间有明显差异,硬粒小麦的淀粉粒与蛋白质之间结合比较牢固。

小麦的胚部构造与水稻相似,但胚芽与胚根几乎在一条直线上,胚部占整个稃粒的比例较水稻大(图1-5)。

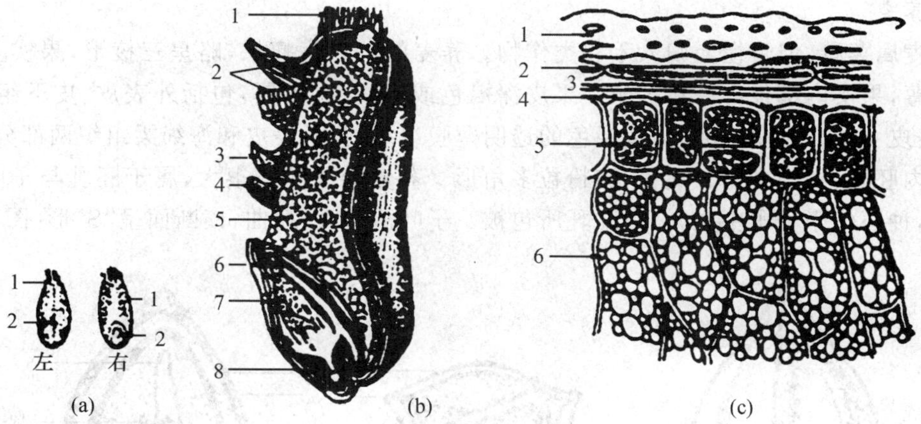

图 1-5　小麦籽粒外形及剖面

（引自颜启传，2001）

(a)籽粒外形：左为腹面，1.茸毛　2.腹沟；右为背面，1.果种皮　2.胚部

(b)籽粒纵剖面：1.茸毛　2.果皮　3.种皮　4.胚乳糊粉层　5.胚乳淀粉层　6.盾片　7.胚芽　8.胚根

(c)种皮横剖面：1、2、4.皮层　3.色素层　5.胚乳糊粉层　6.胚乳淀粉层

3.大麦

大麦籽粒的外部性状与小麦很相近，但两端稍尖，呈纺锤形，腹部有深纵沟，基部有小基刺（腹刺）。大麦分有皮大麦和裸大麦两大类。皮大麦稃壳的很多性状，如稃壳的颜色、芒的性状、外稃基部的形状（皱折情况）、腹沟基部的小基刺（腹刺）的状况，腹沟的展开程序等，都可以作为鉴别品种的依据。

大麦腹沟的附近为内稃所包被，外稃较大，包被了整个籽粒的背部及腹面的一部分。撕开大麦籽粒胚部的外稃，可暴露出一对小小的浆片，在花器中浆片吸水膨胀是开花（推开内外稃）的动力，花后即失水萎缩，残留在胚部附近。浆片的形状亦可作为鉴定大麦品种的一个重要性状。

大麦籽粒的解剖结构与小麦基本相同（图 1-6），但小麦的糊粉层仅一层细胞，而大麦有2～4 层。大麦糊粉层的色泽因品种而不同，有些呈蓝色，有些则呈白色。

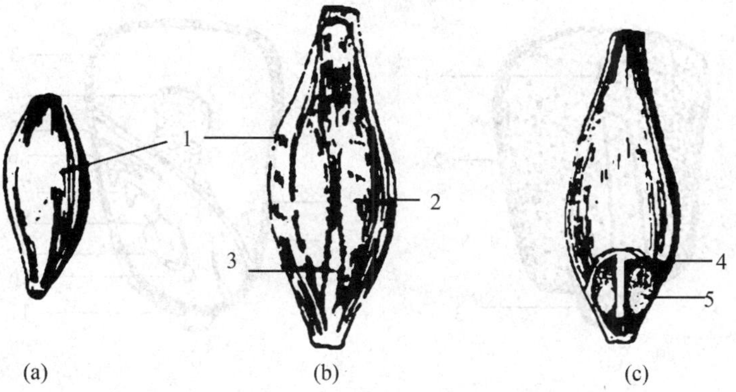

图 1-6　大麦种子（颖果）的外形

（引自叶常丰和戴心维，1994；颜启传，2001）

(a)背面　(b)腹面　(c)剥去胚部稃壳的籽粒

1.外稃　2.内稃　3.小基刺　4.胚部　5.浆片

4. 荞麦

荞麦属蓼科，但习惯上归入禾谷类作物。荞麦的籽粒为瘦果，略呈三棱形，果实基部留存五裂花萼，果实内部仅含一粒种子。果皮深褐色或黑褐色，较厚，包括外表皮、皮下组织、柔组织、内表皮4层。种皮很薄，为黄绿色的透明薄膜组织，包括表皮和海绵柔组织两部分，其下为发达的内胚乳，细胞中富含淀粉，淀粉粒多角形。荞麦种子的胚很大，属于胚乳与子叶均发达的类型，种胚位于种子中央，被内胚乳所包被。子叶薄而大，扭曲，横断面呈"S"形(图1-7)。

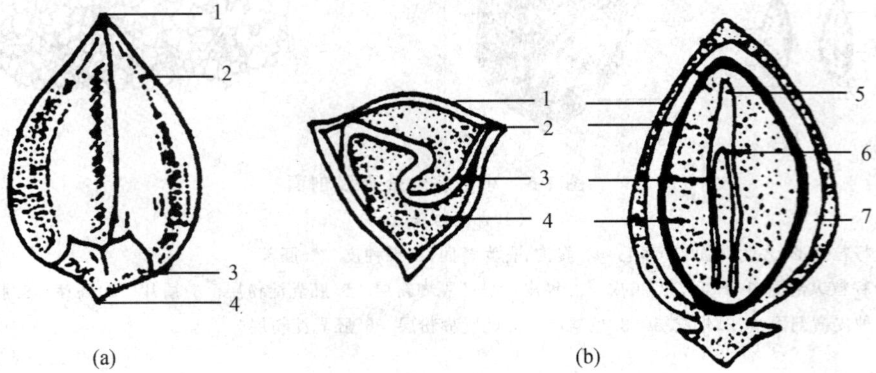

图1-7 荞麦籽粒外形及其剖面图

(引自胡晋,2014)

(a)籽粒外形:1.发芽口 2.果皮 3.花被 4.果脐

(b)籽粒剖面:1.果皮 2.种皮 3.子叶 4.内胚乳 5.胚根 6.胚芽 7.子房腔

5. 玉米

玉米籽粒的基本构造与上述两类作物相同，籽粒大小却相差悬殊。栽培玉米的籽粒是一个完整的颖果，果种皮紧贴在一起不易分离，在籽粒上端的果皮上可观察到花柱遗迹(一般在邻近胚部的胚乳部位的果皮上)。玉米的胚特别大，约占籽粒总体积的30%，占总重量的10%～14%。透过果种皮，可清楚地看到胚和胚乳的分界线(图1-8)。

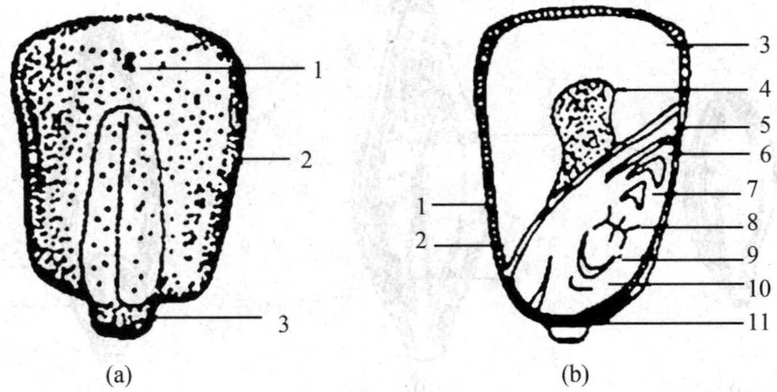

图1-8 玉米籽粒外形及纵剖面

(引自颜启传,2001)

(a)籽粒外形:1.花柱遗迹 2.果皮 3.果柄

(b)籽粒纵剖面:1.果皮 2.种皮 3.胚乳的角质部分 4.胚乳的粉质部分 5.盾片 6.芽鞘 7.胚芽 8.维管束 9.胚根 10.根鞘 11.基部褐色层

玉米籽粒的基部有果柄，但有时脱落，不连在籽粒上，在籽粒基部的果柄脱落处呈褐色，这是由于该部位存在基部褐色层（或称基部黑色层）。充分成熟籽粒的基部褐色层色素累积，颜色明显，因此可以作为种子成熟的重要标志。

玉米籽粒的形态在类型和品种之间存在很大差异，而且同一果穗上的种子，由于着生部位不同，其籽粒大小及粒形的差异也很显著。玉米籽粒的颜色有黄、白、紫、红、花斑等多种。

玉米的角质胚乳和粉质胚乳中淀粉粒具不同的形态，角质胚乳中的淀粉粒为多角形，而粉质胚乳中的淀粉粒呈球形。

6. 大豆

大豆为无胚乳种子，仅包括种皮和胚两部分。大豆子叶很发达，胚芽、胚轴、胚根所占的比率很小，从种子纵剖面图上看，三者呈一定弧度（图 1-9）。在种皮上可以观察到脐、脐条、内脐和发芽口等部位。大豆的种皮因品种不同有多种颜色，一般品种为黄色，种皮上常易产生裂缝，保护性能较差。种皮由角质层、栅状细胞、柱状细胞、海绵细胞等多层细胞组成。栅状细胞为狭长的大型细胞，排列很紧密，细胞内含色素，此层细胞靠外端部分若发生硬化，就不易透过水分而使种子成为硬实，该部位的物理性质和化学成分常与其他部分有所差异，在显微镜下观察可看到一条明亮的线，称之为明线（light line）。柱状细胞（或称骨状石细胞）体积很大，且仅有一列细胞，其排列方向与栅状细胞相同。海绵细胞层由 7～8 列细胞组成，横向排列，细胞壁很薄，组织疏松，有很强的吸水力，一接触到水分，就迅速吸水而使种皮在很短的时间内膨胀。种皮以内是内胚乳遗迹，此层亦称蛋白质层，成薄膜状包围着种胚。

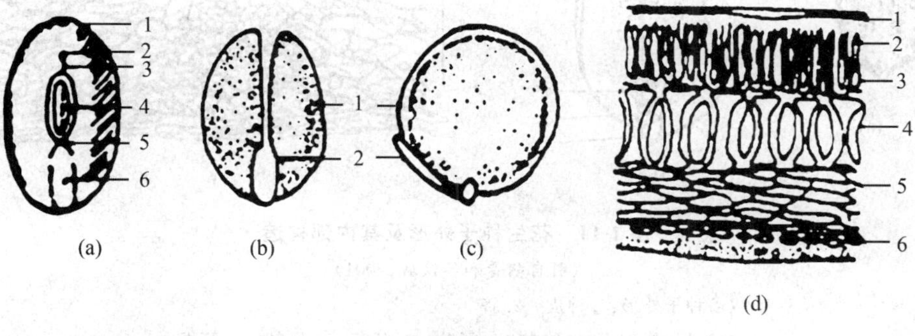

图 1-9　大豆种子外形及剖面

（引自胡晋和谷铁城，2001）

(a)种子外形：1. 种皮　2. 内脐　3. 脐条　4. 脐　5. 发芽口　6. 胚根所在部位
(b)剥去种皮的种子：1. 子叶　2. 胚根
(c)种子纵剖面：1. 子叶　2. 胚根
(d)种皮横切面：1. 表皮　2. 明线　3. 栅状细胞　4. 柱状细胞　5. 海绵细胞　6. 内胚乳遗迹

7. 西瓜

西瓜种子种皮质地致密，呈卵形，颜色自红褐色至黑色，种子一端可见明显的种阜（图 1-10）。

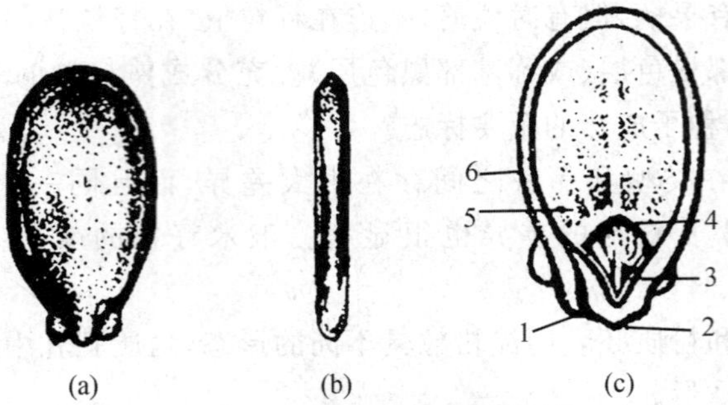

图 1-10　西瓜种子外形及剖面

(引自叶常丰和戴心维,1994)

(a)种子外形正面　(b)种子外形侧面

(c)种子剖面:1.脐　2.发芽口　3.胚根　4.胚芽　5.子叶　6.种皮

8.花生

花生与大豆虽同属豆科作物,但种子形态、种皮色泽和种皮结构均存在显著差异。

花生种子表面有一薄层种皮,呈肉色至粉红色,其上分布着许多维管束。花生种皮与一般豆科植物不同,不存在栅状细胞和柱状细胞,因此保护性能很差,很容易发生脆裂,在成熟及收获后的干燥、贮藏过程中,亦不致形成硬实(图 1-11)。

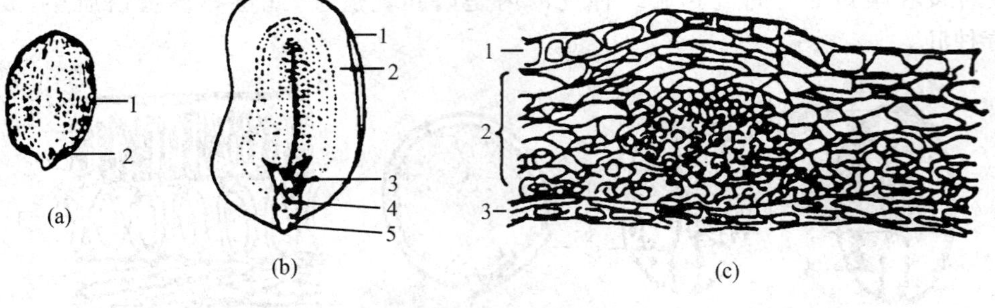

图 1-11　花生种子外形及其内部构造

(引自胡晋和谷铁城,2001)

(a)种子外形:1.种皮　2.脐

(b)种子纵剖面:1.种皮　2.子叶　3.胚芽　4.胚轴　5.胚根

(c)种皮横切面:1.外表皮　2.柔组织　3.内表皮

花生种子属于无胚乳种子,子叶肥厚发达,胚芽、胚轴、胚根在一条直线上,形状粗而短,位于种子的基部,为子叶所包围。胚芽的两侧真叶已明显分化完成,4 片小叶呈羽状排列。

9.油菜

油菜种子包括种皮和胚两部分,胚充满整个种子内部,子叶发达,面积较大,子叶为折叠型,两片子叶对折包在种皮内,在子叶的外部尚存胚乳遗迹(图 1-12)。油菜种皮颜色在类型和品种之间存在差异,总的分黑褐色、黄色及暗红色 3 类。种皮上仅能观察到脐,发芽口等部位难于用肉眼辨别出来。

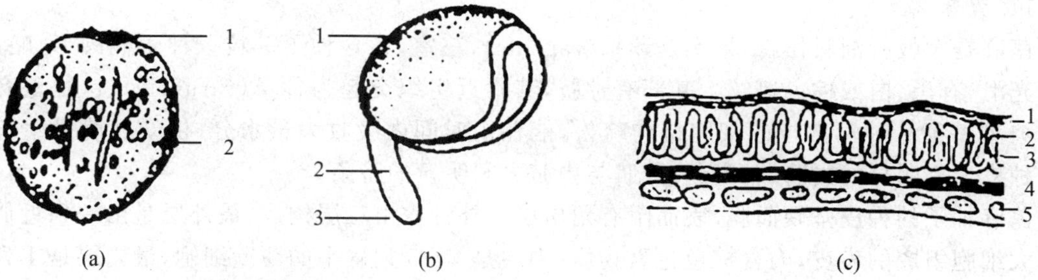

图 1-12　油菜种子外形及内部构造

(引自叶常丰和戴心维,1994)

(a)种子外形:1.脐　2.种皮

(b)种子内部构造(去种皮):1.子叶　2.胚轴　3.胚根

(c)种皮横剖面:1.表皮　2.薄壁细胞　3.厚壁细胞　4.色素层　5.内胚乳细胞遗迹

油菜种皮包括四层细胞,第一层为表皮,压缩成一薄层,由厚壁无色(有些类型为黄褐色)细胞组成。第二层紧接表皮,为薄壁细胞,细胞较大,呈狭长形,成熟后干缩。第三层为厚壁机械组织,由红褐色的长形细胞构成,细胞壁大部分木质化,此层细胞亦可称之为高脚杯状细胞,与第二层细胞镶嵌交错排列。第四层是带状色素层,由排列较整齐的一列长形薄壁细胞组成,此层的色泽因类型、品种而不同,某些芥菜型呈褐色,白菜型和甘蓝型则呈浅色,色素层以下是胚乳蛋白质层的细胞,为内胚乳的残留部分,其下有一层无色层。种皮以内即为富含油脂和蛋白质的子叶细胞(图 1-12c)。

油菜种皮的第 1～3 层细胞是区别油菜和十字花科其他植物种子的重要依据。因为这三层细胞的形状、大小和胞壁厚薄,在十字花科不同种之间存在明显差别。

10.向日葵

向日葵籽粒属瘦果,果皮较厚而硬,其色泽和条纹因品种而异。籽粒较尖的一端为发芽口,此端略显凹陷之处为脐。籽粒的钝端有花柱遗迹明显可见,此处为花柱脱落后在果皮上留下的疤痕。向日葵的种皮很薄,呈膜质,种子由倒生胚珠发育而成,但用肉眼观察,不容易清楚地看到种皮上的脐条。种皮内是发达的胚,缺乏胚乳。子叶肥厚,几乎占满种子内部,而胚芽、胚轴和胚根仅占很小的部分(图 1-13)。

向日葵籽粒的大小和形状(种子长度和宽度的比例)在品种之间有明显差异,可作为鉴别品种的重要依据,一般油用向日葵的籽粒较食用向日葵小。

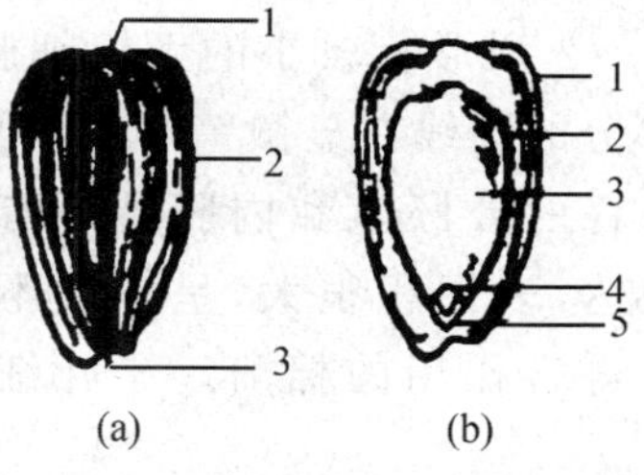

图 1-13　向日葵籽粒外形及剖面

(引自颜启传,2001)

(a)籽实外形:1.花柱遗迹　2.果皮　3.发芽口

(b)籽实纵剖面:1.果皮　2.种皮　3.子叶　4.胚芽　5.胚根

11. 蓖麻

蓖麻是大戟科油料作物，果实是蒴果(capsule)，三室，各含种子一粒。种子椭圆形，略扁，表面光滑，有黑、白或棕色斑纹。基部有种脐，其附近组织突起为种阜(caruncle)，这是蓖麻种子的典型特征。种阜部位的细胞结构疏松，能在短时间内吸收大量水分，供幼胚萌发生长之用。种皮上有明显的内脐，稍突起，种脐与内脐之间明显的脐条。

蓖麻种子的种皮坚硬而脆，表面附有角质层。外种皮由三层构成：最外层是由一列近似方形的大细胞组成的表皮，内含棕色色素物质；中层是4～5列扁平的薄壁细胞，最内层是1列长方形栅状细胞。内种皮由二层构成：外层是1列长形石细胞，内含棕色色素，内层有数列紧密的薄壁细胞，内含成簇的晶体。种皮内是由许多薄壁细胞组成的发达内胚乳，其中含有脂肪和蛋白质。

蓖麻种子的胚被包围在胚乳中间，胚中轴粗短，两片子叶重叠在一起，平展在胚乳中，叶片上可见明晰的脉纹(图1-14)。

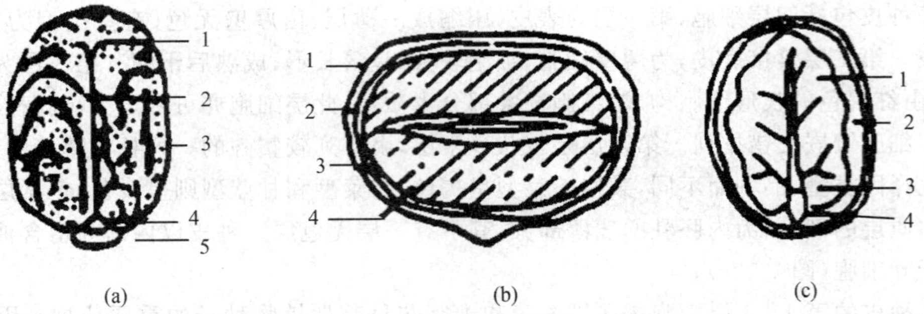

图1-14 蓖麻种子外形及其内部构造

(引自胡晋和谷铁城，2001)

(a)种子外形：1.内脐 2.脐条 3.种皮 4.脐 5.种阜

(b)种子横剖面：1.外种皮 2.内种皮 3.内胚乳 4.子叶

(c)种子纵剖面：1.子叶 2.内胚乳 3.胚芽 4.胚根

12. 棉花

棉花属锦葵科，果实是蒴果。种子具有坚厚的种皮和发达的胚。种子的腹面可观察到一条略微突起的纵沟，称为脐条，脐条的一端为内脐，另一端(种子尖端的部分)为种脐，发芽口亦在相同部位，此处附有种柄，但有时种柄脱落。棉花的种皮由表皮、外褐色层、无色层、栅状细胞、内褐色层等层次组成。表皮细胞是一列大型的厚壁细胞。外褐色层有密集的维管束贯穿其中。无色层由1～2列形状较小的无色细胞组成。栅状细胞层很厚，细胞狭长形，排列整齐紧密，靠外端部分的明线在显微镜下明晰易见。内褐色层是由6～7列压缩的细胞所组成，呈深褐色。棉籽的外胚乳和内胚乳各有一列细胞，此层胚乳遗迹呈薄膜状，包围在胚的外部。子叶发达，表面积很大，呈多层不规则皱折填满于种子内部，其上有深色的腺体，含有对人畜有毒害作用的棉酚。子叶细胞内充满了蛋白质及油脂(图1-15)。

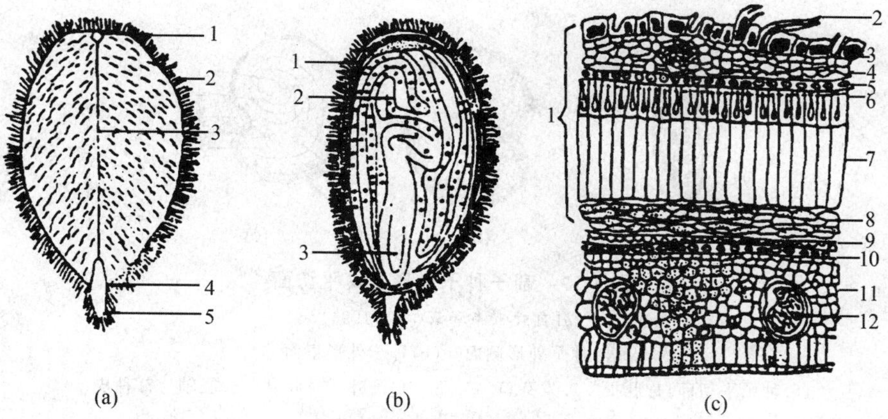

图 1-15　棉花种子外形及内部构造

(引自胡晋和谷铁城,2001)

(a)种子外形:1.内脐　2.种毛　3.脐条　4.脐、发芽口　5.种柄

(b)种子纵剖面:1.种皮　2.子叶　3.胚根

(c)种子横剖面:1.种皮　2.种毛　3.表皮　4.外褐色层　5.无色层　6.明线　7.栅状组织　8.内褐色层　9.外胚乳　10.内胚乳　11.子叶　12.腺体

二、主要蔬菜作物种子的形态构造

1.番茄

番茄种子扁平,肾形,种皮被有绒毛,种胚呈螺旋状埋在胚乳中(图 1-16)。

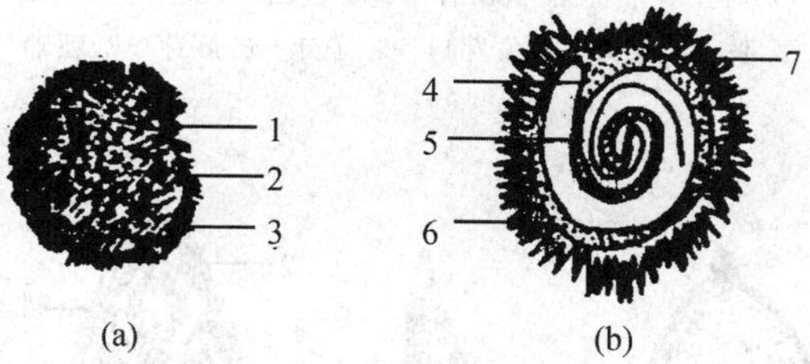

图 1-16　番茄种子外形及平切面

(引自叶常丰和戴心维,1994)

(a)种子外形　(b)种子平切面

1.脐　2.种皮　3.种毛　4.胚根　5.子叶　6.种皮　7.内胚乳

2.茄子

茄子种子扁平,近圆形,中央隆起,种皮光滑。种子内胚乳发达(图 1-17)。

3.蚕豆

蚕豆种子为无胚乳种子,包括种皮和胚两部分,子叶很发达,胚芽、胚轴和胚根所占的比率很小,几乎在一条直线上。在种皮上可以观察到脐、脐条、内脐和发芽口等部位(图 1-18)。

4.黄瓜

黄瓜果实内有许多种子,种子易与果肉分离,种子颜色一般为白色至淡黄色,种子尾部有稠密的刚毛(图 1-19)。

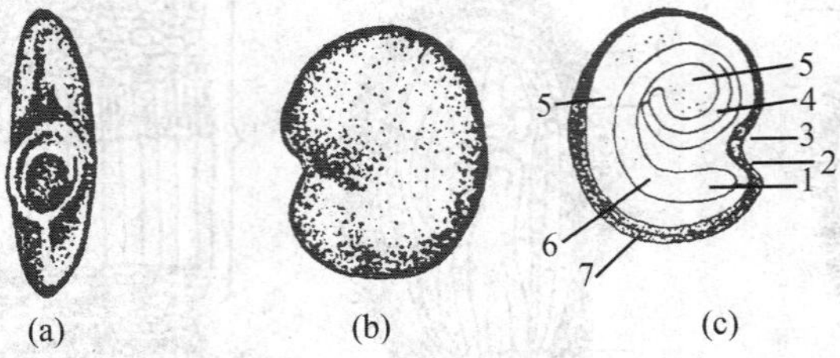

图 1-17　茄子种子外形及其平切面

(引自叶常丰和戴心维,1994)

(a)种子外形侧面　(b)种子外形正面

(c)种子平切面:1.胚根　2.发芽口　3.脐　4.子叶　5.胚乳　6.胚轴　7.种皮

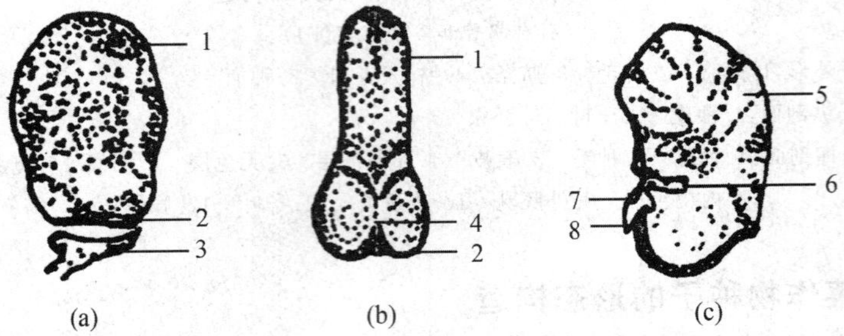

图 1-18　蚕豆种子外形及其纵剖面

(引自胡晋和谷铁城,2001)

(a)种子外形正面　(b)种子外形侧面　(c)种子纵剖面

1.种皮　2.脐　3.脐褥　4.发芽口　5.子叶　6.胚芽　7.胚轴　8.胚根

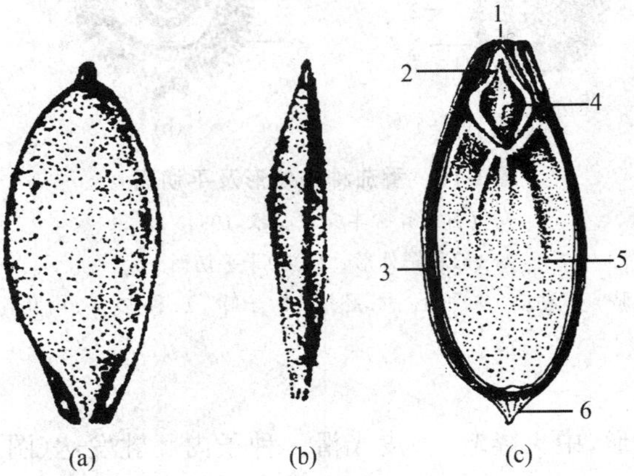

图 1-19　黄瓜种子外形及剖面

(引自叶常丰和戴心维,1994)

(a)种子外形正面　(b)种子外形侧面　(c)种子剖面

1.发芽口　2.胚根　3.种皮　4.胚芽　5.子叶　6.刚毛

5.南瓜

南瓜属葫芦科，种子扁平，其形状有纺锤形、卵圆形、椭圆形等。颜色有纯白、黄白、红褐、黑色等。发芽孔与脐相邻，合点在脐的相对方向，有明显的种喙，种喙形状小而平直。种子边缘较种皮色深，有金黄色镶边。胚为直立型，无胚乳，子叶肥大，富含油脂(图 1-20)。

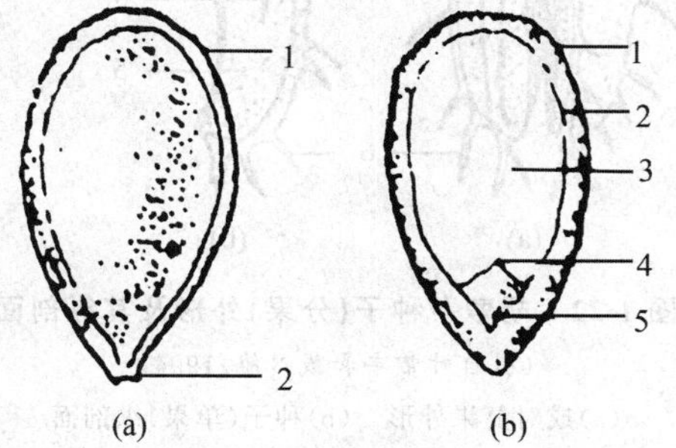

图 1-20　南瓜种子形态结构

(引自高荣岐和张庆春，2010)

(a)种子外形：1.外种皮　2.种脐(发芽口)

(b)种子纵剖面：1.外种皮　2.内种皮　3.子叶　4.胚芽　5.胚根

6.芹菜

芹菜种子细小，半椭球体，黑褐色，有 9 条果棱，成熟后单果易分离(图 1-21)。

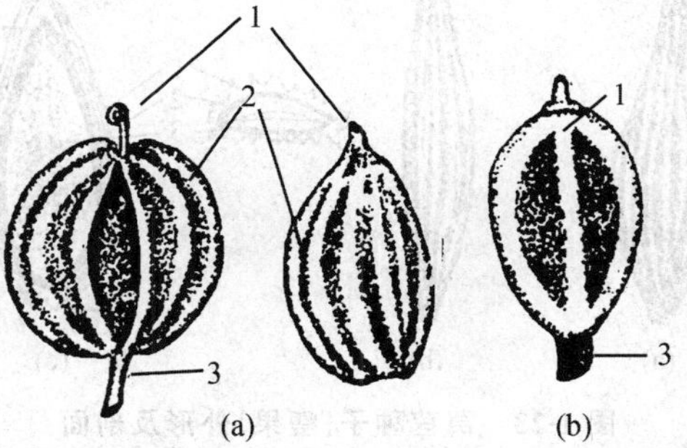

图 1-21　芹菜种子(分果)外形及其纵剖面

(引自叶常丰和戴心维，1994)

(a)种子(分果)外形：1.花柱遗迹　2.果棱　3.果柄

(b)种子纵剖面

7.胡萝卜

胡萝卜属伞形科，种子为双悬果，呈椭圆球体状或短卵形，种子较小。双悬果分别由两个单果合在一起组成，收获后有的双悬果分离成为两个单果，有的则不分离。双悬果的顶端有花柱遗迹，果四周有宿存的萼片包围，分离成单果时花柱和萼片各一分为二。果实背面有肋状突起，称为果棱。果皮黄褐色或褐色。每一单果有初生棱 5 条，棱上有刺毛或无刺毛，次生棱 4 条，上面着生一列白色软刺毛，刺毛的疏密程度与品种有关。种子内表皮及每条次生棱的基部都排列有油腺(图 1-22)。

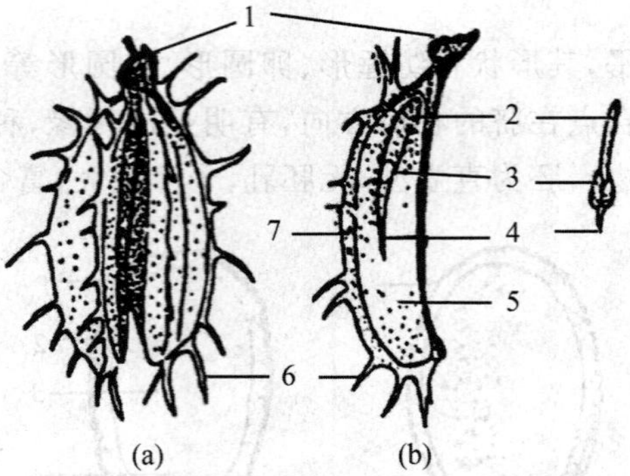

图 1-22　胡萝卜种子(分果)外形及其纵剖面

(引自叶常丰和戴心维,1994)

(a)成对复果外形　(b)种子(单果)纵剖面

1.花柱遗迹　2.胚根　3.子叶　4.胚芽　5.胚乳　6.刺毛　7.种皮

8.莴苣

莴苣属菊科蔬菜,果实为瘦果。果皮坚韧,果实扁平,细长呈披针形。种皮膜质极薄,容易与果皮分离。种皮为灰白、黄褐及黑褐。莴苣种子(瘦果)表面有纵行果棱 9 条,果棱间无斑纹,种子扁平,呈披针形(图 1-23)。

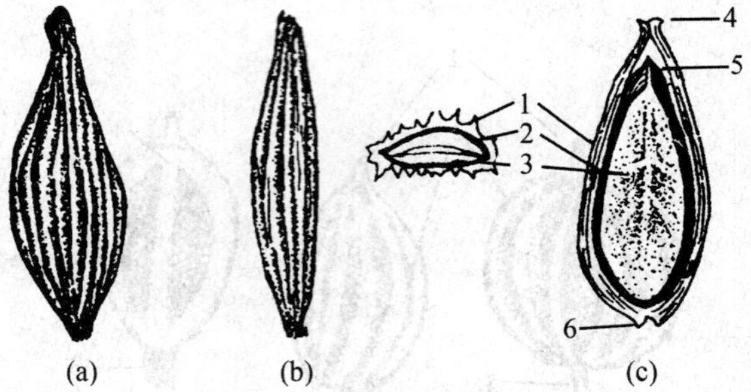

图 1-23　莴苣种子(瘦果)外形及剖面

(引自叶常丰和戴心维,1994)

(a)外形　(b)横剖面　(c)纵剖面

1.果皮　2.胚乳　3.子叶　4.发芽口　5.胚根　6.果脐

9.菠菜

菠菜为单果,花萼脱落。圆果菠菜果实为球形,表面无刺;而刺果菠菜果实为菱形或多角形,表面有刺。种子胚部弯曲成环状,外胚乳发达,种胚为外胚乳包围(图 1-24)。

10.甜菜

甜菜果实为复果,呈多角形,花萼宿存(图 1-25)。

11.萝卜

萝卜种子形状大小与其他十字花科蔬菜种子有明显差异(图 1-26),萝卜种子有棱角,呈卵形或心脏形,种子千粒重也高于大白菜、甘蓝等种子。

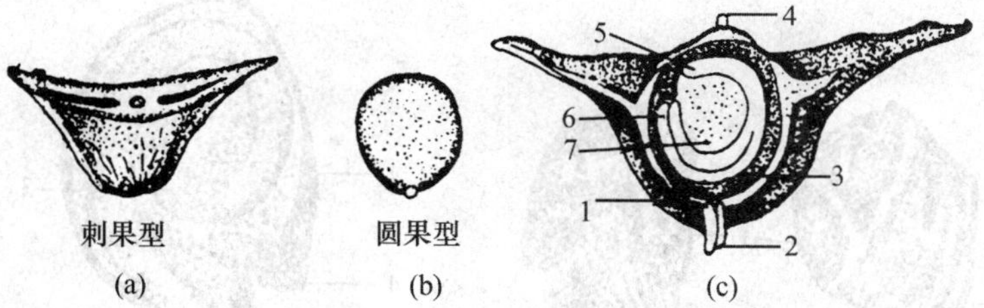

图 1-24　菠菜种子(小坚果)外形及纵剖面

(引自叶常丰和戴心维,1994)

(a)外形　(b)种子纵剖面

1.果皮　2.脐　3.种皮　4.花柱遗迹　5.胚根　6.子叶　7.外胚乳

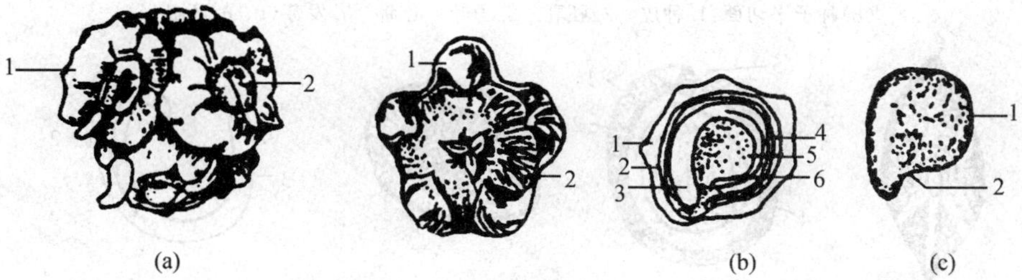

图 1-25　甜菜种子外形及其内部构造

(引自颜启传,2001)

(a)种球外形:1.花萼　2.果皮

(b)果实纵剖面:1.花萼　2.果皮　3.胚根　4.种皮　5.外胚乳　6.子叶

(c)种子外形:1.种皮　2.脐

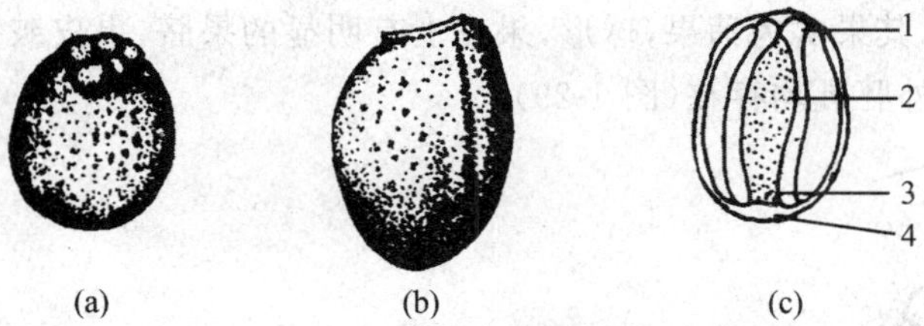

图 1-26　萝卜种子外形及其纵剖面

(引自叶常丰和戴心维,1994)

(a)、(b)种子外形　(c)种子纵剖面

1.子叶　2.胚根　3.胚轴　4.种皮

12.大葱

大葱属百合科,种子较小,呈三角锥形,种皮黑色坚硬,表面皱缩,背部突出,有棱角,脐部有较浅的凹陷,单子叶,有胚乳,胚呈涡状埋在胚乳中(图 1-27)。

13.苋菜

苋菜属于苋科。苋菜种子较小,扁卵形或圆形,边缘有脊状突起,种皮有光泽,颜色自乳黄色至黑色,随着成熟度不同而异,种子的胚呈环状盘在发达的胚乳中(图 1-28)。

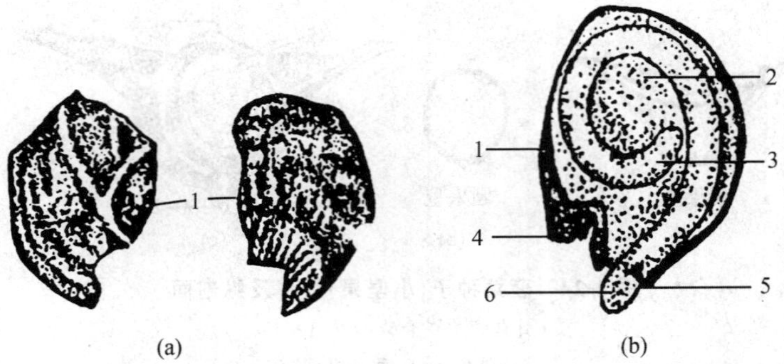

图 1-27　大葱种子外形及其平切面

(引自吴志行,1993)

(a)种子外形:1.种皮

(b)种子平切面:1.种皮　2.胚乳　3.子叶　4.脐　5.发芽口　6.胚根

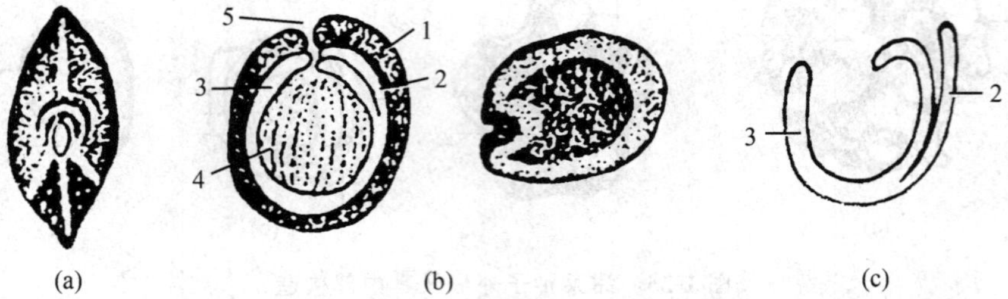

图 1-28　苋菜种子外形及其纵剖面

(引自叶常丰和戴心维,1994)

(a)种子外形　(b)种子纵剖面　(c)胚

1.种皮　2.子叶　3.胚根　4.胚乳　5.发芽口

14.胡椒

胡椒属于胡椒科,其果实为蒴果,球形,果皮上有明显的果脐,果皮皱缩,内含 1 粒种子,种子皮较薄,胚很小,内外胚乳均存在(图 1-29)。

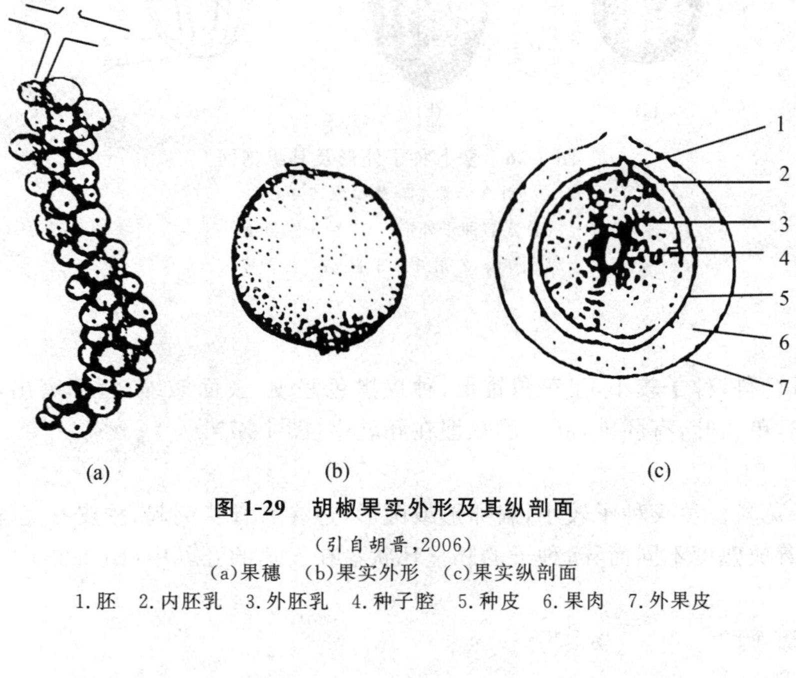

图 1-29　胡椒果实外形及其纵剖面

(引自胡晋,2006)

(a)果穗　(b)果实外形　(c)果实纵剖面

1.胚　2.内胚乳　3.外胚乳　4.种子腔　5.种皮　6.果肉　7.外果皮

15. 大白菜

大白菜种子的形态和内部结构与油菜相似(可参考油菜一节),种皮颜色较浅,为紫褐色。

16. 芥菜

芥菜种子的形态和内部结构与油菜相似(可参考油菜一节),种皮颜色较浅,为红褐色。

17. 甘蓝

甘蓝种子的形态和内部结构甘蓝型油菜相似(可参考油菜一节),种皮颜色为黑褐色。

第三节　种子的植物学分类

在植物学上,一般根据胚乳的有无,将种子进行分类,有些种子有少量胚乳(或称为胚乳遗迹),如十字花科、锦葵科、豆科的某些属,也都列入无胚乳种子。这种分类有助于对种子的识别、检验和利用。但在生产实验中,还应该根据种子的形态特征进行比较详细的分类。现将两种主要的分类方法介绍如下。

一、根据胚乳的有无分类

1. 有胚乳种子

此类种子均有胚乳,根据胚乳和子叶的发达程度及胚乳组织的来源,又可划分为以下 3 种类型。

(1)内胚乳发达

这类种子的胚只占种子的一小部分,其余大部分为内胚乳。属于这一类型的植物很多,如禾本科、百合科、莎草科、大戟科、蓼科、茄科、伞形科、棕榈科、五加科等植物的种子。

(2)内胚乳和外胚乳同时存在

这类植物很少,如胡椒、姜等。

(3)外胚乳发达

这类植物在种胚形成发育过程中,消耗了所有的内胚乳,由珠心层发育而成的外胚乳却被保留了下来,如藜科的甜菜、苋科、石竹科等。

2. 无胚乳种子

在种子发育的过程中,营养物质由内胚乳和珠心转移到子叶中,因此这类植物种子的胚较大,有发达的子叶,而内胚乳和外胚乳则并不存在或几乎不存在,只有内胚乳及珠心残留下来的 1～2 层细胞,其余部分完全被胚所吸收。

二、根据植物形态学分类

农业种子(播种材料)从植物形态学来看,往往包括种子以外的许多构成部分,而同科植物种子常常具有共同特点。现根据这些特点,将主要科别的种子归纳为以下 5 个类型。

1. 包括果实及其外部附属物

禾本科 Poaceae:颖果,外部包有稃(即内外稃,有的还包括护颖),植物学上把这类物质归为果实外部的附属物。属于这一类型的禾本科植物有稻、大麦(皮大麦)、燕麦、二粒小麦、薏苋、粟、黍稷、蜡烛稗、苏丹草等。

藜科(Chenopodiaceae):坚果,外部附着花被及苞叶等附属物,如甜菜、菠菜。

蓼科(Polygonaceae):瘦果,花萼不脱落,呈翅状或肉质,附着在果实基部,称为宿萼,如荞麦、食用大黄、蓼。

2.包括果实的全部

禾本科(Poaceae):颖果,如普通小麦、黑麦、玉米、高粱、裸大麦。

棕榈科(Palmaceae):核果,如椰子。

蔷薇科(Rosaceae):瘦果,如草莓。

豆科(Fabaceae):荚果,如黄花苜蓿(金花菜)。

桑科(Moraceae):瘦果,如榕。

榆科(Ulmaceae):翅果,如榉、榆。

大麻科(Cannabinaceae):瘦果,如大麻。

荨麻科(Urticaceae):瘦果,如苎麻。

壳斗科(Fagaceae):坚果,如栗、槠、栎、槲。

槭科(Aceraceae):小坚果(翅果),如槭树、三角枫等。

莎草科(Cyperaceae):瘦果,如莞草。

睡莲科(Nymphaeaceae):坚果,如莲。

伞形科(Apiaceae):分果,如胡萝卜、芹菜、茴香、防风、当归、芫荽等。

唇形科(Lemiaceae):小坚果,如紫苏、薄荷、藿香、夏枯草、益母草等。

菊科(Asteraceae):瘦果,如向日葵、莴苣、蒲公英、翠菊、万寿菊等。

3.包括种子和果实的一部分(内果皮)

蔷薇科(Rosaceae):桃、李、梅、杏、樱桃等。

桑科(Moraceae):桑、楮。

杨梅科(Myricaceae):杨梅。

胡桃科(Juglandaceae):胡桃、山核桃。

鼠李科(Rhamnaceae):枣。

五加科(Araliaceae):人参、五加。

4.包括种子的全部

石蒜科(Amaryllidaceae):葱、葱头(洋葱)、韭菜、韭葱。

山茶科(Theaceae):茶、油茶。

椴树科(Tiliaceae):黄麻。

锦葵科(Malvaceae):棉、红麻、苘麻、黄蜀葵、木槿、芙蓉。

番木瓜科(Caricaceae):番木瓜。

葫芦科(Cucurbitaceae):南瓜、冬瓜、西瓜、甜瓜、黄瓜、葫芦、丝瓜。

十字花科(Brassicaceae):油菜、甘蓝、萝卜、花椰菜、芜菁、大白菜、大头菜、荠菜。

苋科(Amaranthaceae):苋菜、雁来红。

罂粟科(Papaveraceae):罂粟、虞美人。

蔷薇科(Rosaceae):苹果、梨、枇杷等。

含羞草科(Mimosaceae):金合欢、合欢、含羞草。

云实科(Caesalpiniaceae):皂荚、紫荆等。

豆科(Fabaceae):大豆、菜豆、绿豆、小豆、花生、刀豆、扁豆、豇豆、蚕豆、豌豆、豆薯、猪屎豆、紫云英、田菁、三叶草、紫苜蓿、苕子、紫穗槐、胡枝子、羽扇豆。

亚麻科(Linaceae):亚麻。

芸香科(Rutaceae):柑、橘、柚、金橘、柠檬、佛手。

无患子科(Sapindaceae):龙眼、荔枝、无患子。

大戟科(Euphorbiaceae):蓖麻、橡胶树、油桐、乌桕、巴豆、木薯。

葡萄科(Vitaceae):葡萄。

柿树科(Ebenaceae):柿。

旋花科(Convolvulaceae):甘薯、蕹菜。

茄科(Olanaceae):茄子、烟草、番茄、辣椒。

胡麻科(Pedaliaceae):芝麻。

毛茛科(Ranunculaceae):牡丹、芍药。

5.包括种子的主要部分(种皮的外层已脱去)

苏铁科(Cycadaceae):苏铁。

银杏科(Ginkgoaceae):银杏。

本章小结

自然界的植物种子在形态构造上千差万别,其种子外观性状的差异主要可从形状、色泽和大小等方面进行区分;但种子内部构造基本上具有共同之点,即都由种皮、胚和胚乳 3 个主要部分所组成。胚是种子最主要的部分,一般可分为胚芽、胚轴、胚根和子叶 4 个部分。

种子的形态结构在种和品种之间常存在差异,可作为鉴别植物种和品种的依据。本章第二节介绍了几种主要农作物种子的形态特点和组织解剖结构。

在农业生产和科学实践中,根据不同的需要对种子进行分类,因此存在多种分类方法。本章介绍了 2 种主要的分类方法:一是根据胚乳的有无进行分类,可将种子分为有胚乳种子和无胚乳种子 2 类;二是根据植物形态学进行分类,将种子分为包括果实及其外部附属物、包括果实的全部、包括种子和果实的一部分(内果皮)、包括种子的全部、包括种子的主要部分(种皮的外层已脱去)等 5 种类型。

思考题

1.种子内部基本构造一般由哪几部分组成?其中最主要的部分是什么?

2.主要农作物种子构造有何特点?

3.根据胚乳的有无和根据植物形态学进行分类有何区别?

第二章　种子的化学成分

知识目标

1. 了解主要农作物种子的化学成分及分布特点；了解种子毒物及种子活性物质。
2. 理解影响种子化学成分的因素。
3. 理解种子平衡水分的概念及影响因素。
4. 掌握种子的三大营养物质。

能力目标

能够根据种子的化学成分鉴别种子的类型，分析其贮藏性和综合利用价值。

第一节　种子的主要化学成分及分布

一、种子的主要化学成分

种子中贮藏有多种化学物质，依据其在种子中的作用，可分为 4 种类型。一是细胞的结构性物质，如构成原生质的蛋白质、核酸、磷脂，构成细胞壁的纤维素、半纤维素、果胶质等；二是营养物质，主要包括糖分、脂肪、蛋白质及其他含氮物质，是种子中的主要贮藏物质，含量很高；三是生理活性物质，如酶、植物激素、维生素等，这些物质在种子中相对含量虽然很低，但对种子的生命活动起着重要的调节作用；四是水分，水分是维持种子生命活动不可缺少的化学成分。除此之外，有些植物种子还含有一些特殊的化学物质，如油菜籽中的芥子苷、棉籽中的棉酚、高粱中的单宁等，这些物质虽对人畜有害，但能抵抗病、虫的危害。

不同植物种子中各种化学成分存在很大差异。表 2-1 为主要作物种子化学成分及其含量，表明不同类型作物种子化学成分差异明显，可以看出分类学上亲缘关系相近的植物其种子化学成分相似，而亲缘关系较远的植物种子之间的差异往往较大。

表 2-1　主要作物种子化学成分及其含量　%

作物种类		水分	糖类	蛋白质	脂肪	纤维素	灰分	特殊成分
禾谷类	水稻	11.4	64.7	8.3	1.8	8.8	5.0	
	玉米	15.0	67.2	9.9	4.4	2.2	1.3	
	小麦	10.4	69.8	13.1	2.1	2.4	1.8	
	大麦	10.1	71.0	8.7	1.9	5.7	2.6	
	高粱	10.9	70.8	10.2	3.0	3.4	1.7	
	谷子	10.6	71.2	11.2	2.9	2.2	1.9	
	黑麦	10.0	71.7	12.3	1.7	2.3	2.0	
	燕麦	8.9	62.2	9.6	7.2	8.7	3.4	
	黍子	9.3	64.2	11.7	3.3	8.1	3.4	
	荞麦	9.6	63.8	11.9	2.4	10.3	2.0	
豆类	大豆	8.8	26.3	36.9	17.2	4.5	5.3	皂苷 0.46～0.50
	花生(仁)	5.3	11.7	30.5	47.7	2.5	2.3	
	豌豆	9.5	56.2	23.8	1.2	6.2	3.1	
	蚕豆	12.0	48.8	25.7	1.2	6.2	3.1	蚕豆毒素 9～1.0
	菜豆	11.8	56.1	22.9	1.4	3.5	4.3	
油料	芝麻	5.4	12.4	20.3	53.6	3.3	5.0	
	油菜	5.8	17.6	26.3	40.0	4.5	5.4	芥子苷 3～7
	向日葵(仁)	4.5	16.3	27.7	41.4	6.3	3.8	
	蓖麻	—	27.0	19.0	51.0	—	—	
	亚麻	6.2	24.0	24.0	35.9	6.3	3.6	
	大麻	8.0	20.0	24.0	30.0	15.0	3.5	
薯类	甘薯(块茎)	71.3	25.2	2.0	0.2	0.5	0.8	
	马铃薯(块茎)	70.8	24.6	1.7	0.6	1.2	1.1	

农作物种子按其营养成分的差异，可以分为粉质种子、蛋白质种子和油质种子三大类。粉质种子(如禾谷类、荞麦)淀粉含量很高(60%～70%)，以淀粉粒的形式贮藏在胚乳中，脂肪含量极低(2%～3%)，蛋白质含量一般在10%左右；蛋白质种子(如豆类)的蛋白质含量较高，其含量在25%～35%；油质种子脂肪含量较高，含量在30%～50%，如十字花科的油菜。

种子中化学成分的差异不仅体现在不同植物种间，同种植物的不同品种间的差异也很明显，李鸿恩(1992)对20 184份小麦资源进行分析，籽粒蛋白质含量为7.5%～28.9%，生产上主推小麦品种籽粒蛋白质含量为12%～16%。不同类型，不同品种间的化学成分含量差异明显。不同植物种子中各种化学成分的含量不仅在作物品种之间存在差异，因气候、土壤及栽培条件的不同也会有较大变化。

种子的化学成分与种子的许多物理性质和品质密切相关。例如，糙米的蛋白质和灰分含量与种子千粒重、密度、容重呈显著负相关，而碳水化合物与这些性状及种子的大小显著正相关。小麦种子的蛋白质含量越高，其硬度和透明度越高；油质种子含油分越多，其密度越小。种子容重的大小受种子脂肪含量的影响较大，一般油分含量低的种子，其容重较大，反之其容重较小。

二、种子化学成分的分布

不同类型的种子，其种胚、胚乳、种被三部分所占比例差异很大，各部分所含化学成分的种类和数量也不同，决定了各部分生理机能、营养价值、利用价值不同，进而导致其耐贮性也存在差异。

双子叶无胚乳种子主要由种胚和种皮组成，种胚占的比例很大，绝大多数营养物质都贮存在胚中，尤其是子叶中，如大豆、花生等子叶很发达，是种子的贮藏组织。花生种子除种皮外，子叶几乎占了整个种子，胚含有大量的脂肪、蛋白质，种皮的营养成分的含量较少，而纤维素和矿物质的含量很高（表 2-2）。有些双子叶植物种子的种皮还具有蜡质组成的角质层，使种皮具有不透水性。

表 2-2 花生种子各部分化学成分及其含量 %

种子部位	水分	脂肪	蛋白质	糖类	纤维素	灰分
种皮	8.60	7.62	12.84	57.05	19.52	2.98
子叶	4.33	55.63	34.35	6.98	1.71	1.81
胚本部	5.92	47.73	24.62	23.18	1.95	2.51

注：引自浙江农业大学种子教学组《种子学》。

有胚乳种子种胚、胚乳、种被三部分所占比例和所含化学成分因作物而不同。如小麦胚在整粒种子中所占的比重很小，一般占 2%～3.6%，但营养价值很高，除了不含淀粉外，其蛋白质、脂肪、糖分等化学成分含量较高，且维生素种类也很多。由于其中糖分、脂肪含量较多，所以在贮藏中比其他部分容易发生霉变。小麦糊粉层约占全粒重的 6%，主要成分是蛋白质；小麦胚乳中的淀粉层占全粒重的 82%～85%，其中主要成分是淀粉，是人类食用的主要部分，胚乳中可溶性糖、脂肪、纤维素、灰分含量很低，这使面粉较易贮藏。小麦果种皮占全粒重的 4%～8%，所含成分主要是纤维素、戊聚糖和矿物质。表 2-3、表 2-4 为小麦种子各个部分的化学成分含量及分布状况，这种分布特点对禾本科种子来说具有共同性。

表 2-3 小麦种子各个部分的化学成分含量 %

种子部位	重量百分比	蛋白质	淀粉	脂肪	可溶性糖	戊聚糖	纤维素	灰分
全粒	100	16.06	63.07	2.24	4.32	8.1	2.76	2.18
胚乳	80～85	12.91	78.82	0.68	3.54	2.72	0.15	0.45
胚	2～3.6	41.3	0	15.06	25.12	9.74	2.46	6.32
糊粉层	6	46.84	—	8.16	6.85	15.44	6.41	13.93
果种皮	4～8	10.56	—	7.46	2.58	51.34	23.73	4.28

注：引自高荣岐和张春庆，2010。

表 2-4 小麦种子各个部分的化学成分分布 %

化学成分	全粒	胚乳	糊粉层	胚	果种皮
淀粉	100	100	0	0	0
蛋白质	100	65	约 20	<10	约 5
脂肪	100	55	25	20	0
纤维素	100	<5	15	约 5	75
糖分	100	80	约 18.5	约 1.5	0

注：引自高荣岐和张春庆，2010。

玉米种子各部分的化学成分及其含量见表 2-5，胚中除了蛋白质和可溶性糖含量高以外，脂肪含量也很高，占 30%～54%。玉米的果皮和种皮约占籽粒的 5%～6%，胚较大，占籽粒的 10%～15%，甜玉米和高油玉米的胚高达 20%以上，所以更不耐贮藏。玉米种子中含氮量、含氮物质的类型及比例在各部分间的差异是很大。胚乳中的蛋白质浓度较全粒为低，然而胚乳中约含有籽粒蛋白质的 70%，胚中仅占全粒的 12%，但其蛋白质浓度较胚乳高 1 倍。

水稻、大麦、燕麦、粟等作物的籽粒外部包有稃壳。稃壳是由高度木质化的细胞组成，含有丰富的纤维素（25%）、木质素（30%）、戊聚糖（15%）和灰分（21%），灰分中二氧化硅的含量约占 95%。稃壳能对种子起保护作用，使种子易贮藏。

表 2-5 玉米种子各部分化学成分及其含量 %

种子部位	重量百分比	淀粉	蛋白质	脂肪	可溶性糖	灰分
全粒	100	74.0	8.2	3.9	1.8	1.5
胚乳	80～85	87.8	7.2	0.8	0.8	0.5
胚	10～15	9.0	18.9	31.1	10.4	1.0
果种皮	5～8	7.0	3.8	1.2	0.5	11.3

第二节 种子的水分

水分是种子细胞内部新陈代谢作用的介质，在种子的成熟、后熟和贮藏期间，种子物理性质的变化和生化过程都与水分的状态和含量有密切关系。

一、种子中水分的状态

种子中水分的存在状态有两种：一种是自由水（游离水），另一种是束缚水（胶体结合水）。前者存在于种子的毛细管和细胞间隙中，能自由流动，具有一般水的性质，可作为溶剂，沸点为 100℃，冰点为 0℃，很易受外界环境条件的影响，容易从种子中蒸发出去；而后者却牢固地与种子中的亲水胶体（主要是蛋白质、糖类及磷脂等）结合在一起，不能在细胞间隙中自由流动，不容易蒸发出来，不具有溶剂的性质，在低温下不会结冰，同时具有另一种折光率。种子中水分的变化，主要是自由水的增减。

在种子成熟、贮藏以及萌发的过程中，游离水和结合水的相互平衡关系随着外界条件的变化而不断地变化，而生化过程的强度和性质也随之发生变化。当种子水分减少至不存在游离水而只有胶体结合水时，种子内的酶首先是水解酶就呈现出不活动的状态，种子的新陈代谢就降低到很微弱的程度，以至很不容易觉察出它是一种有生命的物质。当游离水一旦出现，水解酶就由不活动状态转变为活动状态，种子的呼吸强度迅速升高，新陈代谢加快，生命活动就会由弱转强，种子就不耐贮藏。

二、临界水分和安全水分

种子中自由水和束缚水的分界即临界水分，是指种子中自由水刚刚去尽，而只剩下饱和束缚水时的种子含水量，又称束缚水量。临界水分和种子贮藏有密切关系，种子水分如在临界水分以下，一般来说贮藏比较安全。由于种子中自由水直接参与种子的生理过程和生化反应，会导致新陈代谢加快引起种子劣变而丧失发芽能力，而束缚水则不参加这些过程和反应，因此为了种子的贮藏安全必须将种子中的含水量控制在临界水分以内的一定范围，这一保证种子安全贮藏的种子含水量范围，称为种子的安全水分。种子贮藏的安全水分因作物种类而不同。禾谷类种子含亲水胶体物质（蛋白质、淀粉）较多，束缚水含量一般比油料作物种子高，故安全水分亦高，一般禾谷类种子临界水分为 12%～13%，安全水分应在 12%～13%以下。油料作物种子含疏水胶体物质较多，束缚水含量一般比禾谷类种子低，故安全水分亦低，一般油料作物种子临界水分为 8%～10%，安全水分应在 8%～10%以下。安全水分因受温度的影响，各地区应规定不同标准，南方温度高，安全水分应低，北方因温度较低，可略高于南方。

三、种子的平衡水分及其影响因素

种子本身是一团胶体，其中分布着无数大大小小的毛细管，种子的表面和毛细管的内表面（活化面）可以吸附水蒸气或其他挥发性物质的气体分子，这种性能称为吸附性。同样，被吸附的气体分子也可以从种子表面或毛细管的内表面释放到周围环境中去，这一过程也是吸附作用的逆转，称为解吸。种子对水蒸气的吸附作用称为吸湿性。种子水分随着吸附与解吸过程的变化而变化，当吸附过程占优势时，种子含水量升高，当解吸过程占优势时，种子水分含量降低。如果将种子放在一个固定的温、湿度条件下，经过相当时间后，种子的吸附与解吸达到了动态平衡，这时种子含水量基本稳定不变，保持在一定的水平上，即达到了平衡状态，此时的种子含水量就称为该条件下的平衡水分。

在自然条件下，种籽实有水分与当时温、湿度下的平衡水分经常有一定的差距（表 2-6）。因此在生产上可以利用平衡水分来判断种子水分的变化趋向，即在当时的温、湿度条件下，种子是趋向吸湿还是散湿，并以此为依据对贮藏中的种子采取通风、密闭、摊晒或干燥降水等处理。

种子的平衡水分因作物、品种及环境条件不同而有明显差异。其影响因素包括大气湿度、温度、种子化学物质的亲水性及种子的部位和结构等。

表 2-6 种子在不同温度和相对湿度下的平衡水分

作物种子	温度/℃	相对湿度/%							
		20	30	40	50	60	70	80	90
小麦	0	8.7	10.1	11.2	12.4	13.5	15.0	16.7	21.3
大麦		9.2	10.6	12.1	13.1	14.4	16.4	18.3	21.1
黍		8.7	10.2	11.7	12.5	13.6	15.2	17.1	19.1
稻谷	20	7.5	9.1	10.4	11.4	12.5	13.7	15.2	17.6
玉米		8.2	9.4	10.7	11.9	13.2	14.9	16.9	19.2
小麦		7.8	9.0	10.5	11.6	12.7	14.3	15.9	18.3
大麦		7.8	9.2	10.7	11.3	13.1	14.3	16.0	19.9
黍		8.8	9.5	10.9	12.0	13.4	15.2	17.5	20.9
大豆		5.4	6.5	7.1	8.0	9.5	14.4	15.3	20.9
亚麻籽		—	—	5.1	5.9	6.80	7.9	9.2	12.1
蓖麻籽		—	—	—	—	5.5	6.1	7.1	8.90
小麦	30	7.4	8.8	10.2	11.4	12.5	14.0	15.7	19.3
大麦		7.6	9.1	10.4	12.2	13.2	14.3	16.6	19.0
黍		7.2	8.7	10.2	11.0	12.1	13.6	15.3	17.7

(1)大气湿度

种子水分随大气湿度的变化而变化。在相对湿度较低时，平衡水分随湿度提高而缓慢地升高，而相对湿度较高时，种子水分随湿度的提高而急剧增长。例如，在25℃时，水稻种子在相对湿度60%、75%、90%时，平衡水分分别为12.6%、13.8%和18.1%。因此在相对湿度较高的情况下，要特别注意种子的吸湿返潮。

空气相对湿度在一昼夜和一年四季都有变化，开放环境中的种子平衡水分也会随之发生变化。种子水分与收割时间也有很大的关系，清早收获的较下午收获的水分含量高，这说明未收割种子的水分含量和已脱粒的种子一样，都会受到大气相对湿度的影响。

(2)大气温度

温度对平衡水分有一定的影响，所以大多数平衡水分在25℃下测定。在同样的相对湿度条件下，气温越低，平衡水分越高，反之则低。因为空气中水汽的绝对含量，虽因低温而减少，但空气的保湿量也减少，使一部分水分被种子吸收，从而使种子水分增加。但一般温度对种子水分的影响远较湿度为小。

(3)种子化学物质的亲水性

蛋白质、淀粉、脂肪等是种子的主要化学成分，其分子结构中含有大量的亲水基如—OH(羟基)、—CHO(醛基)、—COOH(羧基)、—NH_3(氨基)、—SH(硫氢基)等。蛋白质分子中既含有羧基又含有氨基，其亲水性最强，脂肪分子中不含亲水的极性基，表现为疏水性，所以蛋白质含量高的种子吸湿力强，而含油多的种子吸湿力较弱。在相同的温湿度条件下，蛋白质和淀粉含量高的种子具有较高的平衡水分，如禾谷类和蚕豆种子要比大豆、向日葵等种子具有较高的水分含量。

(4)种子的部位与结构

种子部位不同,其亲水基含量有明显差异,因而不同部位的含水量不同。胚相比胚乳部分含有更多亲水基,因而胚部的含水量明显高于其他部位。如玉米种子水分为24.2%时,胚部含水量为27.8%,而当种子水分达到29.5%时,胚部含水量高达39.4%。这是胚部较其他部位容易变质的重要原因之一。种子结构也会影响种子吸湿。有些植物种子的种皮可能成为种子吸湿的限制因素,如豆科的紫云英、绿豆的种子,其种皮结构致密并覆有蜡质,影响种子吸水,玉米的角质胚乳明显影响种子吸水量和吸水速度。

第三节 种子的营养成分

糖类、脂肪和蛋白质是种子的主要营养成分,它们不仅是种子萌发和幼苗早期生长所需能源的主要来源,也是人类食物的主要可利用养分。糖类和脂肪是呼吸作用的基质,蛋白质主要用于合成幼苗原生质和细胞核,在糖类或脂肪缺乏时,蛋白质可通过转化作用成为呼吸作用的基质。

一、糖类

糖类物质又称为碳水化合物,是种子中三大贮藏物质之一,在种子萌发时,提供生长发育所必需的养料和能量。种子中所含的糖类总量约占干物质的25%～70%,糖类在种子中存在形式多种多样,按其在水中溶解度的不同可分为不溶性糖和可溶性糖两大类,其中不溶性糖是主要的贮藏形式。

(一)可溶性糖

种子中可溶性糖主要包括葡萄糖、果糖、麦芽糖和蔗糖。正常成熟种子中可溶性糖主要以非还原性蔗糖形式存在,含量很低,大多数禾谷类作物的成熟种子中可溶性糖含量仅占干物质的2%～2.5%,主要分布于胚及种子的外围部分(包括果皮、种皮、糊粉层及胚乳外层),在胚乳中很少。胚部的蔗糖含量因作物种类而不同,通常为10%～23%。可溶性糖对种子发芽过程中幼胚的初期生长具有重要的作用。蔗糖还是有机物运转的主要形式。

可溶性糖的种类和含量依种子的生理状态不同而不同。未充分成熟或处于萌动状态种子的可溶性糖含量很高,其中单糖占了较高的比例,并随着成熟度的增高而相应下降。种子在不良条件下贮藏,亦会引起可溶性糖含量的增高。因此,种子的可溶性糖含量的动向,可在一定程度上反映出种子的生理状况。

(二)不溶性糖

种子中的不溶性糖完全不溶于水或吸水而成黏性胶溶液,主要包括淀粉、纤维素、半纤维和果胶等。其中淀粉和半纤维素可经酶水解成可溶性糖后被利用,纤维素和果胶则难以被分解利用。

1. 淀粉

淀粉在植物种子中分布广泛，不同作物中种子淀粉的含量不同，一般可以占到总量的60%～75%。淀粉是禾谷类作物种子中最主要的贮藏物质，各种谷物籽粒的淀粉含量见表2-7。人类食品的营养很大部分来源于淀粉，它是人体所需热能的主要来源，同时，淀粉也是食品工业的重要原料。

表 2-7 各种谷物籽粒的淀粉含量 %

名 称	淀粉含量	名 称	淀粉含量
糙米	75～80	燕麦(不带壳)	50～60
普通玉米	60～70	燕麦(带壳)	35
甜玉米	20～28	荞麦	44
高粱	69～70	皮大麦	51
谷子	60	裸大麦	58
小麦	58～76		

淀粉以淀粉粒的形式贮存于胚乳或无胚乳种子的子叶中，种子的其他部位极少，甚至完全不存在。淀粉粒分单粒和复粒两种，复粒是许多单粒的聚合体，其外包有膜，小麦、玉米、蚕豆等的淀粉粒为单粒，水稻和燕麦的淀粉粒以复粒为主，马铃薯一般是单粒淀粉，但有时也形成复粒或半复粒(图2-1)。淀粉粒形态和大小在不同作物种子间存在差异，是鉴定淀粉或粮食粉及粉制品的依据(表2-8)。淀粉粒刚形成时一般为圆形或椭圆形，随着淀粉粒体积的扩大和数量的增加，分布稠密的部分形成多角形，不十分稠密的部分仍是圆形或椭圆形。

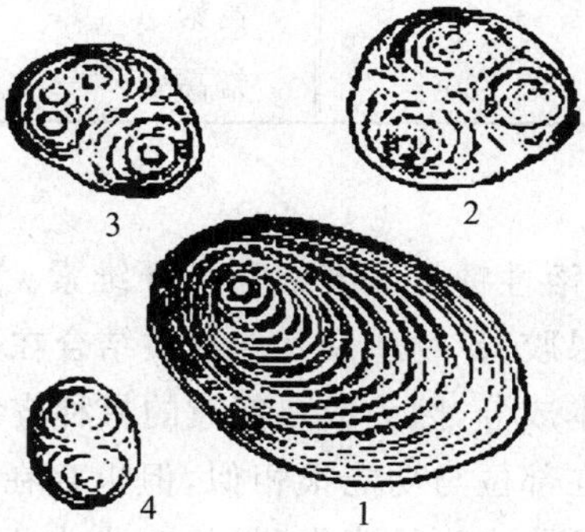

图 2-1 马铃薯细胞中的淀粉粒

1. 单粒 2、3. 半复粒 4. 复粒

表 2-8 不同作物种子的淀粉粒特征

作物类型	淀粉粒大小/nm	淀粉粒形状
水稻	3～8	多角形，单粒、复粒并存
玉米	2～25	多角形或椭圆形
小麦	2～35	圆形或扁圆形，有环纹
大麦	2～35	近圆形
马铃薯	25～100	卵圆形，有环纹

注：引自张红生和胡晋，2010。

淀粉粒由支链淀粉和直链淀粉两种不同性质的多糖组成，天然淀粉为颗粒状，外层由支链淀粉组成，占80%～90%；内层为直链淀粉，占10%～20%。直链淀粉和支链淀粉都是葡萄糖的聚合体，但结构上存在差异。直链淀粉分子质量较小，由α-D-葡萄糖经α-1,4糖苷键连接而成，链长为250～300个葡萄糖单位，易溶于热水，遇碘呈蓝色。支链淀粉分子质量较大，是由多个较短的α-1,4糖苷键直链（24～30个葡萄糖单位）相互结合而成的，支链淀粉每两个短直链之间的连接为α-1,6糖苷键。支链淀粉的分子形式是树枝状态，支链淀粉吸收水分，吸水后膨胀成糊状，遇碘呈棕红色。酸可使淀粉分解成葡萄糖，淀粉酶可使淀粉水解成麦芽糖。

淀粉粒内直链淀粉和支链淀粉的含量因作物及品种的不同而不同（表2-9）。种子中的淀粉以支链淀粉为主，通常含量为75%～80%，糯稻米中几乎只有支链淀粉而没有直链淀粉。种子淀粉粒中的直链淀粉和支链淀粉的比例与淀粉的特性和粮食的口味有重要关联。水稻种子中直链淀粉和支链淀粉的含量因种子类型和品质的不同而异。粳稻米一般直链淀粉含量低（20%以下），少数品种含量为中等水平（20%～25%）；籼稻米一般直链淀粉含量高于25%，部分品种含量中等水平（20%～25%），少数品种含量较低。二者含量的不同影响米饭特性和口味，通常籼稻米饭较干、松碎、质地较硬；而粳稻米饭较湿、有黏性、光泽。

表2-9 不同作物直链淀粉与支链淀粉的含量 %

作物	直链淀粉含量	支链淀粉含量	作物	直链淀粉含量	支链淀粉含量
马铃薯	19～22	78～81	蜡质玉米	0	100
玉米	21～23	77～79	糯米	0	100
小麦	24	76	燕麦	24	76
稻米	17	83	高粱	27	73
甜玉米	70	30	糯高粱	0	100

2.纤维素和半纤维素

种子中除淀粉外，主要的不溶性糖是纤维素和半纤维素。纤维素和半纤维素是组成细胞壁的主要成分，它们与木质素、果胶、矿物质及其他物质结合在一起，组成果皮和种皮细胞。纤维素和半纤维素是果种皮的基本成分，因为成熟籽粒的果种皮细胞中原生质消失，果种皮仅留下空细胞壁。这两类物质的存在部位与功能很相似，但也存在一些差异。纤维素结构比淀粉复杂，不溶于水，难分解，因而不易被种子消化利用，对人也无营养价值；但它能促进肠胃蠕动，有助于消化。半纤维素是戊聚糖和己聚糖，可水解为葡萄糖、木糖、果糖等，种子中的半纤维素主要是戊聚糖组成，除了是果种皮的组成成分以外，还能在胚乳及子叶的膨大细胞壁中存在，可以作为种子的贮藏物质，在种子发芽时能被半纤维素酶水解而被吸收利用。莴苣、咖啡、羽扇豆等种子中含有大量的半纤维素作为贮藏物质，这些种子的胚乳或子叶呈角质，硬度很高。

二、脂类

种子中的脂类物质包括脂肪和磷脂两大类，其共同特性是不溶于水，能溶于有机溶剂中。前者以贮藏物质的状态存在于细胞中，后者则是构成原生质的必要成分。

(一)脂肪

脂肪是种子中三大营养物质之一,在种子生命活动中有重要的地位,也是人类食用油的主要来源。脂肪普遍存在于各种作物的种子中,油料作物种子的脂肪在贮藏物质中占有比例较高,含量达20%～60%,而禾谷类种子中脂肪含量很少,多为2%～3%。脂肪属高能量贮藏物,其中贮藏的能量比相同质量的糖和蛋白质释放的总和还要多。因此,植物界中大部分的种子均以脂肪作为主要的贮藏物质。种子中的脂肪以脂肪体的形式存在于种子的胚和胚乳中,但禾本科的淀粉胚乳中不含脂肪体,脂肪体主要分布在盾片和糊粉层中。种子中的脂肪是多种甘油三酯的混合物,其品质的优劣取决于组成成分中脂肪酸的种类和比例(表2-10)。植物脂肪中包括饱和脂肪酸和不饱和脂肪酸,饱和脂肪酸主要由软脂酸和硬脂酸组成,不饱和脂肪酸主要由油酸、亚油酸和亚麻酸组成。一般植物种子中不饱和脂肪酸的含量较高,它的熔点低,所以在常温下多数是液体。

表2-10 主要油料作物种子脂肪酸的组成 %

种类	脂肪	脂肪中的脂肪酸					
		软脂酸 16:0	硬脂酸 18:0	油酸 18:1	亚油酸 18:2	亚麻酸 18:3	芥酸 22:1
油菜	35～42	微量～5	微量～4	14～29	9～25	3～10	40～55
大豆	17～20	7～14	2～6	23～34	52～60	2～6	0
向日葵	44～54	3～7	1～3	22～28	58～68	0	0
花生	38～50	6～12	2～4	42～72	13～28	0	0
棉籽	17～30	20～25	2～7	18～30	40～55	微量～11	0
芝麻	50～56	7～9	4～5	37～50	37～47	0	0
玉米	4～7	8～12	2～5	19～49	34～62	0	0
亚麻	—	5～9	4～7	9～29	8～29	45～67	0

注:引自胡晋,2006。

种子中脂肪的性质可用酸价和碘价两种重要的指标来衡量。酸价是指中和1 g脂肪中全部游离脂肪酸所需氢氧化钾的质量(mg)。碘价是指与100 g脂肪结合所需的碘的质量(g)。酸价和碘价是指示脂肪和种子品质的两项重要的指标。酸价的高低可以表示脂肪品质的优劣和种子活力的高低。在不良的贮藏条件下,脂肪在脂肪酶的作用下水解导致酸价升高,品质恶化。碘价的变化是在贮藏、干燥等过程中,种子中不饱和脂肪酸的双键部分与氧结合。脂肪的碘价越高,表明脂肪中脂肪酸的不饱和程度越大(即双键越多),不饱和脂肪酸的含量越高,脂肪越容易氧化。脂肪的碘价可以指示种子的贮藏性,碘价高,容易氧化变质,不耐贮藏。

种子中脂肪的品质与脂肪酸的种类有关,一般种子中的脂肪以油酸、亚油酸和亚麻酸等不饱和脂肪酸的含量为高。亚油酸和亚麻酸具有软化血管的作用,但亚麻酸含双键多,极易氧化变质,不耐贮常,因此优质的食用油要求亚油酸含量较高而亚麻酸的含量低。不同作物种子中亚油酸的比例差异很大,向日葵高达60%～70%,而大豆和玉米胚油中的亚油酸含量均在50%左右。油菜种子中含以上3种不饱和脂肪酸较少,芥酸的含量却占50%左右。过去认为芥酸对人体有害,之后的报道认为芥酸对人类无害但不易被消化吸收。

种子中脂肪的含量尤其是胚部脂肪的含量,与种子及粮食加工品的劣变和种子寿命存在密切的关系。由于脂肪变质产生醛、酮、酸等物质而发生苦味和不良气味的现象称为酸败。在贮藏过程中,油质种子保管不当或贮藏太久会产生酸败现象。通常含油量高的种子中容易发生酸败,种子破裂、高温、强光和多氧的情况会加速酸败。脂肪酸败会对种子品质造成严重影响,由于脂肪的分解,导致细胞膜结构的破坏,另外,脂肪的很多分解产物都对种子有毒害作用,食用后还能造成某些疾病产生或恶化,因此酸败的种子可以说完全失去种用、食用或饲用价值。禾谷类作物种子中的脂肪含量一般很低,胚乳中的含量不超过1%,绝大部分脂肪存在于胚和糊粉层的细胞里,在精度低的劣质面粉中,由于胚和糊粉层没有去尽,贮藏期间常因脂肪分解而大大降低面粉品质。精度低,留有部分米糠的米粒也明显地比精度高的白米不耐贮藏。禾谷类作物籽粒,以玉米的脂肪含量及胚部含油率为高,达33%,远远超过大麦(22%)和小麦(14%),这是玉米种子不耐藏的重要原因之一。

(二)磷脂

种子中的脂类物质除脂肪外,还有化学结构与脂肪相似的磷脂。磷脂是指含有磷酸的脂类,属于复合脂,分为甘油磷脂与鞘磷脂两大类。磷脂是含有磷酸基团的类脂化合物,由甘油和脂肪酸组成,具有一定的亲水性,主要累积在原生质的表面,是生物膜的主要组成部分,具有限制细胞和种子的透性、防止细胞氧化、维持细胞正常功能的作用,有利于种子活力的保持。种子中磷脂的含量比营养器官高,一般达1.6%～1.7%。磷脂的代表性物质是卵磷脂和脑磷脂。禾谷类、花生、向日葵、棉、亚麻等种子中均含有少量磷脂,禾谷类作物种子达(表2-11)0.4%～0.6%,油质种子达1.6%～1.7%;大豆种子的磷脂含量较高,可达2.09%,胚芽较子叶含量更为丰富,因此大豆种子常用于提取磷脂制成药物,用以促进和提高大脑的功能。

表2-11 谷物籽粒中的磷脂含量 %

谷物种类	磷脂含量	谷物种类	磷脂含量
小麦	0.4～0.5	糙米	0.64
玉米	0.2～0.3	黑麦	0.5～0.6
大麦	0.74		

注:引自周惠明,2003。

三、蛋白质

蛋白质是生物体的重要组成成分,是生命活动重要的物质基础,在细胞和生物体的生命活动过程中,起着十分重要的作用。蛋白质是种子中含氮物质的主要贮藏形式,是种子的三大营养成分中最重要的物质。它既是贮藏物质,又是结构物质,具有很高的营养价值。

1.蛋白质的种类及组分分布

种子中蛋白质种类很多,按其功能可分为结构蛋白、酶蛋白和贮藏蛋白;按其结构可分为复合蛋白和简单蛋白。结构蛋白和酶蛋白含量较少,主要存在于种子的胚部。结构蛋白是组织活细胞的基本物质,主要包括脂蛋白和核蛋白;酶蛋白作为生物催化剂参与各种生理生化反应。种子中大部分蛋白质是贮藏蛋白,占种子蛋白质含量的85%～90%。贮藏蛋白主要以糊粉粒或蛋白体的状态存在于细胞内，主要分布在糊粉层、胚及胚乳中，其大小、形态结构和分布密度因种子不同部位而不同。糊粉层中的糊粉粒呈球形，外面有膜包被，内部常含有几个晶体，胚中的蛋白体有着与糊粉层类似的结构。禾本科胚乳中的蛋白体中间有一个核，周围分布多层同心圆环，多数还形成放射状裂痕。种子中的蛋白体颗粒比淀粉粒小，直径一般在 1.5～2.5 μm。

根据简单蛋白在各种溶剂中溶解度的不同，分为清蛋白、球蛋白、醇溶蛋白（醇溶性谷蛋白）和谷蛋白 4 种（表 2-12），它们具有不同的特性和营养价值。清蛋白主要为酶蛋白，一般在干燥的种子种含量很少，其在中性或弱酸性条件下溶于水，在加热或在某种盐类的饱和溶液中会发生沉淀。球蛋白微溶于水或不溶于水，但溶于 10％氯化钠盐类溶液，它是双子叶植物种子蛋白质中的主要类型，在禾谷类作物种子中虽普遍存在，但含量很少，在豆类植物种子中含量较多。醇溶蛋白不溶于水和盐类溶液，溶于 70％的酒精溶液，它是禾谷类作物种子特有的一种蛋白质，不仅在各种禾谷类作物种子中普遍存在，而且在大部分禾谷类作物种子中含量很高，是禾谷类作物种子的主要蛋白质。谷蛋白则不溶于水、盐类溶液和酒精溶液，但溶于稀酸、稀碱溶液，这类蛋白在禾谷类尤其在麦类、水稻种子中的含量较高。水稻种子中的谷蛋白约占总蛋白的 80％，小麦籽粒中醇溶蛋白和谷蛋白是面筋最主要的成分，占面筋总量的 74.2％，面筋是判断小麦品质的重要指标之一，面筋含量高和面筋品质优良的麦粉有较好的面包烤制品质。面筋蛋白质存在于禾谷类作物种子的胚乳中，而胚和糊粉层中则仅含有清蛋白和球蛋白，不能形成面筋。

表 2-12　不同作物种子中各类贮藏蛋白的比例　％

作物	清蛋白	球蛋白	醇溶蛋白	谷蛋白
水稻	5	10	5	80
玉米	4	2	55	39
小麦	3～5	6～10	40～50	46
大麦	13	12	52	23
燕麦	11	56	9	24
大豆	5	95	0	0
高粱	5	10	46	39

注：引自张红生和胡晋，2010。

2. 种子蛋白质氨基酸组成

人类和牲畜赖以生存的营养物质，大部分来自种子。营养学研究证明，种子的营养价值主要取决于种子中蛋白质的含量，构成蛋白质的氨基酸（尤其是人体必需氨基酸）的比例，以及种子蛋白质能被消化和吸收的程度。由此可见，蛋白质成分的研究具有非常重要的意义。不同作物种子中人体必需氨基酸的含量和比例不同（表 2-13），与人体需求营养最适比例对照，即可了解其营养的价值。如果蛋白质的成分中缺少 8 种人体必需氨基酸中的任何一种，人体就不能利用植物中的蛋白质重新构成自己所特有的蛋白质，可见某些植物种子的蛋白质含量虽高，但若缺少 8 种人体必需氨基酸中的任何一种，它的营养价值会受到影响。禾谷类作物种子蛋白质中的赖氨酸含量很低，一般只有动物蛋白质含量的 1/3～1/2。因此，赖氨酸是这类种子的第一限制氨基酸。稻米的蛋白质比麦类好，其赖氨酸含量高于麦类，稻米中醇溶蛋白含量很低。玉米、高粱种子蛋白质中严重缺乏赖氨酸和色氨酸，若单纯以玉米或高粱作为主食或饲料会引起不良的后果。豆类种子蛋白质中普遍缺少蛋氨酸。其中花生蛋白质的赖氨酸、苏氨酸和蛋氨酸含量均较低；蚕豆蛋白质的蛋氨酸和色氨酸的含量很低；大豆种子赖氨酸含量丰富，营养价值高。燕麦蛋白质含量通常比其他谷物高且质量好，氨基酸平衡好。

表 2-13 常见作物的种子中必需氨基酸的含量 %

氨基酸	最适比例	小麦	玉米	水稻	高粱	莱豆	花生	大豆	豌豆	谷子
苏氨酸	4.3	2.8	3.2	3.4	3.3	3.4	2.8	3.7	4.1	6.9
缬氨酸	7.0	3.8	4.5	5.4	4.7	3.9	4.0	5.0	4.1	5.3
异亮氨酸	7.7	3.4	3.4	4.0	3.6	3.1	3.5	4.5	3.4	3.7
亮氨酸	9.2	6.9	12.7	7.7	11.2	0.2	6.2	7.5	5.3	9.6
苯丙氨酸	6.3	4.7	4.5	4.8	4.4	3.9	4.9	5.2	3.2	5.9
赖氨酸	7.0	2.3	2.5	3.4	2.7	4.7	3.1	6.0	5.4	2.3
蛋氨酸	4.0	1.6	2.1	2.9	2.3	1.9	1.1	1.6	1.2	2.5
色氨酸	1.5	1.0	0.6	1.1	1.0	1.0	1.1	1.5	0.8	2.1

种子中蛋白质含量较高和氨基酸组成比例合理是种子具有较高营养价值的重要因素，但蛋白质能否被有效分解利用还与下列因素有关：一是组织中有纤维素较多，蛋白质难于被分解利用，因为蛋白质的螺旋形构造，往往和纤维素骨架紧紧缠绕在一起，在动物的肠胃中分解蛋白质或用化学方法提取蛋白质时，都需先破坏其纤维素的骨架；二是在种子中存在单宁等酚类物质或蛋白酶抑制剂等物质时，蛋白质的分解利用也会被削弱。

第四节 种子的生理活性物质

种子的生理活性物质是指种子中某些含量很低但能调节种子生理状态和生化变化，改变种子生命活动强度的化学成分，主要包括酶、维生素和植物激素。

一、酶

酶是指具有生物催化功能的生物大分子。酶大多是具有高度专一性和催化效率的蛋白质，有一些被称为核酶的 RNA 分子和一些 DNA 分子同样具有催化功能。几乎所有的细胞活动进程都需要酶的参与，以提高效率。酶的活性与温度、环境（如 pH）等许多因素相关。种子内的生物化学反应可由种子本身所含的酶所催化、调节和控制。从化学结构看，大多数酶的成分是蛋白质，有些酶除了蛋白质外还含有非蛋白质部分。非蛋白质部分是金属离子（如铜、铁、镁）或由维生素衍生的有机化合物。酶在种子中的分布不均，主要分布在胚内和种子的外围部分。酶具有底物专一性和作用专一性，因此种子各种生理生化变化是由多种酶类共同作用所调控的。根据酶催化的反应类型，可以将其分为氧化还原酶类、转移酶类、水解酶类、裂解酶类、异构酶类和合成(连接)酶类等六大类。

种子在发育成熟过程中,各种酶的活性都很强,种子内的生理生化活动旺盛进行。随着成熟度的提高和种子脱水,酶活性降低甚至因被破坏而消失,有些酶(如 α-淀粉酶等)则与蛋白质结合以酶原状态贮存于种子中。因此,成熟种子的代谢强度很低,处于相对静止的状态。当种子获得了适宜的萌发条件,酶将被活化和合成,代谢强度又急剧增加。

种子成熟收获后,在正常、稳定的贮藏条件下,酶的活性一般很低,但酚氧化酶、过氧化物酶等氧化还原酶类尚有相当的活性。这两种酶在种皮中存在较多,其耗氧作用可影响种皮的透气性甚至透水性,脂肪氧化酶则能导致脂质的氧化而成为种子衰老和劣变的重要原因。在不良的贮藏条件下,种子的水解酶、脂肪氧化酶和参与呼吸作用的酶类活性增强,在安全水分以上时,种子内的水解作用、脂质氧化和呼吸作用均受到促进。在衰老和劣变的种子中,核酸水解酶可被激活,造成 DNA 的分解和断裂。成熟不充分和发过芽的种子中存在多种具有活性的酶,这类种子不仅耐藏性差,而且还严重地影响食品的加工品质。如未成熟种子或发过芽的种子中,α-淀粉酶在麦粉制作面团发酵过程中产生许多糊精,使制成的面包或馒头很黏,缺乏弹性。活性蛋白水解酶使加工过程中的面筋蛋白质分解,导致面团保持气体的能力显著降低,制成的面包或馒头体积小而坚实。

二、维生素

维生素是具有生理活性的一类低分子化合物,是人和动物为维持正常的生理功能而必须从食物中获得的一类微量有机物质,在人体生长、代谢和发育过程中发挥着重要的作用。人体没有合成维生素的能力,必须由食物供给,若摄入不足会导致维生素缺乏症。人体所需维生素有很大一部分来源于植物种子及其制品。种子中存在多种维生素,按其溶解性的不同,可分为两类,一类是脂溶性维生素,主要包括维生素 E;另一类是水溶性维生素,主要包括维生素 B 和维生素 C。

种子中不存在维生素 A,但是在很多来源于种子或其制品的食品中含有维生素 A 前体——胡萝卜素。胡萝卜素被食用后,可在氧化酶作用下分解为维生素 A。维生素 E,又称生育酚,在绿色蔬菜中含量丰富,在油质种子和禾谷类种子的胚中广泛存在,特别在小麦胚中含量较高(158 μg/g),是最主要的抗氧化剂之一,可保护维生素 A、维生素 C 以及不饱和脂肪酸免受氧化,有利于保护种子的生活力。维生素 B 种类很多,主要包括维生素 B_1(硫黄素)、维生素 B_2(核黄素)、维生素 B_3(泛酸)维生素 B_6(吡哆醛)、维生素 B_{12}、烟酸、叶酸、生物素等,在豆类和禾谷类种子中含量丰富,主要存在于种子的麸皮、胚部和糊粉层,胚乳中含量极少,所以谷物加工精度越高,维生素的损失越大。维生素 B 族主要作为辅酶或辅基的主要成分参与种子内物质代谢的调节。维生素 C(抗坏血酸)在一般成熟的作物种子中并不存在,但在种子萌发后的幼芽或子叶中大量形成,使萌发种子的营养价值显著提高。例如大豆在发芽第五天,单株豆芽含维生素 C 可达 2.06 mg。

维生素的含量与植物的基因型及环境条件有关。烟酸的含量主要决定于遗传因素,通过选育可以大大提高其含量。许多维生素因植物生长环境不同而差异很大。有的维生素在种子成熟及萌发过程中的变化亦很显著。例如,在甜玉米种子中,大部分 B 族维生素在发育前逐渐增加,以后随成熟度提高而下降;在萌发早期,维生素 C、大部分 B 族维生素、维生素 A 原、维生素 D 和维生素 E 均有增加或明显增加,在光照条件下维生素 A 原及维生素 C 生成更多,可见许多维生素与种子发芽有密切关系。

维生素的生理作用与酶密切相关，许多酶由维生素和酶蛋白结合而成。因此，缺乏维生素时，动植物体内酶的形成就会受到影响。维生素对于保持人体的健康是必不可少的，任何一种维生素的缺乏都会导致代谢作用的混乱和疾病发生，但某些维生素（如维生素 A 和维生素 D）长期过量摄入，可引起中毒。而维生素 B 及维生素 C 在体内多余时会及时排出，不致引起过多症。种子中的维生素含量不是很高，一般容易因偏食而欠缺，不会因过高而中毒。

三、植物激素

植物激素是由植物自身代谢产生的，并自产生部位移动到作用部位，在极低浓度下就有明显的生理效应的一类微量有机物质。激素对种子和果实的形成、发育、成熟、休眠、脱落、衰老、萌发起调控作用。种子（包括果实）比植物的其他部分含有较多的激素，有些激素甚至主要是在种子中合成。按照植物激素的生理效应和化学结构，可以分为生长素（IAA）、赤霉素（GA）、细胞分裂素（CTK）、脱落酸（ABA）和乙烯（ETH）五大类。

（一）生长素

吲哚乙酸（IAA）是植物的主要生长素，在种子各部分均有分布，但以胚芽鞘尖、根尖为多。种子中的 IAA 不是由母株运入，而是种子发育过程中由色氨酸通过脱羧成为色胺形成的。生长素有游离态及结合态两种形态存在于种子当中。在大多数成熟种子中生长素以酯等结合态存在，萌发后才水解成为游离态并具有活性。生长素含量随果实和种子的生长而增加，随着成熟而迅速降低，在完全成熟的种子内，生长素大部分和天冬氨酸、葡萄糖等物质结合而贮藏起来。在安全贮藏的种子中含量极低，种子萌发时其含量和活性又迅速升高。种子萌发过程中，生长素从胚乳或子叶转移到胚中，供给胚、幼根、幼芽生长。IAA 有促进种子、果实和幼苗萌发的作用，能引起单性结实形成无子果实。许多人工合成的生长调节剂（如 2,4-D）有着与 IAA 相似的生理效应。

（二）赤霉素

种子中赤霉素（GA）的种类很多，其中赤霉酸 GA_3 是研究最为透彻的一种，也是目前主要商品化应用的一种。种子本身具有合成 GA 的能力，而且绝大多数是在胚中合成，其 GA 的含量远高于植物的其他部位。种子中的 GA 有游离态和结合态两种。游离态的 GA 具有生理活性，它可与糖或乙酸形成酯，从而转变为结合态。结合态的 GA 不具有生理活性，是一种贮藏或运输形式。在种子发育的早期，绝大部分的 GA 以游离态存在具有生理活性，但成熟时转为结合态而贮藏起来或被分解。在种子萌发时，结合态的 GA 又通过酶促水解转变成游离态而发挥其生理调节作用。

GA 主要是促进细胞的伸长，某些情况下也能促进细胞分裂。GA 在促进种子发育、调控种子的休眠和萌发中起着十分重要的作用。GA 能促进果实、种子的生长，调控种子的休眠和萌发，有些种子在休眠被打破萌发时，常伴有内源 GA 的增加，施加外源 GA 也能打破许多种子的休眠。GA 能加速非休眠种子的萌发，调控糊粉层中产生及释放淀粉酶、蛋白酶、β 葡聚糖酶等酶类。对禾谷类种子来说，GA 作用于两个部位，即种子的胚和胚乳的糊粉层。前者直接促进种胚的生长和种子的萌发，后者与胚乳淀粉层中营养物质的分解和萌发后幼苗的生长有密切关系。GA 与 IAA 一样，也可引起单性结实。GA_3 也是水稻恶苗病菌的代谢产物，我国将从培养该真菌的液体培养基中人工提取的 GA_3 称为 920，可用于种子的处理等过程。

(三)细胞分裂素

细胞分裂素(CTK)是腺嘌呤的衍生物，它是 DNA 的分解产物，某些类型的 tRNA 也可以水解而产生 CTK。现已分离的天然 CTK 有十多种，如玉米素、二氢玉米素、反式玉米素等。CTK 能促进细胞分裂，对细胞伸长可能也有作用。6-呋喃腺嘌呤(激动素)和 6-苄基腺嘌呤也具有相似功能，但在植物体内尚未发现它的天然产物。

CTK 作用的相关机理还不是很清楚，由于在幼果和未成熟种子中的 CTK 含量较高，认为 CTK 可能在植株中合成，随后流入种子，亦不排除果实或者种子本身也合成的可能。种子发育时 CTK 的含量明显增加，随着果实、种子长大，CTK 含量降低，果实、种子成熟时 CTK 含量降到很低甚至完全消失，到种子萌发时 CTK 又重新出现。

CTK 具有抵消抑制物质特别是抵消脱落酸(ABA)抑制的作用，施加外源 CTK 可以打破因 ABA 的存在而导致的种子休眠。外施 CTK 能破除莴苣等一些植物种子的休眠，但需要少量的光。

(四)脱落酸

脱落酸(ABA)，一种抑制生长的植物激素，因能促使叶子脱落而得名。在植物的不同部位均有存在，但以果实和种子中含量最高。ABA 可与细胞内的单糖或氨基酸以共价键结合形成结合态，结合态的 ABA 是 ABA 的贮藏形式，没有生理活性，经水解重新释放出游离态 ABA 后活性恢复。在干旱条件下 ABA 的含量迅速增加，是 ABA 重新合成引起的，并非来自结合态 ABA 的水解。游离的 ABA 在豆类尤其是大豆中的含量较高。

ABA 与其他激素一样，在发育过程中增高，在种子脱水时迅速降低。ABA 在种子中存在时，正常的胚胎发育能够进行，但是有人认为其作用是抑制植株上的种子直接从胚胎发育进入萌发阶段。据研究，ABA 还有促进种子中贮藏物质积累的作用。ABA 还有抵抗 GA 的作用，GA 可以诱导禾谷类作物种子的糊粉层合成 α-淀粉酶，而 ABA 却抑制这种合成作用。

ABA 可以诱导许多逆境蛋白基因的表达。当植物受到干旱、盐渍或寒冷引起的渗透胁迫时，其体内的 ABA 水平会急剧上升，同时出现若干特殊基因的表达产物。若植物体并未受到渗透胁迫，只是吸收了相当数量的 ABA，其体内也会出现这些基因的表达产物。已从水稻、小麦、棉花、马铃薯等植物中分离出多种受 ABA 诱导表达的基因，如种子胚胎发生晚期的丰富蛋白基因、凝集素基因、酶抑制剂基因、贮藏蛋白基因等。这些基因表达的部位包括幼苗、种子、叶、根和愈伤组织等。

(五)乙烯

乙烯是不饱和的碳氢化合物，是一种具有很强生理活性的气体。在成熟的果实、发芽的种子、衰老的器官中均有乙烯的存在。乙烯能够促进叶、花、果脱落，促进果实成熟，也有诱导花芽分化、抑制开花等作用，同时对种子的休眠和萌发有调控作用。

外施乙烯能打破花生、苍耳、地三叶、水浮莲等种子的休眠。外施乙烯对种子的作用与乙烯的浓度有密切关系，低浓度时，促进萌发，而高浓度时抑制萌发。乙烯是气体，难以在田间直接应用。目前生产上可直接利用的产品为乙烯利，易溶于水和乙醇、甲醇、丙酮等有机溶剂，在 pH<3.5 的水溶液中稳定，随 pH 升高会水解释放出乙烯。乙烯利被广泛应用于果实催熟、棉花采收前脱叶和促进棉铃开裂吐絮、水稻矮化、增加瓜类雌花及促进菠萝开花等。

综上所述，植物激素对种子生长、发育、成熟、休眠、萌发及脱落、衰老的调控，有促进和抑制两个方面，如生长素在低浓度时促进根的生长，但较高浓度时则抑制根的生长。脱落酸是萌发的抑制物质，但也可以促进某些植物的开花。乙烯低浓度时促进种子萌发，但高浓度时抑制萌发。因此，使用人工合成的生长调节剂时应该特别注意浓度。

第五节 种子的其他化学成分

种子中除了以上化学成分外，还有矿物质、色素等成分，这些化学成分在种子的某些生理作用中起着不可或缺的作用。种子中还存在一些对自身人畜有害的物质或成分，即种子毒物。

一、矿物质

种子中的矿质元素主要是指一些化合物中所含的金属和非金属矿质，也即种子置于高温下烧灼后的白色残留物，又称灰分。种子中的矿物质大约有 30 多种，根据其在种子中的含量可分为大量元素和微量元素两类。大量元素有磷(P)、钾(K)、钙(Ca)、镁(Mg)、钠(Na)、铁(Fe)，微量元素有铜(Cu)、硼(B)、锰(Mn)、锌(Zn)等元素。矿物质在籽粒中的含量因作物种类不同而不同，同一种作物又因品种、土壤、气候以及栽培管理条件的不同而有差别。一般禾谷类作物种子的灰分率为 1.5%～3.0%(表 2-14)，豆类种子灰分含量较高，尤其是大豆，高达 5%。种子中许多矿质元素为维持动植物正常生理功能所必需。如铁和镁与幼苗形成叶绿素有关，磷是磷脂的重要组成元素，硫参与含硫氨基酸、谷胱甘肽及蛋白质的合成。

表 2-14 几种作物的矿物质含量

作物	大量元素/%							微量元素/(mg/kg)		
	K	P	Ca	S	Mg	Na	Fe	Cu	Mn	B
水稻	0.17	0.26	0.05	0.05	0.07	0.05	0.004	3.7	20.0	9.4
玉米	0.35	0.32	0.03	0.12	0.17	0.01	0.003	2.9	5.9	1.9
小麦	0.58	0.41	0.06	0.19	0.18	0.10	0.006	8.2	55.0	1.1
大麦	0.63	0.47	0.09	0.19	0.14	0.02	0.006	8.6	18.0	13.0
棉花	1.20	0.73	0.15	0.76	0.44	0.02	0.059	54.0	31.0	13.0
大豆	2.40	0.66	0.28	0.45	0.34	0.38	0.016	23.0	41.0	41.0
高粱	0.38	0.35	0.05	0.18	0.19	0.05	0.005	11.0	16.0	—
向日葵	0.96	1.01	0.21	0.02	0.40	—	0.003	—	23.0	—

注：引自张红生和胡晋，2010。

矿物质在种子中的分布不均，胚与种皮（包括果皮）的灰分含量高于胚乳数倍，禾谷类籽粒的外层（果皮和种皮）灰分含量很高，这些部位同时含有大量的纤维素和半纤维素，在碾米、磨粉时往往被去除掉。一般矿质元素含量的高低与纤维素、半纤维素的含量有正相关性，纤维素含量多的部位其灰分含量也高。所以在碾米、磨粉过程中，去皮程度越大，加工精度越高，米、小麦粉的灰分含量越低，因此各国都以灰分含量的多少作为鉴别小麦粉精度高低或确定等级的依据。种子中的矿质元素大多与有机物质结合而存在，随着种子的萌发而变成无机态，在生长部位的合成过程中转化为新组织的成分，参与各种生理活动和生化反应。

二、色素

种子内含有的色素主要有叶绿素、类胡萝卜素、黄素酮、花青素等。色素的存在使种子具有一定色泽，它不仅是品种特性的标志，同时也能表明种子的成熟度和品质。叶绿素主要存在于未成熟种子的稃壳、果皮及豆科的种皮中，发育期间具有进行光合作用的功能，并伴随着种子的成熟而逐渐减少，但在黑麦、蚕豆和一些大豆成熟种子中仍大量存在。类胡萝卜素主要存在于禾谷类种子的种皮和糊粉层中，是一种不溶于水的黄色素。花青素主要存在于某些豆科作物的种皮中，也有存在于某些特殊水稻品种的稃壳和果皮中，是一种水溶性细胞液色素，使种皮呈现各种色泽和斑纹。

不同作物中色素种类和含量不同。大麦籽粒颜色差异很大，有白、紫、蓝、蓝灰、紫红、棕红、黑等颜色。这些颜色主要来源于两种色素：一种为花青素，在酸性条件下呈红色，碱性条件下呈蓝色；另一种为黑色素化合物，呈黑色。色素存在于稃、果皮和糊粉层中，有时也存在于淀粉胚乳中。若所有色素不存在则为白色。稃与果皮中的花青素常常呈现紫色，表示这些组织常呈酸性；而在糊粉层中的花青素常呈蓝色，表示糊粉层为碱性。花青素的这种性质在裸麦果皮中比在糊粉层中表现更为明显。

三、种子毒物和特殊化学成分

种子中还存在一些对植物自身生存繁殖有一定的保护作用，而对人畜有害的物质或成分。当利用含有这种物质或成分的种子作食料时，如果加工调制不当或摄食过量，就会在体内发生生理作用或物理化学作用，破坏或扰乱正常的生理代谢，造成中毒或引起中毒病，甚至危及生命，这种由生物和环境原因所致，而在作物种子中存在的有毒物质或成分，即为种子毒物。这些毒物有些是植物种性固有的、可遗传的，有些是种子感染病菌后经代谢而产生的，有的则是农药残留物或代谢物。种子中的毒物较多，根据其产生的来源分为内源毒物和外源毒物两类。

（一）内源性毒物

内源性毒物是植物本身固有的化学成分，其种类和含量因植物种类及品种的不同而异，能够世代遗传。这些有毒物质的存在，是植物在长期系统发育中自然选择的结果。如高粱种子中的单宁可以避免鸟雀危害；酶抑制剂可以抑制种子在不良环境条件下萌芽；凝集素、棉酚和糖苷等对某些害虫与病菌有避忌和抑制作用。内源性毒物对人畜是有害的，能影响其对营养元素的吸收与利用，发生不良的生理反应和病理反应，如抑制生长、甲状腺肿大、胰脏肥大、血糖减少、肝损伤和致癌等。

内源毒物一般以游离态或结合态两种形式存在于种子细胞内。多数是通过次生代谢作用而产生的,如芥酸、异黄酮、多酚和生物碱等;有些则与初生代谢产物(糖类、脂肪酸类、氨基酸类、核酸类以及由它们形成的多糖类、脂类、蛋白质类、核糖核酸和脱氧核糖核酸)密切相关。如酶抑制剂、过敏源、凝集素等。它们在种子中的含量受遗传基因所控制,品种间有一定差异,可通过杂交育种使其含量降低,如油菜籽中的芥酸和苜蓿种子中的皂苷等。常见的种子内源毒物主要有以下几种。

1. 酶抑制剂

酶抑制剂是一类可以结合酶并降低其活性的分子,是一种蛋白质或蛋白质的结合体,对动物体内的某些酶具有抑制作用。作物种子中自然存在的酶抑制剂有蛋白酶抑制剂、淀粉酶抑制剂、精氨酸酶抑制剂、胆碱酯酶抑制剂等。从小麦、大豆、油菜、大麦、豌豆等种子中可提取出胰蛋白酶抑制剂。且不同物种中的胰蛋白酶抑制剂活性各不相同,比如大豆中胰蛋白酶抑制剂的活性>豇豆>豌豆>蚕豆。蛋白酶抑制剂除在作物种子中存在外,在其他部分也有相当含量。如马铃薯块茎和甘薯块根中蛋白酶抑制剂的活性和叶中的相当;小麦、玉米、大麦和黑麦的蛋白酶抑制剂主要存在于胚乳中,芽中较少;大豆、菜豆和绿豆的蛋白酶抑制剂在子叶外部的含量较高。由于酶抑制剂抑制特定酶的活性可以杀死病原体或校正新陈代谢的不平衡,许多相关药物就是酶抑制剂。

2. 凝集素

凝集素是指一种糖蛋白或结合糖的蛋白,因其能凝集红细胞(含血型物质),故名凝集素,又称植物红细胞凝集素,在植物中普遍存在,尤其是豆科作物种子。豆类植物种子中含存的凝集素大多集中在子叶中,在种子萌芽时消失。豆类不同品种间凝集素的含量不同,其中以大豆为最多。马铃薯块茎中也有凝集素,不过有的马铃薯品种或变种则不含凝集素。凝集素具有促进细胞分裂的性质,对特异血细胞抗原有亲和力,对肿瘤细胞有特异性反应,对各血型人的红细胞有高度特异性。各种作物种子的提取物均有凝集动物红细胞的作用。

3. 皂苷

皂苷,又称皂素,是苷元为三萜或螺旋甾烷类化合物的一类糖苷,广泛存在于植物中,主要分布于陆地高等植物中,在研究过的 80 多个科 400 多种植物中均存在。对大豆、花生、甜菜、苜蓿、三叶草和羽扇豆等所含的皂苷研究比较详细。大豆皂苷属三萜烯类化合物,一般含量为 0.46%~0.5%,苜蓿中的皂苷含量在 2%以上。许多中草药如人参、远志、桔梗、甘草、知母和柴胡等的主要有效成分都含有皂苷。皂苷味苦,能破坏动物血液中的红细胞而引起溶血作用,或干扰与代谢有关的酶从而影响对营养物质的吸收利用。同样,对种子本身来说,可使细胞膜的微结构发生变化,影响氧气的渗入,降低呼吸作用,从而抑制种子的萌发。

4. 芥酸和硫代葡萄糖苷

芥酸是菜籽油的组成部分,常以甘油三酯的形式存在于菜籽油中,一般占油菜籽含量的 40%~50%。芥酸为含有 22 个碳原子和 1 个双键的长链脂肪酸,在油菜等十字花科作物种子中普遍存在。一般我国的白菜型油菜种子含芥酸量较低,甘蓝型油菜居中,芥菜型油菜较高。早熟品种比晚熟品种的含量高。冬性甘蓝型油菜的芥酸含量一般又比春性品种的高。同一品种种植在低温冷凉地区比种植在高温干燥地区的含量高。栽培管理也会改变芥酸的含量,施用含硫量多的肥料会增加芥酸的含量,近年来我国在培育低芥酸或无芥酸油菜品种方面取得了显著成果,培育出了"双低"(低芥酸和低硫代葡萄糖苷)优质油菜品种。芥酸能引起动物的心血管病,影响心肌功能,甚至导致心肌坏死。但是,芥酸对人体是否有害,至今尚无定论。从营养角度来看，芥酸分子链长，分解时多从双键处断裂，形成 13 个碳或 9 个碳的较大分子，在人体内不易消化，且味道不佳，营养价值较低。

硫代葡萄糖苷又称芥子苷，在十字花科植物植株各部分均有存在，油菜以种子中含量最高，集中在种子的子叶和胚轴中，其他部分较少。我国油菜籽所含的硫代葡萄糖苷总量，以白菜型油菜较低(4.04%)；甘蓝型油菜最高(6.13%)；芥菜型油菜居中(4.85%)。三种油菜的冬性类型所含硫代葡萄糖苷量均比春性类型的高。作物中的硫代葡萄糖苷是阴离子，以钾盐形式存在。在种子萌发、受潮或压碎等情况下，硫代葡萄糖苷可被葡萄糖硫苷酶所水解释放出葡萄糖和硫酸离子，葡萄糖苷部分随水解而进行分子内重排形成硫氰酸酯等产物抑制碘的吸收利用，从而引起动物甲状腺肿大，并影响肾上腺皮质、脑垂体和肝等，引起新陈代谢紊乱。可利用高温、浸泡以及发酵中和等方法，去除硫代葡萄糖苷的部分毒性，但结果都不是十分理想。到目前为止，去除这两种毒物的最好措施是通过选育油菜的双低品种。

5.单宁类物质

单宁又称鞣质，单宁是高分子多元酚衍生物，易于氧化并可与金属离子反应，生成褐黑色质。在某些植物中含量很高。高粱开花后在中果皮和外果皮加厚时，逐渐增加单宁的累积，开花后 17 d 单宁量为 0.4‰，27 d 后为 2.2%，42 d 后达 4.6%。单宁具有涩味，与蛋白质有极强的亲和力，它与蛋白质结合可以使蛋白质变性，使蛋白质的利用率和消化酶的活性显著下降，从而降低种子的营养价值，以至影响食用者的生长发育。对饲用高粱的去毒措施是通过遗传育种的手段选育低单宁或者“优质单宁”的品种。

6.棉酚

棉酚是锦葵科植物草棉、树棉或陆地棉成熟种子、根皮中存在的一种多元酚类物质。棉酚主要存在于棉花中，大量集中于棉花的根部，棉籽中的棉酚多以脂腺体或树胶状存在于子叶的腺体内，由于呈现不同颜色，故称为棉酚素或色素腺体。棉胚形成 18 d 后开始产生腺体的前体，棉株开花 22～40 d 和棉铃发育 25～35 d 后，大量形成棉酚色素，棉铃开裂后 2～6 d 棉籽中棉酚含量最高。棉酚含量一般为棉籽仁的 0.5%～1.5%。

不同棉花种子中的棉酚与含油量成正相关，即棉籽含油量越高，则含棉酚越多。四个棉种中海岛棉的含油量和棉酚含量均最高，陆地棉次之，草棉和亚洲棉较低。棉花的栽培环境对棉籽中的棉酚含量也有一定影响。据研究，棉酚含量和环境温度呈负相关，和降雨量呈正相关。施用氮、磷、钾完全肥料比单施氮或磷肥时的棉酚含量高，棉籽贮藏期间的棉酚量随贮存时间的延长而降低。

7.茄碱

茄碱又称为马铃薯素、龙葵碱，是存在于马铃薯中的一种生物碱。马铃薯植株的各部分均含有茄碱：绿叶中为 0.20%，芽为 0.5%，花为 0.7%，果实为 1.0%，块茎外皮为 0.01%，块茎髓部为 0.004%。一般品种整个鲜薯含 0.002%～0.13%。如果在阳光下发芽后的块茎，则含量可增加到 0.08%～0.5%，芽内可增加到 4.76%，霉烂马铃薯块茎一般含茄碱达 0.58%～1.34%，茄碱对人畜有毒，过多食用可能会出现恶心、呕吐、腹泻等症状，致畸胎、无脑畸形和脊柱裂等。食家畜食用过量含茄碱的马铃薯会引起出血性胃肠炎，还会麻痹中枢神经。但对马铃薯本身来说，茄碱的积累是一种防御和抵抗，可促进酚类物质合成以形成愈伤反应。通过加工调制如烘烤、油炸等，可以大大降低马铃薯块茎中茄碱的含量，还可以通过遗传育种的手段，选育茄碱含量低的优质品种。

(二)外源毒物

外源性毒物是种子在生长发育及贮藏过程中,由于外界生物入侵或有毒物质的侵入而产生的有毒成分。作物种子自田间生长到收获贮藏的各个时期都会感染真菌。土壤中生存的微生物是种子感染真菌的主要来源,主要通过气流、雨水、昆虫活动和人的操作等带到正在成熟或已收获的种子中。种子感染真菌后可以破坏幼苗组织细胞,造成枯萎、白化、腐烂等;破坏种胚组织,消耗各种营养物质,促进种子的呼吸作用,引起细胞器发生异常,高分子物质变性,酶活性降低,最终使种子降低或丧失发芽力。感染真菌后种子积累有毒物质,这些有毒物质包括诱导变异物质、生长抑制物质和真菌毒素。经分离和鉴定的产毒真菌所产生的真菌毒素有150多种,其中大部分在粮油种子上产生,当人畜误食时,能产生真菌毒素中毒症。农药污染是种子带毒的另一来源。田间喷洒农药防治作物病虫时,由于黏附、转移及某些农药或其代谢物质的稳定性,能引起作物及其生长环境的污染,使收获的产品含有残留农药;种子处理或进行仓储粮谷熏蒸时,也会有农药残留,当用作食料时,在一定剂量下会使人畜发生急性或慢性毒害。

第六节 影响种子化学成分的因素

了解影响种子化学成分的因素是进行种子营养品质改良的基础,种子的化学成分受各种因素影响,其差异不仅表现在不同作物间,即使是同一作物的不同品种间,差异也很明显。导致种子化学成分差异的原因很多,可概括为内因和外因。

一、内部因素

影响其化学成分的内部因素主要有作物的遗传特性及种子成熟度或籽粒饱满度。

(一)遗传特性

遗传特性是影响种子化学成分最重要的内部影响因素。品种间化学成分的差异在很大程度上取决于种子化学成分的可遗传特性。因此,即使是同一作物的种子,品种间化学成分的差异也很显著。如向日葵种子一般含油率为40%左右,而个别品种的含油率可高达70%。通过遗传育种的手段可以选育到化学成分合乎目标的品种,这也是目前品质育种的常用技术。如选育玉米中的高油品种,高含油量的选择在使玉米籽粒含油量增加的同时,也提高了胚占籽粒的比重。将高油玉米和普通玉米的种子进行比较,高油玉米种子的胚重占整粒重的22%,而普通玉米仅占9.3%;高油玉米含油量高,比普通玉米高80%以上;赖氨酸的含量高30%以上,蛋白质含量也相应增加,同时脂溶性维生素A、维生素E及类胡萝卜素的含量也增加;玉米籽粒脂肪酸组成也存在明显差异,高油玉米的油酸高于普通玉米,但亚油酸、亚麻酸含量低于普通玉米。

(二)种子成熟度

种子的成熟度在一定程度上影响其化学成分的含量。成熟不充分的种子,其可溶性糖、非蛋白质态氮的含量较高;成熟度越高的种子中贮藏的蛋白质的含量和比例越高,种子的干重越高,角质率也越高。如燕麦在成熟初期,种子中60%以上的干物质是糖类,其中还原糖、蔗糖和果聚糖等占了大部分(43.87%),这些糖类通过合成作用形成较为稳定的不溶解的物质,其余为不溶解的糖类,约占16.7%,主要为淀粉、纤维素及半纤维素。纤维素及半纤维素是构成细胞壁的成分。在乳熟期,糖类仍占干物质质量的60%左右,但这时淀粉和半纤维素的形成加快,在细胞中贮存起来。以后在各成熟阶段,淀粉的累积不断增加,同时可溶性糖的含量逐渐降低。

(三)籽粒饱满度

饱满度不同化学成分也就存在差异。饱满种子麸皮的比例较低,胚乳所占的比例相对较高;而不饱满的种子一般尚未充分成熟或者因环境条件不良而导致胚乳中的营养物质未充分积累。因此,一般禾谷类的不饱满种子,其淀粉、油分含量较低,而纤维素和矿物质等的含量则较高。

二、外部因素

影响种子化学成分的外部因素很多,主要是成熟期间的气候条件和土壤条件。

(一)气候条件

种子发育、成熟期间的温度、湿度以及土壤含水量等气候条件,对种子的化学成分有较大的影响,约占变异的14%,这是导致相同作物或者相同品种在不同地区、不同年份差异的主要原因。在种子成熟过程中,影响光合作用的各种因素都会影响种子的发育。小麦种子灌浆期间若遇高温,特别是夜温偏高,不利于干物质积累,影响籽粒的饱满度。我国小麦单产最高的地区在青海,青海高原除日照充足外,昼夜温差大也是一个重要因素。在我国北方出现的干热风常会造成"风旱不实"的现象,使籽粒灌浆不足。这是因为土壤干旱和空气湿度低使叶片萎蔫,同化物不能顺利流向正在灌浆的籽粒,妨碍了贮藏物质的积累。温度和水分条件对种子的化学成分有着显著的影响。土壤水分供应不足,种子灌浆较困难,通常淀粉含量少,而蛋白质含量高。我国北方雨量及土壤含水量比南方少,所以北方栽种的小麦比南方栽种的小麦蛋白质含量高。用同一品种进行试验,杭州、济南、北京和黑龙江克山的小麦蛋白质含量分别为11.7%、12.9%、16.1%和19.0%。温度高低直接影响着油料种子的含油量和油分性质,成熟期适当低温有利于油脂的积累,而低温、昼夜温差大有利于不饱和脂肪酸的形成,相反情形下则利于饱和脂肪酸的形成。因此,最好的干性油是从纬度较高或海拔较高的地区生长的油料种子中获得的。

就相同作物在不同地区种植的情况看,表现出如下趋势:小麦蛋白质含量,在我国是北方高、南方低;大豆蛋白质含量,在我国是南方高、北方低。因为影响小麦一类粉质种子化学成分的主要因素是湿度,潮湿气候有利于淀粉酶活动,不利于蛋白酶活动,潮湿多雨区的蛋白质含量低。影响大豆一类油质种子化学成分的主要因素是温度,适宜低温有利于油分积累,而油分和蛋白质互为消长，故我国北方地区大豆油分含量高，蛋白质含量低。

(二)土壤条件

除了湿度和温度外，土壤的营养状况对种子化学成分也有很大的影响。一般来讲，植物生长必需的诸多元素对种子化学成分均有不同的影响，其中影响最大的是氮素。氮素水平直接影响种子中蛋白质的含量。适时合理的氮素供应，会达到既高产，蛋白质含量又高的生产目的。如果在植株的生长发育初期供氮充足而抽穗到种子成熟期供氮不足，则可能导致高产而蛋白质含量低；如果植株的生长发育前期供氮不足而种子发育成熟期供氮充足，则可能会导致低产而蛋白质含量高。磷素和钾素对种子中糖类的合成、运输及转化均有促进作用。抽穗、开花期增施磷肥和钾肥可提高淀粉、脂肪含量，促进粒大粒饱。硫素亦能提高蛋白质特别是蛋白质中赖氨酸、蛋氨酸含量。

实验表明(表 2-15)，增施肥料可提高玉米籽粒中粗蛋白、粗脂肪和氨基酸总量。单施氮和氮磷钾，玉米种子粗蛋白质的增加率较高，粗脂肪以单施氮和氮磷的含量较高，而施氮、磷、钾的增加率低，这可能与糖类含量有关系。

表 2-15　施肥对玉米籽粒品质的影响　　%

施肥种类	粗蛋白		粗脂肪		氨基酸	
	施肥前含量	施肥后含量	施肥前含量	施肥后含量	施肥前含量	施肥后含量
CK(不施肥)	9.03	—	3.33	—	8.00	—
N	9.95	10.18	4.02	20.72	9.04	13.00
N,P_2O_5	9.62	6.53	3.82	14.71	8.16	2.00
N,P_2O_5,K_2O	9.99	10.63	3.62	8.7	8.71	8.88

注：每公顷施肥量 N 为 225 kg，P_2O_5 为 112.5 kg，K_2O 为 225 kg。

施肥不仅对玉米籽粒中氨基酸的总量产生影响，而且对氨基酸的种类及组成亦产生不同程度的影响。施肥后，天冬氨酸的增加幅度较大，含量提高 12.3%～24.6%，其他各种氨基酸含量都有不同程度的增加。人体营养必需的 8 种氨基酸(色氨酸未测定)中，缬氨酸提高 13.0%，亮氨酸提高 12%～13%，其余的苏氨酸、甲硫氨酸、异亮氨酸、苯丙氨酸、赖氨酸等比较稳定。这 7 种氨基酸量的增加与氨基酸总量的增加，也呈极显著正相关。

种子中的化学成分还同时受土壤中微量元素的影响，如果缺乏微量元素，在杂草及病虫的危害下，也会降低种子中的营养物质的累积，促使种子含油率下降。营养元素对种子化学成分的影响都不是孤立的。众多的研究表明，各种营养元素特别是重要营养元素的合理搭配，可以得到最大的互作效应，使作物既高产，又优质。

本章小结

种子的化学成分是幼苗初期生长必需的养料和能源。其主要化学成分除了水分和主要营养成分蛋白质、淀粉和脂肪以外，还含有少量的矿物质、维生素、酶、激素及色素等物质。种子中各种化学成分的含量不仅在作物品种之间存在很大差异，而且因气候、土壤及栽培条件的影响而有很大变化。种子的化学成分与种子的许多物理性质及品质有密切关系。研究种子化学成分的分布和机理，可以为农业生产提供高活力的种子，为种子的合理开发利用和作物品质的改良提供依据。

思考题

1. 禾谷类作物种子的化学成分及其分布有什么特点？
2. 种子中水分有哪几种存在状态？
3. 粉质种子和油质种子在贮藏过程中应注意什么？
4. 影响种子化学成分的因素及调控措施有哪些？
5. 常见的脂溶性维生素和水溶性维生素有哪些？
6. 种子中含有的激素主要有哪些？各种激素是如何影响种子的发育和成熟的？
7. 为什么北方栽种的小麦比南方栽种的小麦品质好？

第三章 种子的形成发育和成熟

知识目标

1.理解种子形成发育的一般过程,掌握受精作用和胚的发育过程。了解种子发育的异常现象。

2.理解种子成熟的概念。

3.掌握种子成熟阶段的特征和成熟过程中的各种变化及外界环境对种子成熟的影响。

4.了解种子成熟脱水过程的作用及生理效应。

能力目标

熟悉几种主要作物种子的形成发育和成熟的一般过程及影响因素,学会解决实际生产中遇到的问题。

第一节 种子形成发育的一般过程

种子的形成和发育过程是指从卵细胞受精成为合子开始,经过细胞分裂和基本器官的分化生长,直到种子完全成熟所发生的一系列变化。被子植物的合子形成后,一般须经过短期休眠,才进行细胞的分裂分化,在形态上和生理上经过复杂的变化,最后发育成为种胚;同时极核经受精后发育成为胚乳,珠被组织发育成为种皮。种子的发育是植物个体发育的最初阶段,它的可塑性最强,对外界环境条件非常敏感。在这个过程中,环境条件适宜与否,不仅会决定受精后的胚珠能否形成种子,还会影响种子本身的品质,进而也可能影响到下一代的生长发育,甚至会使作物的种性也发生一定程度的改变。

在农业生产实践中,有时会发生结实率低,籽粒瘦小畸形,发芽率不高、活力不强等不正常现象,以致严重地影响种子的产量与品质。而这些现象的发生与受精过程及种子在发育过程中所接触到的各种环境因素有密切关系。因而,深入了解种子形成和发育过程及其影响因素、掌握其规律、创造良好的生态环境条件,是争取种子增产、确保种子质量、降低种子成本的重要基础。

一、受精作用

1. 授粉

成熟的花粉借助外力落在雌蕊的柱头上的过程称授粉，授粉是受精的前提。根据花粉的来源不同，植物授粉方式有自花授粉、异花授粉和常异花授粉。自花授粉指同一朵花的花粉传送到同一朵花的柱头上，或同株花粉传播到同株的雌蕊柱头上，并能正常受精结实。水稻、小麦、大豆、番茄等植物为自花授粉植物。自花授粉植物自然异交率一般低于1%，高的也不超过4%。异花授粉指雌蕊柱头接受异株或异花花粉，并能正常受精结实。异花授粉必须依靠自然界的各种动力，如风、虫、鸟、水等为媒介才能完成，借助风力完成传粉的，称风媒植物，如玉米、板栗、核桃等；靠昆虫传粉的植物称虫媒植物，如油菜、向日葵、瓜类等植物；另外也有靠水或鸟类传粉的植物。常异花授粉植物指一种植物同时依靠自花授粉和异花授粉两种方式繁殖后代，棉花、高粱、蚕豆、甘蓝型油菜等为常异花授粉植物。

2. 受精

(1)被子植物的受精过程

雄配子(精子)与雌配子(卵细胞)融合为一个合子，称为受精。当花粉粒传到雌蕊的柱头上以后，经过识别，如为亲和的，柱头上会分泌出某种特殊的酶和丰富的营养物质，促进花粉粒萌发，形成花粉管，从发芽孔伸出来。这时花粉粒的外壁被挤破，而内壁则随着花粉管的伸长，从发芽孔延伸到柱头上，再从柱头钻进花柱，直到子房内部的胚珠中。在已成熟的花粉粒中，一般有两个核(或细胞)，其中一个称为管核(营养细胞)，另一个称为生殖核(生殖细胞)。花粉粒萌发时，生殖核就分裂为2个精核。当花粉管伸长时，管核在花粉管的先端移行(图3-1至图3-3)。花粉管通过花柱进入子房的过程中，分泌各种酶，以分解所接触的养料和组织。这些组织都是由松散的多汁细胞组成，很容易被酶所溶化而解体。目前的研究表明，花粉管的生长表现出趋化性，雌蕊的结构和化学信号物质为花粉管的生长定向。花粉管进入子房内部，沿着子房腔内胚珠的珠孔方向继续前进。子房腔内通常充满液汁可使花粉管细胞保持膨压，虽经若干时日，亦不致凋萎。通常落在柱头上的花粉粒数目很多，因此发芽以后，花粉管的数目也很多，各花粉管的生长快慢不一，其中最强壮最活跃的花粉管首先达到珠孔，由珠孔穿过珠心层而进入胚囊。这时花粉管的先端破裂，管核消失，而由生殖核分裂所形成的两个精核(雄配子)就先后滑到胚囊中，其中一个与珠孔附近的卵细胞(雌配子)融合在一起，形成合子；另一个与胚囊中部的两个极核(或次生细胞)融合在一起，形成原始胚乳细胞。这两个融合过程称为双受精现象，是被子植物所独有的有性生殖方式。

在大多数情况下，花粉管进入胚囊必须通过珠孔，才能达到受精的目的，这种受精方式称为珠孔受精(顶点受精)(图3-4)。有时花粉管直接穿过合点而进入胚囊，称为合点受精，如桦属、榆属及胡桃科的植物。也有某些情况，花粉管不经过珠孔，亦不经过合点，而中途直接从珠被刺入，再穿过珠心层进入胚囊，称为中点受精，如荨麻科的植物。

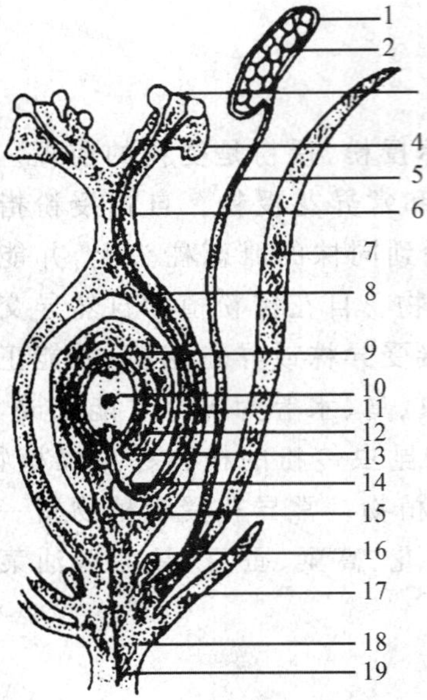

图 3-1　被子植物花器的纵剖面

(引自张红生和胡晋,2010)

1.花药　2.未成熟花粉粒　3.已萌发花粉粒　4.柱头　5.花丝　6.花柱　7.花瓣　8.花粉管　9.合点　10.胚囊　11.珠心　12.内珠被　13.外珠被　14.珠孔　15.珠柄　16.蜜腺　17.萼片　18.花柄　19.维管束

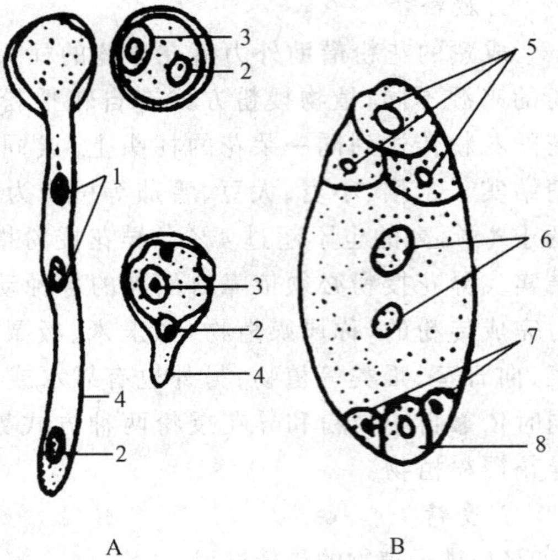

图 3-2　雄配子体(A)和雌配子体(B)

(引自张红生和胡晋,2010)

1.精核　2.管核　3.生殖核　4.花粉管　5.反足细胞　6.极核　7.助细胞　8.卵细胞

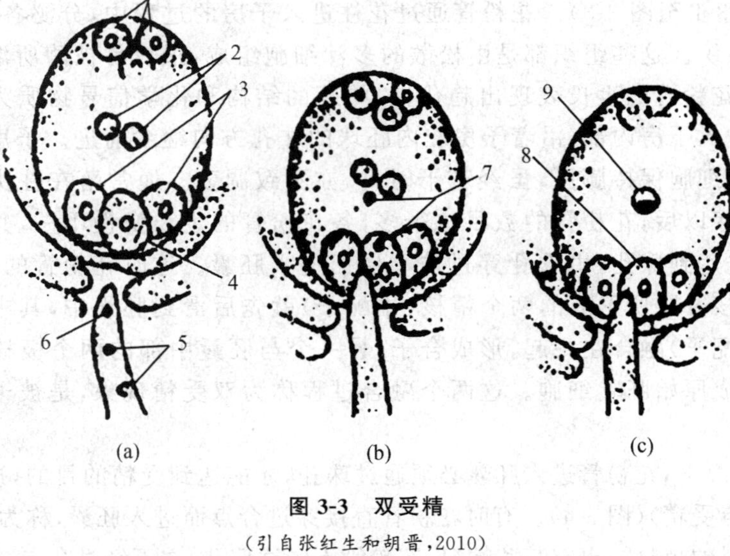

图 3-3　双受精

(引自张红生和胡晋,2010)

(a)带有两个精细胞和核管的花粉管向珠孔接近;(b)精细胞接近卵和极核;(c)发生双受精

1.反足细胞　2.极核　3.助细胞　4.卵　5.精细胞　6.核管　7.精核　8.合子(受精卵)　9.胚乳核

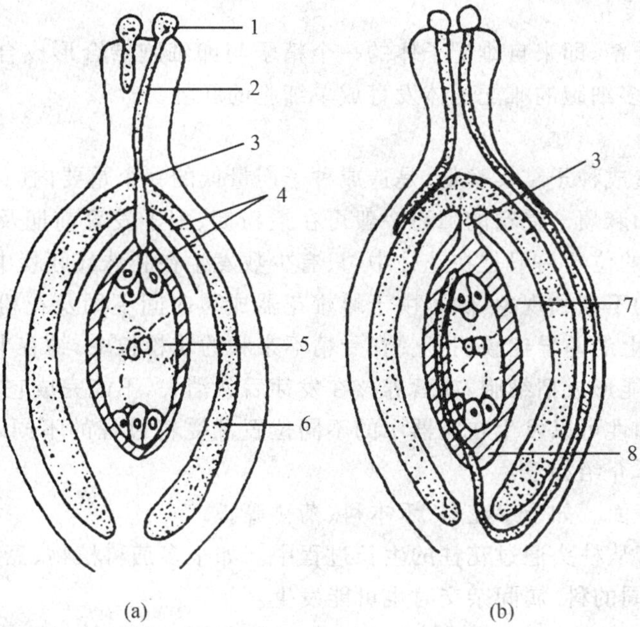

图 3-4 珠孔受精(a)与合点受精(b)

(引自王全喜与张小平,2004)

1.花粉粒 2.花粉管 3.珠孔 4.珠被 5.胚囊 6.子房 7.珠心 8.合点

大多数植物,尤其是异花授粉植物,授粉前必须经过开花这一过程,但有些植物,尤其是自花授粉植物,在开花前就基本完成了授粉受精作用,如豌豆、番茄、辣椒等,故称为闭花受精。开放的花能否达到受精目的,常和柱头的可授期有关,不同植物之间差异很大,大多数被子植物柱头的可授期可以保持几天,也有些很短,只有几小时,而长的可达几个月。一般农作物的可授期偏短,只有数小时以至数天,而某些木本植物的可授期就长得多,如榛属的可授期能延续达 2 个月或 2 个月以上。裸子植物的可授期通常为几天到 1 周,而北美黄杉可达 20 d。可授期的长短除与当时的环境条件有关外,在花的形成期适当施肥亦能起到延长可授期的效果。

植物一般在完成受精之后,子房连同内部的胚珠才能发育成为果实和种子。这个时期对外界环境条件非常敏感,只要其中某一环节受影响,就不能受精,最后导致空粒、秕粒、落花和落果等现象。除了雄性不育和雌蕊与花粉粒之间的遗传不亲和性,植株的营养不良等内因影响传粉受精外,外因主要是气候条件、栽培措施等,其中以温度对传粉受精的影响最大。水稻传粉受精的最适温度为 26～30℃,如日平均温度在 20℃以下,最低温度在 15℃以下,对水稻的传粉受精就有妨碍,从而造成减产。湿度对传粉受精也有很大的影响,干旱高温天气,常使花粉的萌发力很快丧失,柱头干枯。而大雨或长期阴雨,会使花粉粒吸水破裂,柱头上的分泌物也会被雨水冲洗或稀释,不适合花粉粒的萌发。同时阴雨妨碍传粉昆虫的活动,降低光合作用,这些都会影响到植物的传粉或受精。此外,土壤营养条件等,也有直接或间接的影响,如氮肥过多或过少,会影响受精时间的长短。所以农业上应结合当地气候的具体情况,选用生育期合适的良种或适当调节栽培季节,加强栽培管理,保证在各种作物传粉和受精期间,少受不良环境的影响,使传粉受精能够顺利进行。

(2)裸子植物的受精

裸子植物是单受精，即来自雄配子体的一个精子与卵细胞结合形成合子，进而发育成胚；另一个精子消失，由多细胞的雌配子体发育成单细胞的胚乳。

3.受精不亲和

受精不亲和会造成种子结实率低，是造成种子产量低的一个重要内因，并且给杂交育种工作带来一定的困难和麻烦。受精的障碍一般可在授粉期、配子发育前期及融合期3个时期发生，发生不亲和反应的位置一般是在花柱中，只有少数发生在胚珠或胚囊中。

发生在授粉期的不亲和现象，除了由于雌雄花器成熟时间不同及花粉粒在形态上的某些差异之外，一般生理上的差异比较明显。在受精不亲和的花粉粒中，约有半数的情况是花粉中的生殖核不分裂，不能形成精细胞，或营养核在发芽后就消失，不能完成它的功能。

生理上的不亲和性可以发生在花器中的不同位置和受精过程的不同时期，不同植物的情况是不一样的。具体介绍如下：

①发生在柱头表面。如十字花科、禾本科、菊科等。

②发生在花粉管从柱头通过花柱的生长过程中。如很多茄科植物、豆科的三叶草属、锦葵科的苘麻属，以及不同的科、属间杂交时也可能发生。

③发生在子房中的胚珠或胚囊中。如百合科的萱草属、梧桐科的可可树属等，由于配子未融合，以致胚珠发生退化。

种间或属间受精不亲和的情况较自交不亲和更为复杂，而且即使在受精或合子形成后，还有其他障碍与不亲和性有关，使合子不能顺利发育，或胚乳不能正常形成，终至半途夭折，种子失去生活力。

克服不亲和障碍可以从遗传和生理两方面着手。前者可通过增加染色体倍数(限于双子叶植物有效)、诱变不亲和基因，或者用嫁接或花粉蒙导等方法(适用于远缘杂交)。后者可利用适当浓度的生长刺激素，使受精不亲和的花粉管得以在花柱中继续生长，或者采用各种方法，使生长慢的不亲和花粉管在花器脱落之前，能有足够时间到达子房及胚囊，例如授粉于幼嫩的柱头上，使用激素处理防止花器脱落等。

二、种子的发育

1.胚的发育

胚是种子的最主要部分，它是一个新植物体的雏形，也是最幼嫩的孢子体。在正常情况下被子植物胚的发育是从双受精完成形成合子开始的，所以也称为合子胚。合子是含有双亲遗传物质的新细胞。合子形成后，通常并非立即进行细胞分裂而是经过一定时间的“休眠”，因而胚的开始发育一般较胚乳晚。从合子形成到合子分裂的时间称为合子“休眠期”，其时间的长短因植物而异。水稻在传粉后6 h合子开始分裂，棉花在传粉后3 d合子开始分裂，而秋水仙在秋季受精，至第二年春天合子才分裂，整个冬季都处于“休眠”状态。合子具有极强的极性，其分裂也是不对称的。大多数横裂成上下两个大小极不相等的细胞，靠近珠孔的一个称为基细胞，另一个称为顶细胞。基细胞经过几次分裂，形成一列细胞，称为胚柄。胚柄的基部常形成一个较大的细胞，将胚固定在胚囊上，同时由于胚柄的延长，将胚推向胚囊中部，以利于胚的发育。胚柄另一端的顶细胞，经过多次的细胞分裂，形成一团细胞，称为胚体，胚柄和胚体构成原胚。原胚继续进行细胞分裂与分化，逐渐形成一个具有子叶、胚芽、胚轴和胚根的完整胚。

从合子分裂至器官分化前的胚胎发育阶段为原胚发育期。在原胚发育阶段，双子叶植物和单子叶植物有着相似的发育形态，但是随着胚器官分化期的开始，单、双子叶间就有了差异。双子叶植物以荠菜为例，球形胚在将来形成子叶的位置上细胞分裂加快，出现两子叶原基，为心形胚期；随后胚在下胚轴区域开始向下伸长，子叶原基则向上生长，形成鱼雷胚；以后胚由于不均匀生长而弯曲成拐杖形，再继续弯曲扩大生长成"U"形的成熟胚(图 3-5)。荠菜胚的发育是双子叶植物胚胎发育的最典型类型，十字花科和柳叶菜科都属这种类型，豆科也与其相类似。单子叶植物以玉米为例(图 3-6)，由于基细胞进行分裂的次数较少而顶细胞分裂次数较多，其充分发育的原胚呈大头棒形。随后在棒状胚的外侧面出现 1 个有分生细胞构成的小突起即胚芽、胚根原基，其上方呈一凹陷，因而称凹形胚期。此后胚变成稍扁平状，其内侧沿胚柄区后面扩大成盾形即子叶，小突起则陆续分化出胚芽鞘、4～6 片真叶、胚根鞘及初生胚根。后随着胚的扩大生长，分别在子叶叶腋内和靠近果种皮的外侧胚轴上分化出 3～5 根次生胚根。其他禾本科植物胚的发育与玉米基本相似。单子叶植物胚与双子叶植物胚的主要区别在于子叶数目不同。

胚柄基部细胞的外周壁大多形成壁内突，有的甚至发育成胚柄吸器。胚柄一般是短命的，多在球形胚期达到发育的最高程度，子叶原基形成以后停止发育，逐渐退化消失或仅留痕迹，也有少数植物成熟胚中胚柄宿存，如豇豆。胚柄的作用已越来越引起人们的重视。胚柄能将胚体推进至胚囊中央，使胚处于最佳营养状态；胚柄基部细胞常具传递细胞(transfer cell)的特征，能深入到母体组织吸取养分供胚发育；胚柄还可产生激素，调控胚体的早期发育。

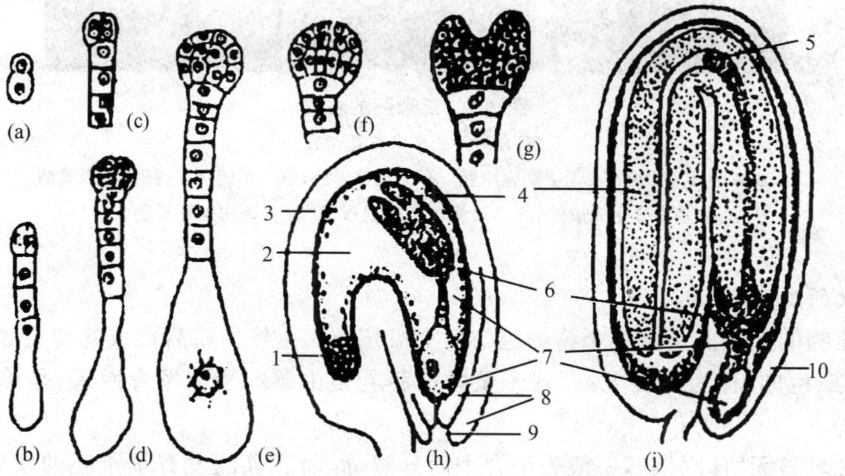

图 3-5 荠菜种子的发育过程

(引自高荣岐和张庆春，2010)

(a)2 细胞原胚 (b)二分体时期 (c)四分体时期 (d)八分体时期 (e)小球胚

(f)球胚 (g)心形胚 (h)鱼雷形胚期的胚珠 (i)成熟胚期的种子，胚乳消失

1.珠心 2.胚囊 3.胚乳游离核 4.子叶 5.胚芽 6.胚根 7.胚柄 8.珠被 9.珠孔 10.种皮

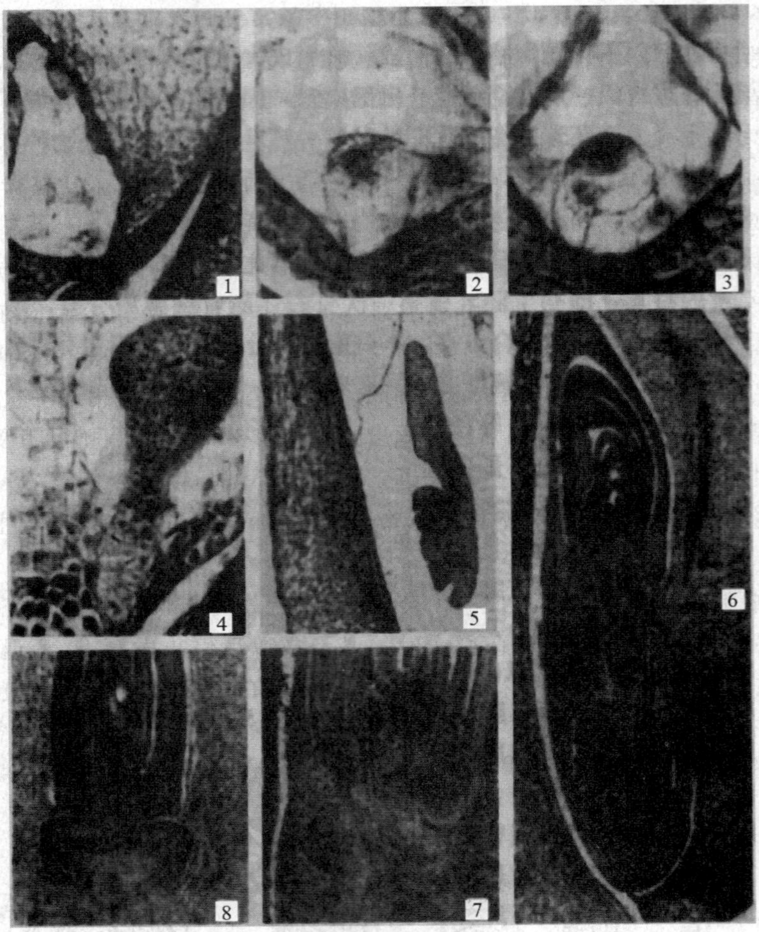

图 3-6 玉米胚的发育

(引自高荣岐和张庆春,2010)

1. 成熟胚囊 2. 合子 3. 2细胞原胚 4. 大头棒形胚(Su. 胚柄) 5. 胚芽鞘形成期 6. 基本分化完成的胚 7. 2条次生胚根形成 8. 3条次生胚根形成

2. 胚乳的发育

被子植物的胚乳多是由一个精细胞与两个极核或次生核受精后形成的初生胚乳核发育而来,是三倍染色体,称为内胚乳;而裸子植物的胚乳是由雌配子体发育而来,是单倍体的贮藏组织。

初生胚乳核无“休眠期”,一般先于合子而分裂,因而胚乳的发育早于胚的发育,为幼胚的生产创造条件。胚乳的发育形式可分为3种类型,即核型、细胞型和沼生目型。核型胚乳是被子植物中最常见的发育方式,特点是初生胚乳核的第一次分裂及其以后多次分裂不伴随细胞壁的形成,故形成大量游离核分布在原胚周围和胚囊周边细胞质中,游离胚乳核的数目因植物种类而异,从几个到几千个不等。然后在发育的一定时期迅速长出细胞壁,即细胞化形成胚乳细胞,胚乳细胞再进一步分裂、分化形成成熟胚乳。核型胚乳在单子叶植物和具有离瓣花的双子叶植物中普遍存在,如小麦、水稻、玉米、棉花、油菜、苹果等。细胞型胚乳的发育在初生胚乳核的第一次分裂就伴随着胞质分裂,即产生细胞壁形成胚乳细胞,随后胚乳细胞不断分裂分化形成胚乳，其发育过程中无游离核时期。大多数双子叶合瓣花植物如烟草、芝麻、番茄等属此种类型。沼生目型兼有核型和细胞型二者的特点，即初生胚乳核第一次分裂伴随着细胞质分裂，形成大小两个细胞，较小的一个位于合点端，称为合点室，不分裂或只分裂而后退化；较大的一个位于珠孔端，称为珠孔室，以后由它按核型方式发育成胚乳。该类型只存在于沼生目型植物中，如刺果、泽泻、慈姑、独尾草属。

胚乳细胞发育到后期，通常是等径的薄壁细胞，其内形成大量淀粉粒、蛋白质粒、脂肪体等贮藏物质。胚乳是有胚乳种子的贮藏器官，一般成熟时占籽粒重量的60%～80%，因此胚乳发育的顺利与否，与种子的产量、品质密切相关。胚乳细胞的数目和体积共同构成胚乳库容。胚乳细胞的数目、形状、体积主要因植物种类、品种类型而异，但其增殖趋势基本一致，禾本科作物一般在授粉后5 d开始明显增多，授粉后10～15 d增殖迅速，随后增长速率减缓，20 d左右达到峰值。从授粉10 d后，营养物质开始在胚乳细胞中累积，25 d后，随着淀粉、蛋白质体的大量形成，淀粉胚乳细胞开始凋亡，至成熟时成为没有原生质体的死细胞。但油质种子的成熟胚乳细胞不凋亡。而胚乳细胞体积的扩大持续时间要长得多，可一直延续到蜡熟期。可见胚乳细胞体积的增长和营养物质的积累不受细胞凋亡的影响。

有些植物的种子，胚发育到后期生长变慢，胚乳中的贮藏物质被保存，成熟时即为有胚乳种子，这些胚乳待种子萌发时再供胚利用；也有植物在种子发育的中后期胚迅速生长而胚乳退化，最后胚耗尽所有胚乳，成熟时便为无胚乳种子，无胚乳种子的胚往往很发达，特别是子叶中常贮存大量营养物质；另有少数植物，其胚乳退化消失不彻底，种子成熟时仍有1～2层胚乳细胞残留在种子中，如大豆、棉花、油菜等。只有极少数植物是几乎不形成胚乳的，如兰科、菱科等植物。

一般情况下，由于胚和胚乳的发育，胚囊体积不断扩大，以致胚囊外的珠心组织被破坏，最后为胚和胚乳所吸收，故成熟种子中无珠心组织。但有些植物的珠心组织随种子的发育而扩大，形成一种类似胚乳的贮藏组织，成为外胚乳(perisperm)。外胚乳由体细胞发育而来，故为二倍体。菠菜、甜菜、咖啡等的成熟种子无内胚乳但有外胚乳，胡椒、姜等成熟种子则既有外胚乳又有内胚乳。内胚乳和外胚乳同为种子的贮藏组织，为胚提供营养，故同功但不同源。

3.种皮的发育

随着受精后胚和胚乳的发育，胚珠的珠被也在不断生长和变化，发育成种皮，包在胚和胚乳外面，起保护作用。

如果胚珠仅有一层珠被，则形成一层种皮，如番茄、向日葵、胡桃等；如果胚珠具有内、外两层珠被，则通常相应地形成内种皮和外种皮，如油菜、蓖麻等；也有一些植物虽然有两层珠被，但在发育过程中，其中一层珠被被吸收而消失，只有另一层珠被发育成种皮，如大豆、蚕豆的种皮由外珠被发育而来，而小麦、水稻的种皮则由内珠被发育而来。

成熟种子的种皮，其外层常分化为厚壁组织，内层分化为薄壁组织，中间各层可以分化为纤维或木质素、石细胞或薄壁细胞，从而使种皮密而坚硬，增加了对胚和胚乳的保护作用。在大多数被子植物中，当种子成熟时种皮成为干种皮，但在少数被子植物和裸子植物中，种皮可以成为肉质的，前者如石榴，后者如银杏。种皮的表皮常具有附属物，最常见的是棉花外种皮的表皮细胞向外突起、伸长而形成的“纤维”。

有些植物的种子外面具有假种皮，它是由胚柄或胚座发育而成的结构，如荔枝、龙眼果实中的肉质可食部分，就是胚柄发育而来的假种皮。原来在胚珠末端的珠孔，形成发芽口，或称种孔。胚珠基部的珠柄，发育成为种柄。种子成熟干燥以后，从种柄上脱落后，在种皮上留下一个疤痕，即为种脐(但如禾谷类的颖果及菊科植物的瘦果等，在种子外部还包有果皮，籽粒从果柄上脱落，所以应称为果脐)。

4. 种子发育过程中花器各部分形态变化

随着种子、果实的发育，被子植物花器的其他部分也发生变化，有的枯萎脱落，有的宿存或发育成为附属物。为了对发育过程中种子形态上所发生的变化有一个比较完整的概念，下面将被子植物的主要繁殖器官(花器)的形态构造，在发育过程中所发生的变化及各部分的对应名称图解如下，以便于查阅(图 3-7)。

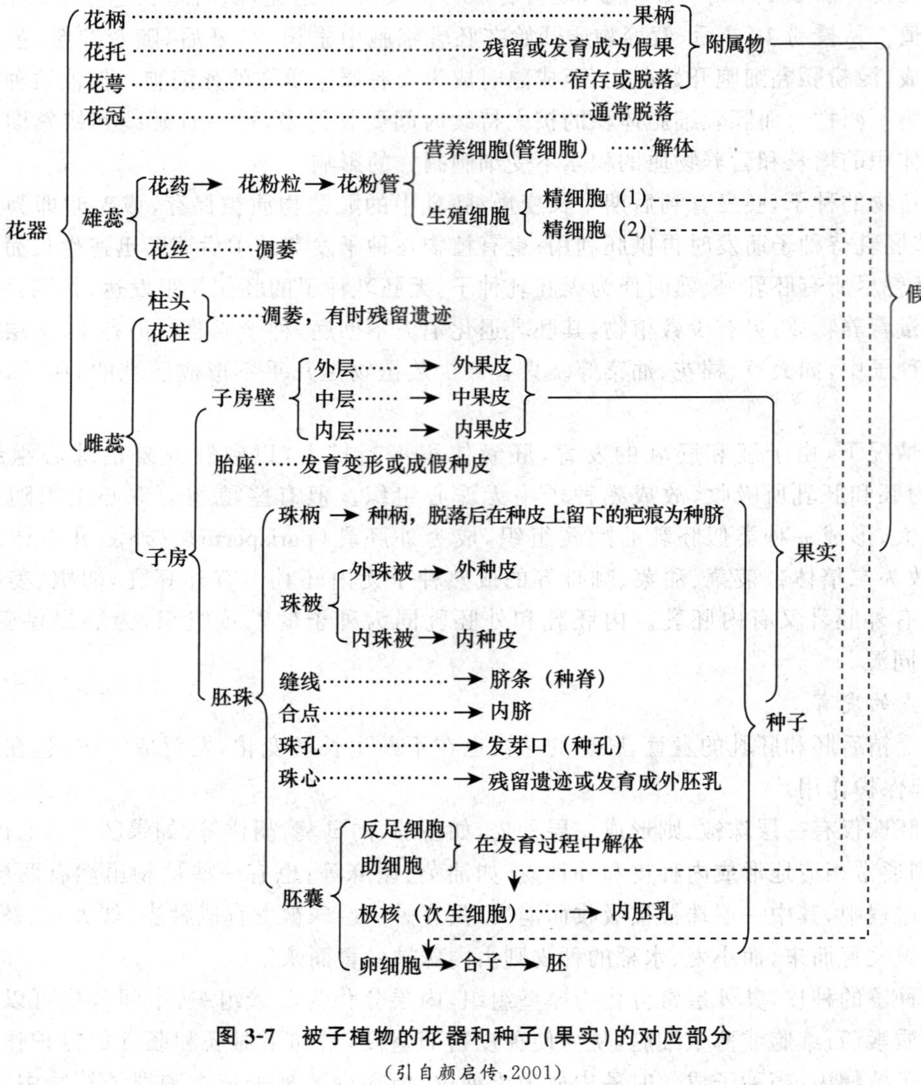

图 3-7 被子植物的花器和种子(果实)的对应部分

(引自颜启传，2001)

第二节 几种主要作物种子的形成和发育

一、主要农作物种子的形成和发育

农作物的种类很多，这里主要介绍水稻、小麦、棉花、油菜几种主要农作物种子的形成和发育过程。

(一)水稻种子的形成和发育

水稻的受精卵在开花后8～10 h，开始分裂为两个细胞，在24 h后，分裂为4～6个细胞。2 d后，发育成椭圆球形的原胚，纵向约有6个细胞，横向约有4个细胞。到第4天可以看出初生维管束的分化，第5天可以较明显地看出幼芽和幼根的原始体及维管束，第7天幼小植物各器官的发育大体上完成。在芽鞘里面，可以看到第一叶和第二叶的原始体，在幼根部可以看出根鞘及根部中心的粗导管。经过10 d后，胚的发育基本完成，具有幼小植物的雏形(图3-8)。

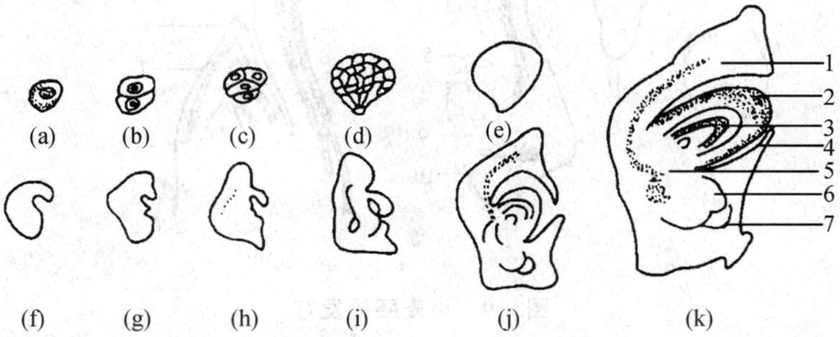

图3-8 水稻胚的发育

(引自颜启传，2001)

(a)合子 (b)～(e)原胚细胞分裂期 (f)～(j)器官分化期 (k)发育完成的胚

1.盾片 2.芽鞘 3.第1片真叶 4.外胚叶 5.胚轴 6.胚根 7.根鞘

水稻胚乳细胞的分裂，在子房背侧的细胞较腹侧为快，到开花后4 d，子房内部充满着胚乳细胞，开花后5 d，在胚乳组织的细胞中形成淀粉粒，开花后7 d，胚乳细胞中淀粉的数量显著增加，在胚乳的外围，形成糊粉层。这时胚乳的形态和组织大体上形成。子房的发育，在开花后的1 d，先自纵向伸长，到开花后7 d，伸长至稃壳的顶端；其宽度在开花后11～12 d，厚度约在开花后14 d，生长达到最大限度。这时干物质的积累还在进行，直至黄熟期才基本上结束。

(二)小麦种子的形成和发育

小麦受精卵在开始分裂以前，须经过6～9 h的休眠期。第一次分裂为横向，形成两个细胞的原胚，基部细胞再横向分裂一次，上部细胞纵向分裂一次，结果形成4个细胞的原胚。以后细胞继续分裂．到具有16个细胞的原胚期，可看见不同部位的细胞有开始分化的迹象，即整个原胚大体上可划分为三区，顶区由 8 个细胞组成，中部及基部各由 4 个细胞组成。各区细胞进一步进行分裂，速度不平衡，顶区最快，基部(即胚柄部分)最慢。原胚发育到受精 4 d 以后，首先是表面细胞开始分化，以后在原胚的侧面出现一条浅沟，而进入另一个发育阶段。整个原胚明显地分为 3 部分；顶端区向胚囊中部伸展，以后发育成盾片；在背侧面为器官形成区；在基部为胚柄细胞区。

在分化过程中的幼胚，盾片占显著地位，在它基部发生芽鞘，而在芽鞘的基部出现胚芽及生长点，在生长点相对的另一端形成胚根原基，胚根原基下部及四周的细胞，发育成为根鞘(图 3-9)。

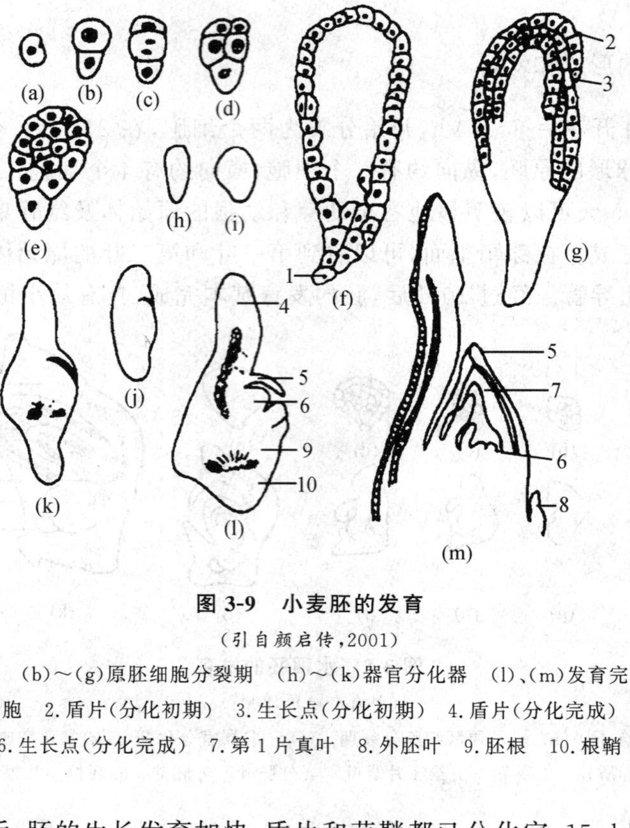

图 3-9 小麦胚的发育

(引自颜启传，2001)

(a)合子 (b)～(g)原胚细胞分裂期 (h)～(k)器官分化器 (l)、(m)发育完成的胚

1.胚柄细胞 2.盾片(分化初期) 3.生长点(分化初期) 4.盾片(分化完成) 5.芽鞘 6.生长点(分化完成) 7.第 1 片真叶 8.外胚叶 9.胚根 10.根鞘

在受精 10 d 以后，胚的生长发育加快，盾片和芽鞘都已分化完；15 d 以后，芽鞘基部出现外胚叶，盾片上部伸长呈舌状，同时出现侧胚根及维管束原基。在受精后 20 d，胚的各部分发育都已完成，体积也长足，此时采收的种子具有相当高的发芽率。

小麦的原始胚乳细胞比受精卵开始分裂要早，形成许多游离核，沿胚囊的周围排列。以后继续分裂，填满了胚囊，然后从四周向中央发生细胞壁而形成胚乳组织。在胚乳发育过程中，反足细胞及珠心细胞都先后解体而被胚乳组织所吸收。乳熟期的胚乳细胞含有少数较大的淀粉粒，到蜡熟期，细胞腔中充满着较小的淀粉粒，使胚乳组织变得坚实致密，而细胞中原来的核和原生质都已不存在。

在胚和胚乳的发育过程中，珠被也发生显著变化。当初，内外珠被都包含两层细胞，但受精后不久，外珠被细胞即开始解体，而内珠被继续增长，有的积累色素而成为红皮小麦，到种子完熟期，这些细胞都干缩，径向胞壁被挤压破坏而残留内外壁，构成很脆薄的种皮。

小麦在成熟过程中，子房壁的外表皮细胞出现孔纹，胞壁加厚。内表皮细胞生长缓慢，形成管细胞，互相分离，而在内外表皮间发生薄壁细胞。果皮各层细胞随着籽粒成熟干缩而被压扁，与种皮细胞密结在一起，形成复合组织。

（三）棉花种子的形成和发育

棉花在开花后 24～30 h，才完成受精作用。受精后，合子呈休眠状态，到第 3 天才开始分裂成 2～4 个细胞，到第 12 天胚根和子叶可以识别出来，到第 15 天胚才能用肉眼看见。以后逐渐增长，经 30 d 而达到最大限度（图 3-10）。

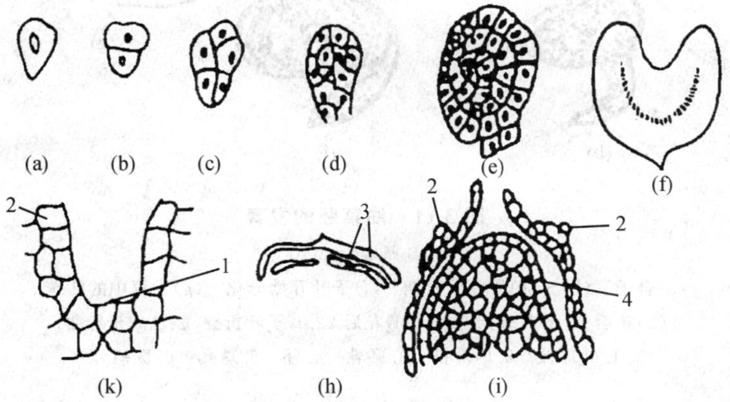

图 3-10　棉花胚的发育

（引自颜启传，2001）

(a)合子　(b)～(e)原胚细胞分裂期　(f)受精后 9 d 的胚　(g)受精后 9 d 的胚芽原基；(h)受精后 12 d 的子叶(横剖面)　(i)受精后 15 d 的胚芽

1. 胚芽　2. 子叶　3. 两片子叶重叠　4. 发育完全的胚

极核与精核融合后即开始分裂，形成大量的核，第 9 天胚乳母细胞才出现细胞壁。胚乳母细胞经过一系列的分裂，形成大量胚乳细胞，再经过 20 多天，胚乳即充满整个胚囊。以后，胚乳逐渐被发育中的胚所吸收，胚乳细胞逐渐解体消失，仅剩下一薄层细胞，包围在胚的外部。同时胚的发育继续进行，直到棉铃吐絮前数日，才发育成为具有子叶、胚芽、胚轴和胚根的完整的胚，充满种皮内部。同时外珠被的表皮细胞延伸而形成棉纤维。

（四）油菜种子的形成和发育

油菜受精后的合子，经过一段时间的休眠，先延长成一个管状体，随即开始分裂成两个很不相等的细胞。靠近胚囊中部的细胞比较短小，为胚细胞；另一个靠近珠孔的细胞比较细长，为胚柄细胞。胚细胞经过两次连续的互相垂直的分裂，形成四分体。各个细胞再分裂一次，形成八分体。以后继续进行分裂，长成一个球形的原胚。在原胚的顶端上形成两个突起，进一步发育成为两片子叶，又在两片子叶之间，分化出一个胚芽。球形胚体与胚柄相连接的细胞经多次分裂，形成胚根。约经 15 d，纵向不再伸长，两片子叶重叠，向下弯曲，逐渐包围胚根。这样整个胚发育完全，大致呈球形。开花后 22 d，子叶折叠，胚进一步弯曲。以后继续进行营养物质的累积，内容充实饱满。开花后 33 d，子叶将胚根紧紧抱合，填充于整个胚珠内部（图 3-11）。

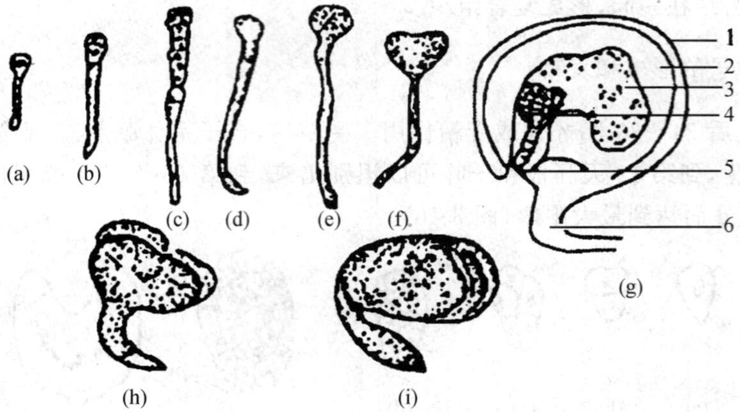

图 3-11　油菜胚的发育

（引自颜启传，2001）

(a)合子　(b)～(e)原胚发育期　(f)子叶开始分化　(g)发育中的胚珠

(h)花后 20 d，胚开始弯曲　(i)花后 22 d，子叶折叠，胚进一步弯曲

1.外珠被　2.内珠被　3.胚乳　4.胚　5.珠孔　6.珠柄

油菜的胚乳在发育初期形成许多游离核，以后包围着胚的部分首先形成胚乳细胞，接着合点一端的胚乳核亦开始形成胚乳细胞。这时胚囊逐渐液泡化，而细胞质积聚在胚囊壁附近，即在胚囊边缘形成一层单细胞的胚乳层。通常在合点处的胚乳细胞较丰富，而包围胚体的部分则较少。以后由于胚发育迅速，胚乳细胞几乎全部被吸收，在成熟的种子中，仅残留一层细胞。

二、常见蔬菜作物种子的形成和发育

蔬菜的种类很多，不同类型的蔬菜从花粉落到柱头萌发到受精所需的时间因作物不同而异，通常为 6～48 h，如菜豆 8～9 h，辣椒 6～12 h，南瓜 9～12 h。受精完成后，子房逐渐发育成果实，胚珠发育成种子。这里以蚕豆和番茄为例介绍蔬菜种子的形成与发育过程。

(一)蚕豆种子的形成和发育

蚕豆的成熟胚囊具有如下特点：卵细胞液胞化，核大，从卵细胞到胚囊的合点一端牵引了一条原生质带，两个极核靠得很拢，两个助细胞中有一个寿命很长，反足细胞寿命很短促。

蚕豆在授粉 72 h 后，合子开始分裂，顶端细胞再横裂一次，形成 3 个细胞的原胚。中部和基部细胞发育成胚柄，顶部细胞以后发育成为胚。这些细胞在不同平面上继续进行分裂，使胚体呈圆球形，胚柄细胞延伸扩大，将胚体推向胚囊中部。授粉 11 d 后，表层细胞开始分化，16 d 后，胚体出现两个突起，即子叶的原始体(图 3-12)。

蚕豆的胚和胚乳在发育初期的分裂速度大致相同。在原胚有 3 个细胞的时期，可见 4 个大胚乳核。授粉后 7 d，胚乳核分裂的速度增快，开始超过胚核的分裂速度；但由于胚在胚柄的帮助之下，分泌某种物质，将包围在它四周的胚乳组织溶解破坏，而仅仅剩一层膜状物包裹在胚的周围；这层薄膜一方面和胚柄紧密连接；另一方面和珠被紧贴在一起，所以在代谢作用上起了母体组织(珠心)与胚之间的媒介作用。

胚在授粉后 20～25 d,才开始积累营养物质,到 45 d 后,淀粉粒与蛋白粒都迅速增长,此时胚乳仅残留痕迹。

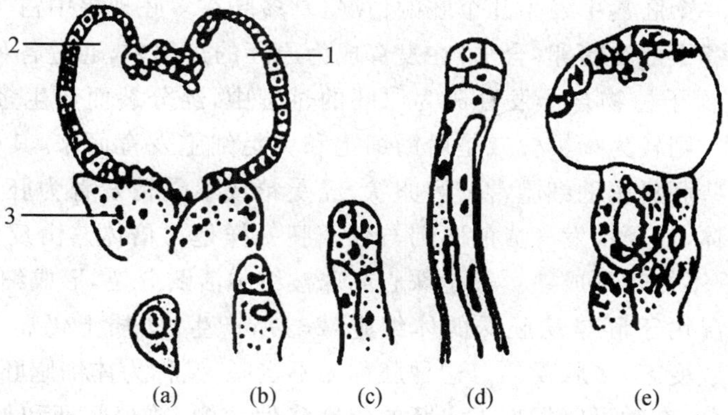

图 3-12 蚕豆胚的发育

(引自颜启传,2001)

(a)卵细胞 (b)授粉后 72 h (c)原胚细胞继续分裂 (d)授粉后 7 d (e)授粉后 11 d

1. 胚芽 2. 子叶 3. 在解体中的胚乳

(二)番茄种子的形成和发育

在多数情况下,番茄授粉后 24～72 h 发生双受精,授粉后 24～48 h 初生胚乳细胞第一次分裂形成 2 细胞胚乳,胚乳发育为细胞型。授粉后 4 d 合子横裂为 2 细胞的原胚。授粉后 5 d,2 细胞原胚很快分裂为 4～10 个细胞的幼胚,呈线性或棒形。幼胚周围有大量不规则的高度液泡化的胚乳细胞,内含小颗粒淀粉。授粉后 7 d 时,幼胚迅速发育成球形胚(少数为棒形胚)。授粉后 10 d,幼胚发育成早期心形胚,此时胚和胚乳细胞内都含有大量淀粉,珠被绒毡层缩成一层很薄的组织。授粉后 13 d 发育成鱼雷形胚,胚柄不再伸长,子叶及下胚轴的细胞分裂很快,形成即将弯曲的两个子叶。授粉后 18 d,胚已发育成环形,两个子叶间的顶端分生组织变成小圆丘状,胚发育成熟,胚体细胞内积累有大量淀粉,而大部分胚乳解体被吸收。

第三节 种子发育的异常现象

种子植物中在正常情况下,每个胚珠通过受精作用发育成为具有一个胚的完整种子。但有些植物的种子在发育初期由于遗传或外部条件的干扰,往往发生各种异常现象,如多胚、无胚和无性种子及败育种子等。

一、多胚现象

正常情况下,每粒种子中含有一个胚,萌发后长出一棵幼苗。但在实践中却常常发现一粒种子中有两个或两个以上的胚,称为多胚现象。早在 200 多年前,已有人发现柑橘种子存在着

2个或2个以上的胚。以后在其他植物中也陆续发现多胚现象。根据多胚是否产生在同一个胚囊中，多胚现象又分为真多胚现象和假多胚现象两类。

1. 真多胚现象

真多胚是指同一个胚囊中发生几个胚的情况，真多胚在多胚现象中占主要地位，其形成方式有3种。一是胚囊中的受精卵(合子)在发育成为原胚的过程中，通过各种分裂方式形成胚，称为裂生多胚。在裸子植物合子发育成为原胚的过程中，经分裂而产生多胚，这是常见的现象，但在被子植物中，则较为稀少。二是由助细胞和反足细胞发育而来，其中以助细胞产生多胚较为常见。在某些胚囊中助细胞常变为卵状，经受精或不受精发育为胚。助细胞不经受精发育成的胚为单倍体，经受精发育成的胚则与合子胚一样是二倍体。由反足细胞发育成胚很少见，且形成的胚都不能达到成熟。三是珠心或珠被细胞活跃分裂，形成细胞群并长入胚囊而形成多胚。这种情况由于胚是从胚珠的体细胞($2n$)所产生，实质上仍属于母株的孢子体世代，所以称为自发(或变态)多胚现象。这种胚称为不定胚，又称为体细胞胚。不定胚从形态上不易与合子胚相区分，有时可以根据不定胚的位置略偏一侧，缺少胚柄和形状不规则来判断。柑橘类植物从珠心细胞产生不定胚很普遍，每粒种子常有4～5个胚，且有许多能长成幼苗。此外，在甜瓜、苦瓜等植物中都能观察到由珠心细胞产生多胚的现象。

2. 假多胚现象

假多胚是指几个额外胚由同一珠心中的不同胚囊所产生，或由2个或2个以上含有单独胚囊的珠心互相融合所产生，假多胚现象比较少见。这种假多胚现象在桑寄生科(Loranthaceae)中非常普遍。该种植物没有通常所说的胚珠构造，而在同一子房中同时开始形成许多胚囊，并在子房、花柱和柱头内部发育，达到不同的长度。受精以后，有几个成双排列的原胚向下生长，进入复合胚乳中，后来仅有一个胚成熟，而其余都退化，但有时同一果实中可发现两个胚。

总之，多胚现象是植物界比较普遍而复杂的生理特性，其导致原因尚未确切查明，但在作物育种和园艺栽培等方面具有一定的实践意义。

二、无胚现象

在一批种子中有时会发现只有胚乳而没有胚的籽粒，称为无胚现象。这种异常情况在植物界分布很广，在伞形科植物中较为常见，如胡萝卜及芹菜等。在这些植物的种子中，有时无胚种子的百分率很高，严重降低了播种品质。在禾本科作物中(如水稻、小麦)及其他科属的种子中也偶然可能遇到无胚种子，由于这些种子缺少胚，不能萌发长成幼苗，所以在农业生产上毫无利用价值，而在遗传上也不可能传递给后代。

植物产生无胚种子可能有以下3种原因。

①由于植物所固有的遗传生理特性，如伞形科植物。

②由于不同种间的远缘杂交，在双受精后，因雌雄配子在生理上不协调，不能形成正常的胚或虽能形成而在发育过程中夭折。

③由于某些昆虫(如椿象之类)在种子发育初期为害，在吸取汁液时，分泌一种毒素，以致胚的死亡。

在一般农作物种子中，无胚种子发生的概率都比较低，不致对生产造成严重影响。如偶然发现无胚种子为数很多，则应探明其发生原因，采取防治措施，并在播种时酌情增加播种量，以保证足够的出苗数。

三、无性种子

植物无融合生殖是指不经过雌雄配子融合而产生种子的一种特殊的生殖方式。凡通过无融合生殖所产生的种子均称为无性种子。无融合生殖仅限于在胚囊中不经过受精而产生胚的现象，这与营养繁殖有着明显不同。根据这种理解，通过无融合生殖产生无性种子有 3 种情况。

第一种是发生在正常减数的胚囊中无融合生殖，包括孤雌生殖、无配子生殖、孤雄生殖。孤雌生殖是卵细胞不经受精而直接发育为胚，无配子生殖是助细胞或反足细胞不经受精直接发育为胚，而孤雄生殖是指精子进入胚囊，精卵细胞发生细胞质融合后，没有进行核融合，随后卵核消失，精核发育成胚。孤雌繁殖和无配子繁殖虽广泛存在，但自然发生的概率很低，如小麦 0.48%，甘蓝型油菜为 0～0.364%，玉米为 0.000 5%，孤雄生殖发生的频率更低，至今只在烟草等极少数植物中有所发现。减数胚囊中无融合生殖产生的胚一般是单倍体，但也有极少数其染色体自然加倍形成二倍体。

第二种是未减数胚囊中的无融合生殖，包括二倍体孢子生殖和体细胞孢子生殖。二倍体孢子生殖的胚囊是由于孢原细胞或大孢子母细胞减数分裂受阻，形成二倍体的大孢子，即胚囊中的 8 个核均为二倍体。体细胞无孢子生殖的胚囊通常是由珠心细胞起源，属体细胞胚囊，因而也是二倍体。在这种二倍体胚囊中通过孤雌生殖、无配子生殖所产生的胚都是二倍体。

第三种是不定胚生殖。不定胚是珠心细胞或珠被细胞突入胚囊，形成与合子胚相似的胚状体继而发育成成熟胚。含有不定胚的种子在发育初期可能是多胚种子，多胚中有 1 个是有性的，这个有性胚往往发育迟缓，结果被无性胚排挤掉而成为无性种子，柑橘中常有这种现象发生。这种不定胚在遗传上和母本植株完全一致，以后发芽生长成为新植株，可不必经过嫁接，即可保持原品种的优良特性。这给果树的良种繁育提供了一个有利条件。

无性种子在形态上与有性种子常看不出明显差异，但在遗传物质上却是大相径庭。它或者只具有母本的遗传物质，萌发后长出与母株一样的植株，或者只具有父本的遗传物质，长出与父本一样的植株。无性种子在植物育种上的重要用途，一是可提供单倍体材料，使隐性性状能直接表达出来，且经过染色体加倍获得纯合二倍体，加快育种进程，克服远缘杂交的不亲和性；二是可以固定杂种优势，如 F_1 植株产生的不定胚或未减数胚囊中无融合生殖产生的二倍体胚，都能保持母株的杂种优势。无性种子的形成虽然不是受精的产物，但却常需要传粉或精子进入胚囊过程的刺激。无性种子可通过人工授粉、化学药剂处理或异种属细胞质核替换进行诱导。

四、种子败育

胚珠能顺利地通过双受精过程，却不能发育成为具有发芽能力的正常种子，这种现象称为种子的败育。种子败育如果发生在种子发育的早期，由于干物质未来得及积累，幼小的胚珠将干缩成极小的一点而使果实成为空壳；如果败育发生在种子发育的稍后期，则有可能形成极瘦秕或有缺陷的种子。败育种子无正常的发芽能力，因此没有种用价值。

种子败育在许多植物中普遍存在，稻、麦等作物的空、秕粒，荚、角果中的缺粒等，许多是由种子败育而造成的。如果种子败育的比率高，会给种子生产和作物产量带来损失。如小麦、玉米、花生、大豆等作物常因种子败育使产量损失严重。

引起种子败育的原因很多，有内在的因素，也有外界环境条件的影响，一般可归纳为以下几种情况。

生理不协调：在远缘杂交中，有时受精虽然能够完成，但由于生理不协调，胚中途发生败育，导致种子不能正常发育。研究表明，植物胚胎发育与内源激素的调控是紧密相关的，胚胎的正常发育需要多种激素的动态平衡及某一时期、某一激素的主导作用，激素含量的异常会导致种子败育。

营养缺乏：矿质元素是植物维持正常生理活动所必需的，种子在发育过程中。需要从植株吸取大量营养物质。如果植株由于自身或外界条件的影响导致营养缺乏，或者物质转运受阻，都能引起种子败育。在栽培条件不好的地方，这种情况经常发生。种子败育多发生在果穗的顶部、基部等营养弱势位，营养缺乏是种子败育的重要原因。

受病虫危害：种子在发育过程中常易遭受病、虫危害，有些是直接危害如害虫吃掉种子的重要部分或病菌寄生其中，有些则属间接危害，如病虫的分泌物使胚部中毒死亡等，这些都能造成种子败育。

恶劣的环境条件影响：低温和缺水等外界环境会大大影响植物种子的形成和质量，Wesagat 和 Boyer 在 1985 年的研究发现，水分胁迫情况下，种子发育对同化物质的利用总是在低水势下，光合作用几乎停止，种子因得不到营养物质而大量败育。凡是能引起植株营养物质缺乏或运输障碍的一切因素，都可能使种子由于营养物质缺乏而败育。譬如植株遭受病虫危害或机械损伤、营养器官被损，或土地贫瘠、肥水缺乏，或是气温不适、水涝湿害、盐碱过度，或是环境污染等。有些极为恶劣的环境条件如冰冻、高温、有毒药剂等，能直接使发育中的种子受伤致死。

造成种子败育的原因很复杂，除上述因素之外，还可能有另外许多因素，如植物固有的遗传差异等，其原因有待进一步的研究、探讨。

防止种子败育的措施，要视其败育原因而定。如果败育是由生理不协调所致，可利用胚离体培养的方法，以得到珍贵的杂交种；如果是由于营养缺乏引起的，则应改善栽培条件，加强肥水管理，使营养生长和生殖生长协调发展，以获得种子高产；还应有目的地选育遗传上败育率低、抗逆性强的品种。

种子败育除了有对生产不利的方面外，还有可利用的一面，即有些杂种后代，其种子可育性低，易败育，但其营养体生长繁茂，经济器官品质好，而人们所需要的正是它的这种营养体，将这样的品种用于生产，将能大大提高经济效益，三倍体甜菜和杂交西瓜的选育和推广，就是极好的例子。

第四节 种子的成熟

一、种子成熟的概念

种子发育到一定程度便达到成熟。真正成熟的种子应包括两个方面的含义，即形态上的成熟和生理上的成熟。形态成熟是指种子的形状、大小已经固定不变，且呈现出品种固有的颜色；生理成熟是指种胚具有了发芽能力。只具备其中一个条件时，就不能称为真正的种子成熟。有些种子，在达到形态成熟的同时，胚的发育也即完成并具备了萌发的能力，两方面的成熟是一致的。也有些种子如稻、麦，到了乳熟期就已经具有发芽的能力，但整个籽粒远没有达到形态上的成熟，因此这时还不能叫真正成熟。还有许多作物的种子，如大麦、燕麦、高粱、莴苣和十字花科的某些种，在形态上达到成熟时，胚却还没有发芽能力，必须再经过一定时间的贮藏后，才能发育生长，严格地讲这种情况也不能称为真正成熟的种子。种子在形态上已表现出成熟的特征，而种胚未发育完全，需经过一段时间才具有发芽能力的现象，称为生理后熟。这样的种子只有在采收后经过低温、湿润、通气条件良好的层积贮藏等处理后才会具有发芽能力。因此种子是否真正成熟有时并不能从外形来进行判断。

真正成熟的种子一般应具备以下几个特点：第一，养料运输已经停止，种子中干物质不再增加，种子的干重已经达到最高。第二，种子的含水量降低到一定程度，种子的硬度增高，对不良环境的抵抗力增强。一般未成熟时种子的含水量可高达60%～75%，成熟后一般为20%～40%，如水稻成熟后含水量为20%～30%，大豆为20%～30%，玉米为30%～40%，小麦为20%～35%，甘蓝为20%左右。第三，种皮坚固，呈现品种固有的色泽或局部特有颜色。第四，种子具有较高的发芽能力（一般在80%以上）和最强的幼苗活力，表明种子内部的生理发育过程已经完成。

二、种子成熟的阶段和外表特征

种子的成熟阶段是按其形态特征的变化划分的。不同植物种子不同成熟阶段及其外表形态特征也不一样，而且种子成熟的程序也不一致。这里以禾谷类、豆类、十字花科植物的成熟阶段和外部特征为例，介绍种子成熟阶段和成熟程序。

（一）禾谷类

1. 成熟阶段

根据禾谷类种子成熟过程中的形态特征，可以将禾谷类种子的成熟过程分为四个阶段。

（1）乳熟期

植株茎秆下部叶片变黄，茎的大部分和中上部叶片仍保存绿色，茎秆有弹性、多汁茎基部的节开始皱缩。内外颖和籽粒都呈绿色，籽粒中含水量很高，淀粉尚不多，内含物呈乳汁状，通称灌浆。乳熟后期，种子含水量逐渐下降，干物质迅速增加，此时籽粒体积已达最大限度，胚已发育完成，部分种子虽能发芽，但幼苗生长不正常。

（2）蜡熟期（黄熟期）

植株大部分变黄，仅上部部分保持绿色，茎秆还具有相当弹性，种子护颖和内外稃开始褪绿，籽粒呈固有色泽，内含物呈蜡状，用指甲容易压破，养分积累趋向缓慢。蜡熟后期，籽粒逐渐变硬，稃壳呈现本品种固有的色泽，此时为机械收获适期。

（3）完熟期

植株茎叶全部干枯（水稻尚有部分绿色），籽粒干燥坚硬，体积缩小，内含物呈粉质或角质，用指甲不易压破，养分积累停止。有的品种此时易落粒，此时为人工收获适期。

（4）枯熟期

枯熟期又称过熟期。植株茎秆灰黄色或褐黄色，很脆，脱粒时易折断。籽粒硬而脆，极易落粒、掉穗，此时收获损失较大。如遇阴雨天，则籽粒变暗，失去固有色泽，而且易发生穗发芽，品质降低。

2.成熟顺序

禾谷类作物种子的成熟顺序与开花次序基本一致，一般始于主穗，然后是分蘖穗。在一个穗子上因作物不同而成熟顺序也不一样。如小麦和水稻成熟时，从全株看，都是主穗先熟，然后是分蘖穗。在一穗中，小麦以中上部小穗(离基部约2/3处)最先成熟，然后依次向上向下成熟；在每个小穗中，外边的籽粒先熟，中间的籽粒后熟。而水稻则不同，在一个穗上，自上部枝梗依次向下成熟；在一个枝梗上，顶端第一小穗先成熟，然后由基部向上成熟，而以顶端第二小穗成熟最晚。

(二)豆类

1.成熟阶段

豆类种子的成熟过程可以分为绿熟期、黄熟期、完熟期、枯熟期四个阶段。

(1)绿熟期

植株生长茂盛，植株、豆荚和种子均呈鲜绿色，此时种子含水量很高，体积膨大，内含物有甜味，种子较柔软，容易用手指压破。到绿熟后期，种子体积达到最大限度。

(2)黄熟期

黄熟前期，植株下部叶子开始变黄，豆荚为黄绿色，种皮呈绿色，开始硬化，种子硬度增高，但容易用指甲划破。黄熟后期，植株中下部叶子变黄，豆荚褪绿，种皮呈现固有色泽，体积缩小，含水量降低，种子硬度进一步增加，用指甲不易划破。

(3)完熟期

植株大部分叶子枯黄脱落，豆荚干缩呈现固有色泽，种子很硬。

(4)枯熟期

植株茎秆干枯发脆，绝大多数叶子枯黄、干燥并脱落；部分荚果破裂落粒，颜色暗淡。

2.成熟顺序

豆类作物种子的成熟是从主茎到分枝，在每个分枝上是从基部依次向上成熟。而具有有限结荚习性的大豆种子成熟是从顶端开始依次向下，同一分枝上由内向外、由下部向上部成熟。具有无限结荚习性的大豆种子成熟程序则是主茎基部最先成熟，依次向上，顶端最迟成熟，在同一分枝上则由内到外由下到上依次成熟。

(三)十字花科

1.成熟阶段

十字花科植物种子的成熟过程可以分为以下五个阶段。

(1)白熟期

植株繁茂，植株和果实均为绿色，种子很小呈白色，内含有大量汁液，轻轻一挤压，种皮即破，汁液极易流出。

(2)绿熟期

植株下部叶子渐渐变黄，果实、种子均呈绿色，种子饱满，含水量很高，易被手指挤扁显出绿色子叶，这时种子体积达到最大限度。

(3)褐熟期

植株下部老叶变黄,果实褪绿,种皮颜色转深,种子内含物充实,种子硬度增加。

(4)完熟期

部分茎叶枯黄、干燥并开始脱落,果实呈黄褐色,种子呈固有颜色、形状和大小,种皮和种子内含物都比较硬,不易用手指挤扁,挤压时无汁液流出。

(5)枯熟期

植株全株枝叶干枯发脆,果皮干硬,种子脱离果荚,果实极易自然开裂而散落种子,这时候收获,很容易因落粒而导致减产。

2. 成熟顺序

十字花科植物以油菜为例,其种子的成熟顺序是:主茎先成熟,分枝后成熟;上部分枝所结的种子先成熟,下部分枝后成熟;同一花序,则下部种子先成熟,依次陆续向上成熟。

了解作物种子的成熟阶段的特征特性及成熟顺序,有利于掌握最佳收获期。农作物一般要等种子充分成熟,才开始收获。种子的收获,不论是供粮食用或供播种用,都必须选择在最适当的时期内迅速完成。如收获误时,常会导致丰产不丰收的现象,而且在种子品质方面的损失,更无法挽救或弥补。例如,水稻收获过早,籽粒欠饱满,秕粒和青米多,养料积累不够坚实,碾制时易破碎,胚部活力低,不耐贮藏;反之,如收获太迟,则稻株干脆,容易倒伏落粒,有些品种遇高温高湿天气,往往引起穗发芽,严重影响产量和品质。在实际生产中,有时为了避开不良环境的影响,可能会提早收获。

三、种子发育过程中的变化

(一)种子成熟过程中外形和物理性状的变化

胚珠受精后发育成种子,在这个过程中,种子的外形大小会发生明显的变化。随着受精后天数的增加,种子的体积和鲜重迅速增加。一般禾谷类在乳熟末期达到最大,豆科和十字花科种子其体积的增加特别迅速,在绿熟期便达到最大。再继续发育到后期,由于种子的成熟脱水,种子的体积又会相应有所减小,直至达到该品种固有的大小特征。干重和比重的变化较有规律,一般是随种子发育而逐渐提高,到完熟期达到最大;但油料种子例外,由于成熟后期糖分大多转化为脂肪,种子比重反而有所下降,例如,甘蓝型油菜种子绿熟期比重为1.35,到完熟期降到1.13。

种子的大小通常用种子的长、宽、厚来衡量。一般来说,种子生长是先长长度,其次长宽度,最后长厚度,一般到完熟期达到本品种固有的大小特征,所以未充分成熟的种子干燥后多呈线头状或扁片状。种子发育之初为白色或淡绿色,随着发育绿色会渐深,直到成熟后期,种子中的叶绿素会解体消失而有色体会不断增加,种子开始呈现黄红黑紫花斑等固有色,有的种皮外还积累角质层,使种子富有光泽。

种子的硬度和透明度也会随种子成熟度的提高而提高,硬度和透明度的改变是和干物质在种子中的积累和种子中水分散失分不开的。种子的热容量和导热率也随着水分的减少而相应降低。种子在成熟前期,具有较高的导热率,能使种子在阳光下很快地升温,因而有利于种子的成熟和干物质的合成。到了成熟后期,热容量和导热率下降,对于种子的干燥和贮藏都具有实践意义。

(二)种子成熟过程中化学物质的变化

1.糖类的变化

禾谷类种子中糖类占种子干重的60%～80%,这些营养物质的一部分是抽穗前贮藏在植株中的光合作用产物,在种子成熟过程中源源不断地运向种子,另一部分则是抽穗后植株的光合作用产物。一般来说,后者的供应量占种子中糖类的60%～80%,可见植株后期的同化作用是决定种子产量和品质的关键。植株中的养分主要以可溶性糖的形式(主要是蔗糖的形式)通过维管组织运入种子,而进入种子的蔗糖只有极少数以可溶性状态存在,绝大部分要合成淀粉。如小麦、水稻、玉米、豌豆、菜豆和蚕豆等淀粉类种子,在成熟过程中,首先是大量的糖从叶片运入种子,随后淀粉磷酸化酶、Q酶等催化淀粉合成的酶活性提高,可溶性糖转化为淀粉,积累在胚乳中。可溶性糖的含量随种子的成熟度提高而逐渐降低,而不溶性的碳水化合物(主要是淀粉)的含量随种子的成长则不断增加。例如,水稻、小麦种子成熟时,胚乳中的蔗糖与还原糖(果糖和葡萄糖)含量迅速减少,而淀粉的含量急剧增长(图3-13,图3-14)。

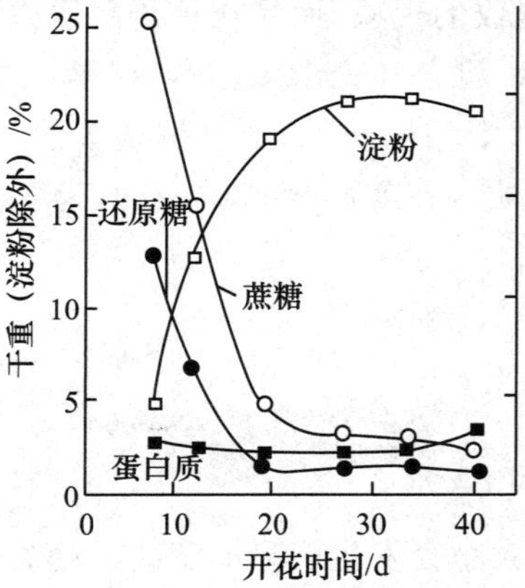

图3-13 小麦种子成熟过程中胚乳内主要糖类的变化

(引自陈润政,1998)

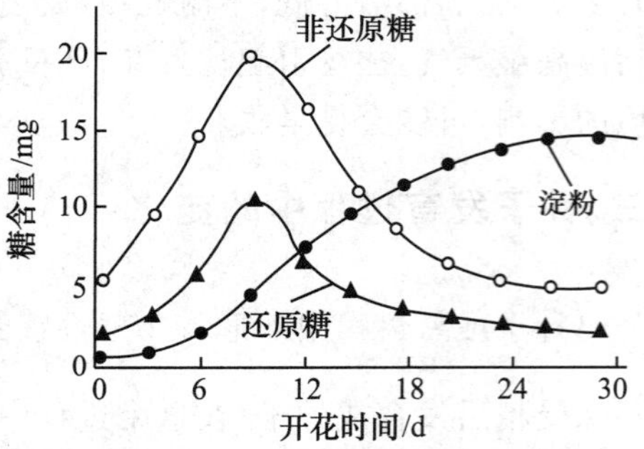

图3-14 水稻种子成熟过程中胚乳内主要糖类的变化

(引自陈润政,1998)

从图3-13、图3-14可以看出,淀粉是由可溶性糖类转化而来的。在不同的成熟阶段,淀粉积累的速率是不平衡的。在小麦种子中,初期淀粉多沉积在果皮组织中,然后再由果皮组织逐渐地、全部地转移到胚乳。一般情况下,淀粉的积累以乳熟期和蜡熟期最快,相应时期种子的干重也迅速增加。

禾谷类和豆类种子中贮藏的碳水化合物并非只有淀粉,还有大量的半纤维素和葡聚糖,他们是细胞壁的构成成分。因此在形成淀粉的同时,还形成纤维素和半纤维素,半纤维素的合成在淀粉合成结束后仍继续进行。

胚乳内主要糖类的变化,在胚的分化发育过程中,淀粉在累积同时也在被利用。在不少植物中发现,种胚发育时,淀粉在胚和胚乳中积累的过程中,淀粉水解酶活性也在不断增加,在胚分化完成时其活性达到高峰,这表明在该过程中淀粉同时被降解来提供胚组织分化发育所需的能量,以及作为合成蛋白质等结构与贮藏物质的骨架。如稻胚在形成积累淀粉的过程中,淀粉水解酶活性也同时不断增加,至胚分化完成时活性达到高峰,随后淀粉酶的活性不断下降,至胚成熟时则活性几乎测不出来。这种积累与利用的调节现象，可能有利于胚在相对稳定而且营养较充分的环境下正常发育。

淀粉种子成熟期间，碳水化合物的变化主要有两个特点。

①由可溶性的小分子糖类转化为淀粉、纤维素等不溶性的高分子化合物。

②催化淀粉合成酶类的活性提高，这些酶主要是Q酶、淀粉磷酸化酶、D酶等。淀粉的形成与淀粉磷酸化酶的活性密切相关。在淀粉的合成过程中，淀粉磷酸化酶的参与加速了淀粉的合成过程。在种子成熟的过程中，如果条件适宜淀粉磷酸化酶活性的增强，既可使穗粒中糖浓度降低，淀粉含量增加，同时又加速茎叶中糖向穗部的运输，提高籽粒的饱满度。

2. 脂肪的变化

花生、芝麻、大豆、向日葵、油菜等种子的脂肪含量很高，称为脂肪种子或油料种子。在油料种子成熟过程中，脂肪的积累情况因作物种类而不同。油菜种子脂肪的积累初期速度很慢，随着种子的日趋成熟，其积累的速度急剧加快，直至出现一个最高峰，而后又逐渐降下来。例如，胜利油菜在终花后第9天种子中含油量为5.74%，此后积累速度并不快；到终花后21～30 d，积累速度很快，含油量从17.96%增至43.17%；到终花后30～45 d，积累速度又减慢。大豆种子成熟过程中，不存在脂肪积累特别集中的关键时期，除了开花之后和成熟以前这两个短暂时间外，油分积累总是以相当均匀的速率进行。芝麻种子的脂肪约在受精后3周就达到最高值，干物质增长也在花后4周达到最大值(图3-15)。因此，芝麻种子发育的关键时期是花后4周之内。凡成熟度一致的品种可以在嫩荚时收，而很少影响油分和蛋白质含量，而且早收对产量的影响很可能远远小于因延迟收获而造成的落粒损失。

油料种子油分贮存在油脂体里，它来源于内质网。油脂种子在成熟过程中脂肪代谢具有三个特点。

①随着种子质量的不断增加，脂肪含量不断提高，而淀粉和可溶性糖(葡萄糖、蔗糖、果糖等)的总含量相应不断下降，油料种子成熟过程中，一般糖分先积累，然后才是脂肪的积累，这说明种子中的脂肪是由碳水化合物转化来的(图3-16)。

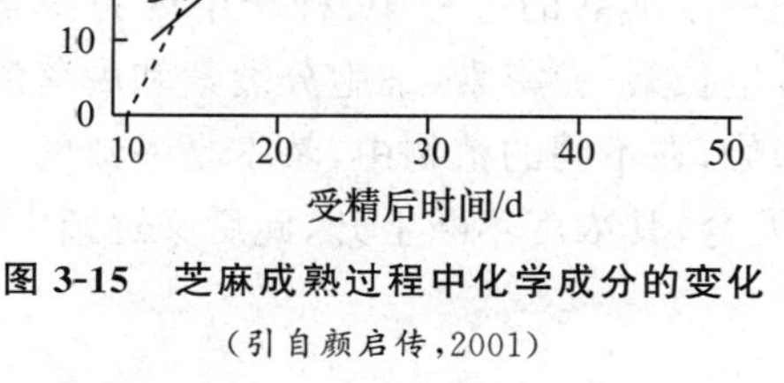

图3-15　芝麻成熟过程中化学成分的变化

(引自颜启传，2001)

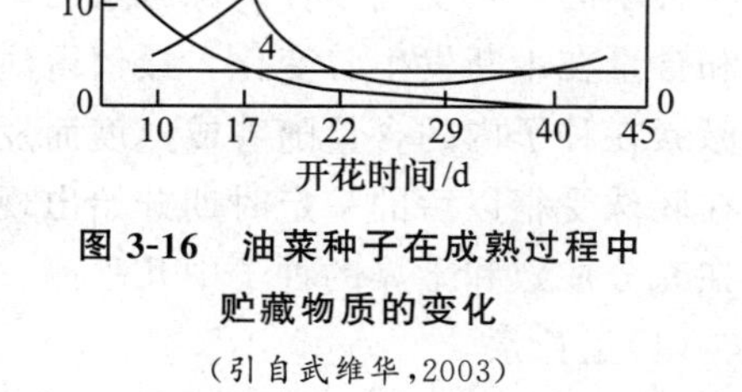

图3-16　油菜种子在成熟过程中贮藏物质的变化

(引自武维华，2003)

1. 可溶性糖　2. 淀粉　3. 千粒重

4. 含N物质　5. 粗脂肪

②种子的酸价[指中和 1 g 油脂中游离脂肪酸所需 KOH 的质量(mg)]逐渐降低，表明种子成熟初期含有较多的游离脂肪酸，以后随着种子的成熟，游离脂肪酸用于脂肪的合成，使种子在成熟过程中游离脂肪酸的含量逐渐减少。

③随着种子的成熟度提高，种子的碘价[指 100 g 油脂所能吸收的碘的质量(g)]逐渐提高，这表明种子成熟初期先形成饱和脂肪酸，以后再在去饱和酶的催化作用下，由饱和脂肪酸变为不饱和脂肪酸(图 3-17)。例如，亚麻种子在花后第 2 周、4 周、6 周测得的碘价依次为 120 g、156 g、179 g。在某些种子中，碘价只是在成熟的一定阶段增高，有的甚至在整个成熟过程中变化不大。

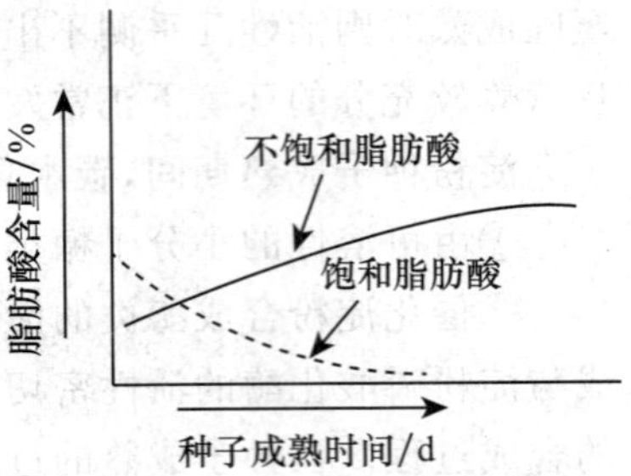

图 3-17 大麻种子成熟期脂肪含量的变化

3. 蛋白质的变化

成熟的禾谷类种子，总蛋白含量为种子干重的 7%～16%，其中大部分为贮藏蛋白，包括水溶蛋白、清蛋白、球蛋白、谷蛋白、醇溶谷蛋白等。而豆科植物种子大多富含蛋白质，占种子干重的 40%以上，因此称为蛋白质种子。蛋白质在种子成熟过程中积累比较早，在种子发育不同时期蛋白质的合成种类不同。种子发育初期，与胚分化有关的蛋白质首先合成。种子储存蛋白的生物合成从种子的发育中后期开始，至种子干燥成熟阶段终止，其合成速率快，也不容易发生降解，因而积累也快。种子成熟后期，与种子休眠有关的蛋白和耐脱水蛋白开始合成。

种子中蛋白质的合成通常有直接和间接两种方式：直接方式是由叶片或其他营养器官流入种子中的氨基酸直接合成蛋白质；间接方式是流入种子中的氨基酸先分解成加营素，而后再与种子中的 α-酮酸结合形成新的氨基酸，最后再由氨基酸合成新的蛋白质。植株中的酰胺流入种子后，一般先分解成氨基酸和氨基，再直接或间接合成蛋白质。随着种子的发育成熟度的提高，种子中非蛋白态氮含量不断下降，而蛋白态氮的含量不断增加，这说明蛋白质是由非蛋白氮化合物转变而来的。豆科种子在成熟过程中，先在荚中合成蛋白质，成为暂时的贮存状态，然后以酰胺态运至种子，转变为氨基酸，再由氨基酸合成蛋白质。豆类种子在发育过程的初期，合成的主要是清蛋白，其后才相继合成球蛋白；而禾谷类种子则随其发育，水溶性和盐溶性蛋白降低，醇溶性和碱溶性蛋白增高，这后两种蛋白是面筋的主要成分，因而种子越充分发育，加工品质越好。

4. 内源激素的变化

种子的成熟受到多种内源激素的调控，因此，在种子成熟的过程中，种子中内源激素的种类和含量在不断发生着变化。最值得注意的激素有生长素、赤霉素、细胞分裂素和脱落酸。这些激素在种子内的含量随着成熟度而发生变化的趋势，在不同的植物中，基本是一致的。一般是在胚珠受精以后的一定时期开始出现，随着种子发育，其浓度不断上升，此后又逐渐下降，最后在充分成熟和干燥的种子中几乎测不出这类物质。

(1)生长素

种子发育期间的主要生长素是吲哚乙酸(IAA)，这种激素并非来自母株组织，而是在种子中的色氨酸通过正常的生物合成途径所形成的。种子中不仅存在游离的 IAA，还存在各种不同形式的结合态生长素。在玉米和其他禾谷类中，游离的 IAA 和结合态 IAA 两种形式都可以从胚乳中抽提出来。在豌豆等双子叶植物中，生长素首先在胚乳中发现，胚乳被吸收掉后，才能在胚部测得有少量存在。豌豆种子成熟过程中游离 IAA 的变化模式较典型，即早期 IAA 浓度升高到一个高峰，然后很快下降，直到成熟，仅留少量。游离 IAA 最后消失，是由于转变为结合态的 IAA 或其他产物所致。

(2)赤霉素

赤霉素和种胚的生长存在密切的相关现象。截止到 1994 年底，共发现 95 种不同形式的赤霉素，其中半数以上已经在发育中的种子内找到。例如，矮生豌豆种子中高浓度强力赤霉素(GA_9 和 GA_{20})出现在发育生长率最高时期；红花菜豆的胚部含活性最强的 GA_{20} 是和早期生长阶段相伴随的，并且还发现这种作物的胚柄在发育最早阶段能将 GA_1 提供给胚部。一般胚部的赤霉素很可能来源于胚柄。据研究，南瓜、豌豆等植物的未成熟种子中，赤霉素的合成途径是相似的。在种子的发育早期，几种主要赤霉素的活性均较强，到种子发育末期，才形成活性差的赤霉素。种子成熟时，部分游离赤霉素含量下降，是由于形成了赤霉素的分解代谢产物，或结合成葡糖酯和葡糖苷所致。

(3)细胞分裂素

在种子发育期间，细胞分裂素的水平显著升高，至种子组织生长最活跃的阶段达到顶峰，以后随着成熟而下降。如小麦种子受精前，玉米素很少，受精后 5 d 左右，玉米素含量迅速增加，15 d 左右达到高峰，然后下降。高等植物中最早鉴定出来的细胞分裂素是玉米素，未成熟种子的细胞分裂素有玉米素、异戊稀腺嘌呤以及它们的衍生物。细胞分裂素在种子中的分布随着时间而发生变化，与它对种子生长所起的控制作用相一致。

细胞分裂素的合成部位目前还不大清楚，有两种可能来源：母株的根部和种子或果实本身，番茄中前者的可能性较大。细胞分裂素也出现在某些转移核糖核酸(tRNA)中，后者经过水解就能释放细胞分裂素。

(4)脱落酸

脱落酸(ABA)已经从几种作物的未成熟种子中分离出来，游离态的 ABA 一般只占种子鲜重的 0.1～1.0 mg/kg。豆类种子中 ABA 的浓度较高，如新鲜大豆种子 ABA 的浓度约 2 mg/kg。结合态的 ABA(葡糖酯和葡糖苷)也普遍存在，在豆类中含量亦较高。ABA 也和种子中的其他生长调节素一样，当种子发育期间，浓度上升，一般在成熟干燥时就很快下降。ABA 和种胚的生长也有密切关系，但它不是起促进作用，而是阻碍胚的生长；但在大麦中却发现有 ABA 存在时，正常的胚胎发育仍能正常进行，而发芽生长(即胚中轴的纵向大幅度伸长)却受到抑制。因此，可以认为 ABA 可能是阻止种子在植株上萌发，并迫使胚进入休眠的一个重要因素。ABA 与贮藏养料的积累也有一定联系。据报道，将 ABA 施给菜豆的离体子叶能促进贮藏蛋白质的合成；施用于葡萄，可增加糖分的积累；对小麦籽粒的灌浆也有促进作用。

据研究，种子中含有的各种内源激素可能参与以下几方面的作用：

①种子的生长发育，包括成熟前的生长停滞；

②贮藏物质的积累；

③种子外部组织的生长发育；

④萌发后期和幼苗早期的生长发育；

⑤对发育中的果实紧密相连的组织和器官发生生理效应。

(三)种子成熟过程中发芽力的变化

种子的发芽力指种子在实验室条件下发芽并长成正常幼苗的能力，一般是以发芽势和发芽率来表示的。在种子发育过程中发芽力的变化可分为以下几种情况。第一种情况是随种子发育而逐渐提高，即愈成熟的种子，发芽势愈强、发芽率愈高，一般农作物中无休眠期的品种如水稻、大豆、甘蓝、黄麻都表现出这样的趋势。第二种情况是在种子发育过程中，发芽力虽然也随成熟而提高，但其最高的时期却不是成熟期而是在此之前，发芽力呈现由低到高，再由高到低的趋势，这种情况出现在有后熟休眠的作物种子如水稻、小麦、大麦等的某些品种，这些种子在形态成熟前，胚就基本发育完全，而在胚的发育过程中，发芽力是由低到高的，但到了种子成熟的后期，胚虽然分化更趋完善，但由于种子可溶性养分减少，酶活性降低，某些萌发抑制物质积累，同时还有色素物质在种被细胞中的沉积导致透气性变差，种子的发芽力反而降低。这样的种子在收获后须经一段时间的干藏，发芽率才能逐渐增加直至最高，也即打破了休眠。玉米种子在胚刚完成形态建成时(15 d)种子无发芽能力，20 d 时形成微弱的发芽能力，授粉 20 d 以后发芽能力迅速形成，至授粉 40 d 后，形成达到良种标准的发芽率；但这是指收获干燥的种子，而鲜种子，即便是成熟期收获的，不脱水前发芽率也极低，但其一旦干燥，休眠便即刻打破，而其离体种胚的发芽力则在乳熟期就达最高，表明鲜种子发芽力低可能是胚乳或种被中积累了抑制物质，且干燥能使这些物质挥发。对小麦种子发育成熟过程中发芽力的测定表明，取样晒干后的结果是发芽率在受精 7 d 后迅速升高，至受精后 14 d 已升至近 80%，随后缓慢上升，28 d 最高；但未晾晒的鲜种子却要到受精 21 d 发芽率才迅速升高，直至成熟；接近成熟的种子鲜、干之间无差异，这与玉米又有所不同。棉花种子也是在脱水前很难发芽，随着收获后干燥过程中水分的不断降低，发芽力迅速提高。第三种情况是种子在整个母株上的生长阶段都不具有发芽力，甚至成熟收获后也不能发芽。所以产生这种情况，是因为某些植物如银杏、毛茛、香榧、人参、兰花等的种子在外形成熟并收获时，其内部的胚并未完全成熟，有的没有分化，有的没有长到足够大小，甚至有的仅为一团分生细胞，必须在收获后置一定条件下数周或数月，胚发育完全后方能发芽。

四、种子成熟过程中的脱水作用及其生理效应

种子成熟过程中要经过脱水阶段，成熟脱水是种子发育的最后阶段，也是大多数种子发育过程中不可缺少的阶段。当种子发育到生理成熟时进入脱水阶段，贮藏物质的积累停止，含水量下降，代谢显著减弱，进入静止状态(非休眠)，完成从发育到萌发的转变。这时的种子如果遇到适宜的环境，即可以萌发。因此，成熟过程中的脱水作用被认为与种子发育过程的关闭与萌发过程的启动有关。

一般种子经历成熟脱水，即获得萌发能力和脱水耐性。

(一)种子脱水干燥与发芽力的关系

大部分正常性的种子需要经过成熟脱水阶段才具有萌发能力。有人认为，是脱水干燥使合成代谢结束，终止发育过程，启动萌发过程。例如，发育的苜蓿种子直到发育后期，当种子正在经历成熟脱水时从果实分离才能萌发。大麦和小麦的种子如果在麦秆上经历干燥即可以萌发，而如果为未经过干燥的新鲜种子，则不能够萌发。一些豆科和其他双子叶植物的未成熟种

子，在充分水合状态下从母株上分离也不会萌发，但经过脱水干燥即可萌发。发育种子的脱水，不论是成熟前还是在成熟的最后阶段，都会促进种子吸胀后的萌发。但成熟脱水对于萌发能力的获得不是一个必须经历的过程，试验证明，处于发育的离体胚可以不经过脱水而早熟萌发。如蓖麻种子授粉后 35 d 后的离体胚可 100％萌发，而整粒种子只在授粉 50～ 55 d 后才具有萌发能力。这意味着种胚以外的环境（包括胚乳、子叶和母株环境）可能使胚处于发育状态，而防止其萌发，经过成熟脱水，这种抑制作用被解除。

（二）种子脱水干燥的生理效应

1. 脱水干燥对酶活性的影响

种子中含有各种酶，脱水干燥后，由于底物的减少，酶与底物的隔离及酸度和离子浓度的增加等原因，会使酶类发生钝化。随着种子的脱水干燥，细胞中的一些酶如酸性磷酸酶、植酸酶、β-淀粉酶和蛋白质降解酶等会与蛋白质形成复合体，转化成酶原，达到保护自身的作用。在干燥的小麦、大豆、油菜、蚕豆、豌豆、水稻和黑麦种子中均有酶原的存在。

脱水干燥还会影响到种子萌发和生长阶段中一些酶的活性。成熟前脱水可以引起萌发后幼苗发育所必需酶的产生。未成熟的大豆种子，除非先受到缓慢的干燥处理，否则不能引起苹果酸合成酶和异柠檬酸裂解酶的产生。在蓖麻胚乳细胞蛋白体中含有的脂类、非丁、可溶性及不可溶性蛋白质等贮藏物质，在种子吸胀过程中会发生降解，这种降解的过程需要大量水解酶的作用。而在发育的种子中，几乎不存在这类酶或其活性很低。在授粉后 40 d（未完熟），强迫脱水可引起异柠檬酸裂解酶和亮氨酰 β-萘酰胺酶活性的增加，达到成熟种子（授粉后 60 d）萌发后的水平，但如果把发育 40 d 的种子不经干燥直接放在水中萌发，异柠檬酸裂解酶活性则不会提高。

2. 脱水干燥对 mRNA 的影响

种子在脱水干燥期间，mRNA 有着不同的去向和结局。成熟后期大量 mRNA 破坏消失，但在干燥种子中仍有一部分保留在细胞内。这一部分 mRNA 可分为两类，一类称为残余 mRNA，它在种子发育期间产生，到了成熟后期也不会被破坏。这类 mRNA 对萌发并不重要，可能在种子吸胀时就很早降解消失。凡与贮藏蛋白质的翻译作用有关，而在干燥时不致破坏的 mRNA 都属于这一类。另一类称为贮存 mRNA，它在发育种子中形成后，就起转译作用，当种子脱水干燥时，这类 mRNA 与蛋白质形成核糖核蛋白复合体而贮存在种子内，在种子萌发时就起翻译作用。

3. 可溶性糖的积累

在种子脱水干燥过程中伴随着可溶性糖的积累，这是正常型种子在成熟过程中的又一特征。可溶性糖在种子中起脱水保护作用，但不同的糖所引起的保护作用可能差异很大。一般认为高水平的还原糖（葡萄糖、果糖、半乳糖等）与种子的衰老、贮藏、劣变、脱水伤害有关，它们可自动氧化产生自由基·OH，对组织造成伤害，同时还可以与蛋白质或核酸分子中的氨基结合，发生美拉德反应，使蛋白质降解和酶失活；而高浓度的蔗糖、棉籽糖、水苏糖、海藻糖、肌醇及半乳糖环多醇等非还原糖与种子的耐脱水性密切相关。

糖类在脱水过程中保护细胞免受伤害作用的方式可能有以下几种：

①在脱水过程中，糖在膜上大分子表面代替水分子，使膜在脱水状态下稳定，防止渗漏，是膜系统的有效保护剂；

②糖可维持蛋白质的稳定性；

③糖可促进细胞质在脱水过程中玻璃化而保持稳定；

④其他作用方式，如蔗糖、半乳糖环多醇等非还原性糖作为自由基清除剂清除干燥过程中急剧增加的自由基，糖与高亲水性的 LEA 蛋白形成复合物协同控制水胁迫时的失水速率，作为水的缓冲剂起到保护种子的作用。

五、环境条件对种子发育和成熟的影响

种子在发育成熟过程中受环境条件的影响极为显著，这一过程中环境条件的差异会影响成熟期，表现为延长或缩短成熟所需要的时间，同时还会引起种子化学成分的变化，从而影响种子的品质和产量。

(一)环境条件对种子成熟期的影响

种子植物从开花授粉、受精至种子完全成熟所需的时间因植物种类、品种种性不同而有很大的差异。一般禾谷类作物需 30～50 d，豆类需 30～70 d，油菜需 40～60 d，多年生林木植物的种子，如茶籽需经一年才能成熟，而桧柏的种子则需要超过两年才能成熟。同一作物不同品种也有明显差异，一般早熟品种所需时间较短，晚熟品种则较长。这种不同作物不同品种间种子成熟所需时间的差异，主要是由植物的遗传性所决定的，但它受环境条件，主要是湿度、温度、营养条件及光照的影响也极大，因而，同一品种的作物种子，因环境条件不同，其成熟所需的时间也存在明显的差异。

1. 湿度

空气相对湿度的大小对种子成熟期长短有极显著的影响。种子成熟初期含水量很高，如果这时灌水适度，天气晴朗，空气相对湿度较小，蒸腾作用强烈，有利于种子内部水分的散失和营养物质的合成，能促进种子正常早熟；如果阴雨连绵，空气相对湿度较高且气温低，种子水分向外散失受阻，酶活性减弱，代谢作用下降，营养物质输送速率降低，则会影响种子内部物质的合成，从而导致种子成熟期的延长；当天气久旱无雨，灌水少，土壤干，空气相对湿度极低，种子蒸腾作用过度，失水过快，则植株流入种子中的养分溶液减少或中断，种子内部的物质合成作用被迫减弱或停止，则会使种子过早干缩成熟而不能达到正常的饱满度，影响种子的产量和质量。“风旱不实”就是干燥与热风使种子灌浆不足。叶片细胞必须在水分充足时才能进行物质的运输，干热风时，叶片萎蔫，同化物不能流向正在灌浆的籽粒，同时水解酶活性增强，妨碍了贮藏物质的积累，造成籽粒干缩和过早成熟，即使干风过后恢复正常供水条件，植株也不能像正常条件下那样给籽粒提供营养物质，造成籽粒瘦小，产量大减。

在盐碱地，由于土壤溶液浓度很大，渗透压高，植物根系吸水困难，种子成熟时养分的运转和有机物的积累和转化受阻碍，所以也能提早成熟。

2. 温度

种子成熟过程中，温度主要影响有机物的合成与运输。温度适宜可促进植物的光合作用、贮藏物质的运转，利于种子内干物质的积累，促进种子正常成熟，且种子饱满品质好。较高的温度会缩短成熟期，并对物质的积累有明显的影响。据研究，较高的温度，会引起种子组织加速老化，降低其生理功能，同时酶的活性也会提前丧失，不利于有机物质的积累与转化，加上呼吸消耗大，因此籽粒不饱满。种子成熟过程中如温度过低，会延迟成熟期，还会影响有机物质

的运输与转化，往往形成秕粒或种子不饱满。尤其受霜冻的种子，不但产量低，而且影响种子品质，使发芽率大大降低。因此，留种用的种子必须在霜冻前收获，如霜前未充分成熟，可以连株拔起，进行后熟。

昼夜温差也影响种子的成熟。昼夜温差大有利于种子成熟并能增产。因为夜间温度低，减少呼吸消耗，延迟了叶片的衰老，使灌浆期延长，有机物积累较多。在植株发育良好、灌溉适度、空气湿度适宜、阳光充沛的情况下，如果气温较高，昼夜温差较大，则可增进种子内部的物质积累，促进种子的成熟过程，适当地缩短种子的成熟期，并且种子籽粒较大而整齐，发芽势强，发芽率高。相反，如花期以后较长时间的异常高温和干旱并且昼夜温差小，就会使种子成熟期过度提前，使单位面积上的采种量大幅度下降，种子质量低劣。因为高温，干旱不仅严重地影响授粉受精作用的顺利进行，而且会导致植株体内代谢过程的严重失调，养分输送受阻，异化作用加强，合成作用减弱，造成种子早熟、干瘪，发芽能力降低。

水稻因成熟期间的温度不同，成熟期的长短有明显差异。晚稻成熟期气温较低，自抽穗至成熟所需时间长达 36～44 d，而早稻仅需 25～30 d。成熟期的温度对种子的品质也有很大影响，一般早中稻在高温条件下成熟，其过程快、时间短、养分积累速率快，米粒的组织比较疏松，腹白心白较大，品质较差；而晚稻成熟期间气温较低且昼夜温差较大，成熟较慢，时间长，养分积累充分，品质较好，因此，一般晚稻的质量要比早稻的好。

3. 营养条件

土壤的营养条件对种子产量、品质及成熟期也有很大的影响。一般氮素缺乏，会使植株矮小且易早衰，种子虽可以提早成熟，但籽粒小且活力低。相反，如果氮素过多，特别是在生殖生长期大量施用氮肥，则会造成茎叶徒长而抑制生殖生长，阻碍植株体内养分向种子中运送和积累，最终导致种子成熟期延长，种子干瘪不充实。种子成熟过程中很多有机化合物的形成和酶类的活动都需要充足的磷素参与，磷能促进营养物质的输送和转化，能增强种子内部的合成作用，加速种子成熟，且能增加粒重，提高种子产量和品质。钾能增强植株的强度而抗倒伏，并且能避免种子在果实中发芽，提高种子的色泽度。因此，在开花之前适量增施磷、钾肥，则不仅种子成熟期能适当提前，而且种子产量高、质量优。

4. 光照

所有植物种子的成熟过程都必须有充足的光照条件。良好的光照条件是光合作用的基础，只有在适宜的光照下，植物才能制造大量营养物质运送到种子中去，保证种子顺利地生长和发育。如北方冬季温度较低，繁殖的大白菜往往由于光照强度太弱，光照时间不够，而使种子成熟期大大延长。如果增加光照强度和补充光照时间，并且提高温室温度和增加昼夜温差，种子便可正常进入成熟期。

（二）环境条件对种子化学成分的影响

1. 环境条件对粉质种子化学成分的影响

从开花到成熟期间的雨量，对富含淀粉的种子或块茎的淀粉积累起决定性的作用，蛋白质的含量随着降雨量而起变化。在气候干旱的地区，特别是稍微盐碱化地带，由于土壤溶液渗透压比较高水分供应不良，细胞膨胀程度降低，淀粉的合成活动受到破坏，而蛋白质合成过程所受到的影响比淀粉和脂肪小，因此种子淀粉的含量比湿润地区低而蛋白质含量却较高。在水分充足的条件下，则有利于淀粉的合成而降低蛋白质的含量。因此，土壤溶液的渗透压越高，蛋白质含量越高。湿润的年份和灌溉区由于土壤溶液稀薄，会降低种子中蛋白质的含量，而有利于淀粉的积累。但经灌溉的种子总产量提高，所以蛋白质的总含量仍比未经灌溉者为高。中国小麦种子的蛋白质含量，从南到北有显著差异。因为北方小麦种子成熟期间，雨量及土壤水分比南方少，所以其蛋白质含量明显比南方小麦高。据测定，黑龙江省克山、北京、济南和杭州的小麦蛋白质含量分别为19.0%、16.1%、12.0%和11.7%。

成熟期间雨水过多常会造成植株倒伏，阻碍养分从茎叶向种子运转。在蜡熟期间多雨，会使淀粉水解，种子内的糖分就会被雨水淋洗出来，因而减少淀粉在种子中的积累。此外，在雨水过多时，籽粒的蒸腾作用大受影响，酶的作用趋向水解，使灌浆停滞，养分积累受阻，而呼吸作用仍不断消耗养料，影响种子的饱满度，使种皮及灰分率所占比例增高。

在种子成熟期间，光照强度直接影响种子内有机物质的积累。例如，小麦籽粒2/3的干物质来源于抽穗后叶片及穗子本身的光合产物，如果这时光照强，叶片同化物多，输入到籽粒的同化物的量就多，产量就高。小麦灌浆期若遇到连续阴天，光照不足，会引起灌浆速率降低，从而导致粒重减轻，造成减产。此外，抽穗结实期的光照也影响籽粒的蛋白质含量和脂肪含量，因为这两种物质的合成都需要碳水化合物作为原料。

土壤中肥料及施用肥料的种类，对种子中蛋白质含量同样也有很大影响。氮肥能提高蛋白质含量；而钾肥过多时，会使蛋白质含量相对降低，因钾会加速糖类由叶部向籽粒转移。种子在成熟期受到严重的冻害时，蛋白质含量降低，非蛋白质态氮升高。例如，受冻害后极为皱缩的麦粒，其非蛋白质态氮的含量比正常麦粒高2～3倍。

2. 环境条件对油质种子的化学成分的影响

成熟的油料作物种子含油量的变异幅度很大，除了品种特性的差异外，环境条件也是影响种子含油量的重要因素。在某些情况下，气候、土壤条件的影响造成含油量的差异，甚至可以超过品种的差异。

种子成熟期间的温度不仅对油质种子的含油量有重大影响，同时对种子中油分性质及蛋白质含量也有重要作用。适宜的低温有利于油脂在植物中的积累，而降低种子蛋白质的含量。一般产于我国南方高温气候下的大豆品种含油率较低，而蛋白质含量较高，产于北方低温气候下的大豆品种则相反。地理纬度和海拔高度都是影响温度的重要因素，因此，同一品种在高纬度和海拔高的地区蛋白质含量较低，而含油量及碘价较高，油的品质好。

油的成分（油分）的性质，即碘价的高低亦受到环境条件的影响，其变化趋势与含油率相同，即南方油料种子碘价低，而北方特别是东北地区的油料种子的情况则相反。影响碘价高低的主要因素是温度，凡生育后期（成熟期）温度较低、昼夜温差大的条件下（如高纬度地区或山区以及晚熟品种），有利于不饱和脂肪酸的合成，因而碘价较高；反之，则有利于饱和脂肪酸的合成，因而碘价较低。

土壤水分及空气湿度对油分的积累亦有很大影响，如土壤水分和空气湿度高，则有利于油分的积累；反之，则有利于蛋白质的积累。植物体内油分的形成过程是在弱碱性或接近于中性而比较湿润的环境中进行的，而蛋白质的合成却要求土壤水分与空气湿度较低的条件，因而油质种子中，油分和蛋白质的合成是互为消长的过程。在合成代谢进行比较旺盛时，即使由于空气干燥而引起强烈的蒸腾作用，但有足够的水分供给，仍可获得较高的含油量；反之，如果水分不足，蒸腾作用增加，影响了合成代谢，油分积累趋向停滞，溶液浓度与相对酸度使脂肪酸的合成活动受阻，贮藏物质向蛋白质方向合成，使蛋白质含量较高。这一情况和淀粉种子化学成分受湿度的影响是相似的。因此，北方干旱地区，用灌溉方法可提高种子的含油率。

营养元素与油分的含量也有密切关系。磷肥对油分形成有良好作用，因为在糖类转化为甘油和脂肪酸的过程中需要磷的参加。钾肥有助于脂肪的运输与转化，对油分积累也有良好的影响。氮肥使用过多，会使种子的油分降低，因为植物体内大部分糖类和含氮化合物结合成蛋白质，糖也是合成脂肪的原料，糖消耗较多，势必影响到脂肪的合成。

杂草和病虫害也会影响种子的含油量，如向日葵感染锈病后，种子含油量显著降低。

本章小结

被子植物双受精过程中，来自雄配子体的两个精子，一个与卵细胞融合形成合子，另一个与两个极核融合形成原始胚乳细胞。种子的形成和发育从卵细胞受精成为合子开始，合子进行细胞分裂与分化，逐渐形成一个具有子叶、胚芽、胚轴和胚根的完整胚。原始胚乳细胞随即进行迅速分裂，发育成为胚乳。胚乳发育的方式分为核型和细胞型。胚珠周围的珠被发育成种皮。不同作物种子的发育过程各有特点，本章重点介绍了小麦、水稻、棉花、蚕豆、油菜等作物种子的形成和发育过程。

在种子植物中，每个胚珠通过受精作用发育成为一粒具有胚的完整种子，但有些植物种子在发育初期由于内因的作用和外因的干扰，往往发生各种异常现象，如多胚、无胚和无性种子等。

种子真正意义上的成熟指种子生理和形态上都达到成熟。种子的成熟阶段是按其形态特征的变化划分的。不同植物种子不同成熟阶段其外形特征也不同。

种子在成熟过程中会发生一系列变化，主要进行有机物质的合成，将可溶性有机物(如蔗糖、葡萄糖、氨基酸等)转化为不溶性的有机物(如淀粉、蛋白质、脂肪)积累在子叶或胚乳中。种子通过成熟脱水阶段，发育进程终止而萌发程序启动。

不同种或品种种子的成熟期及化学成分主要由遗传决定，但外界环境条件如光照、温度、空气湿度、土壤含水量、营养物质等也有影响。

思考题

1. 试述被子植物的受精过程。
2. 说明受精不亲和的原因以及克服不亲和障碍的途径。
3. 试述种子发育的一般过程。
4. 为什么胚乳是三倍体，而胚是二倍体？
5. 试述种子成熟的概念。种子成熟过程中主要会发生哪些方面的生理生化变化？
6. 种子的成熟干燥对种子的发育有哪些生理效应？
7. 环境条件对种子的成熟期有什么影响？

第四章　种子的休眠

知识目标

1. 了解种子休眠的类型及意义。
2. 理解种子休眠的原因及机理。
3. 掌握主要农作物种子休眠的调控方法。

能力目标

1. 能进行种子休眠期测定。
2. 能够灵活运用种子休眠的调控措施，包括物理方法、化学方法、生物方法等破除种子休眠，提高农业生产中种子的田间出苗。

第一节　种子休眠的意义和原因

自然界植物种子中普遍存在休眠现象，休眠期或长或短、休眠程度或深或浅。引起种子休眠的原因是多方面的，除了受种子本身遗传因子的控制，还受环境条件的影响。休眠是植物发育过程中的一个暂停现象，是植物对不良环境条件的适应性，对植物生产具有重大意义。

一、种子休眠的概念及意义

1. 种子休眠的概念

种子休眠是指有生活力的种子在适宜的萌发条件下仍不能萌发的现象。

种子休眠的广义概念包括两种：一种是指由于种子本身的生理原因(生理成熟未完全通过)造成的发芽延迟的现象，这种现象称为生理休眠或自然休眠；另一种是指种子已具备发芽能力，但由于发芽必需的基本条件不具备，种子被迫处于静止状态，这种现象称为强迫休眠或被迫休眠。

生理休眠的种子经贮存一段时间之后，完成了其生理后熟，当给予了适宜的发芽条件，种子就会发芽。强迫休眠的种子只要给予一定的发芽条件，种子就会迅速的萌发。通常所说的休眠是指种子的生理休眠，它是种子特有的一种生理现象。

2. 种子休眠的意义

(1)生物学上的意义

种子休眠是一种自然现象，是植物在长期的历史发展中，对于相对稳定的季节变化所形成的主动适应。种子休眠是植物的优良生物学特性之一，对物种适应特殊环境条件而不断进化、生存和繁衍具有特殊的生物学意义。例如，大多数杂草种子具有很好的休眠特性，能够在条件不良的土壤中生存，当遇到适宜的萌发条件，就能发芽生长，以保证不被灭绝；在干旱与潮湿、温暖与严寒交错地带生长的植物，也具有一定的休眠期，以便避开干旱、水涝、酷热、严寒等恶劣条件，以保证正常的种子萌发和幼苗生长。

(2)农业生产上的意义

种子休眠在农业生产上的意义一分为二，既有利，又有害。

有利方面：

①防止穗发芽现象，玉米、小麦、水稻等收获时期遇到连续阴雨，有些品种会发生穗发芽，导致减产损失，若品种的休眠性强，则会减轻穗发芽导致的损失；

②便于种子安全贮藏，种子贮藏中处于休眠状态，可以减少贮藏损失，延长种子的寿命；

③通过了解田间杂草种子的休眠期和休眠特性，可以采取适当手段根除杂草，减轻其农田危害。

不利方面：

①贻误农时，有些农作物种子休眠期过长，到了播种期仍未通过休眠，不能及时播种，若播种则成苗率低、缺苗断垅，给农业生产造成损失；

②降低种用价值，造成加工困难，无法在种子贮藏、销售之前准确测定其发芽率，了解种子生命状况，确定种用价值；

③影响杂草的根除，很多田间杂草种子的休眠特性复杂，可在土壤中留存多年陆续发芽，给人类根除杂草带来麻烦。

二、种子休眠的原因及机理

(一)种子休眠的原因

种子休眠的有无或时间的长短与植物种类、休眠原因有关。引起种子休眠的原因错综复杂，与遗传因素和环境因素有关。

1. 种胚休眠

种胚休眠有两种不同的类型：一种是种胚尚未成熟；另一种是种子尚未完成生理后熟。

(1)种胚尚未成熟

有些植物种子形态成熟后，胚尚未发育完全成熟，造成种子休眠，播种后不能萌发。尚未成熟的种胚表现为胚尚未长足，相对较小，需从胚乳或其他组织中吸收养料，进行细胞组织分化或继续生长，直到完成生理后熟才能萌发。例如，银杏种子脱落时，种胚只有成熟胚 1/3 大小，每天需 30～35℃ 12 h、5～10℃ 12 h 变温处理才有利于胚分化完全。

(2)种子尚未完成生理后熟

有些植物种子各器官形态上已经完备，种胚也已充分发育，但是胚的生理状态不适于发芽，即使是发芽条件具备也不能够萌发，只有贮藏一定时期，完成生理后熟后，才能够发芽。如许多果树种子(如桃、苹果、梨等)、三叶草以及某些杂草种子属于这一休眠类型。这类种子休眠的解除需要适宜的条件(水分、温度和氧气等),条件不适时还会加深休眠。

2. 种皮障碍

有些植物的种子种皮(种被)会对种子萌发起限制作用。这类种子由于种皮的障碍,即使发芽条件具备,种子也被迫处于休眠状态,一旦种皮的限制作用被解除,种子就能发芽。

种皮对种子发芽和休眠的影响表现在以下3个方面。

(1)种皮不透水

有些植物的种子种皮坚韧而致密,存在疏水性物质,阻碍水分的渗入,从而抑制种胚的吸胀和萌动。这类种子一般种皮细胞角质层厚,常覆盖蜡质层,只要除去或破裂种皮,发芽条件适宜,种子即迅速吸水而萌发。如豆科、锦葵科、百合科和茄科等植物的种子。

(2)种皮不透气

有些植物种子的种皮能够透水,但透气性不良,阻碍了种皮内外气体的交换,种子仍然处于被迫休眠的状态。如麦类、稻类及棉花种子等,在含水量较高的情况下,由于种皮上的空隙被水分子堵塞,阻碍气体的扩散,种皮成为内外气体交换的障碍。

此外,当种子水分含量较高时,种子体内的呼吸代谢旺盛,消耗氧气释放出二氧化碳,由于种皮障碍,导致二氧化碳在种子内积聚,从而影响了胚细胞正常的生长和生理代谢。

种皮中某些化学物质(酚类、过氧化物酶等)也会导致种皮透气性不足,引起种子休眠。例如,酚类物质在酶的作用下很容易氧化成醌,氧化过程中大量氧气被消耗,加上种皮透气性较差,种胚无法获得萌发需要的足够氧气,从而处于休眠状态。

(3)种皮的机械约束作用

有些植物种子的种皮坚硬木质化或表面具有革质,对种胚突破种皮具有机械约束作用。即使发芽所需的温度、氧气和水分条件具备,种子仍长期处于吸胀饱和状态,种胚无力突破种皮。当种皮被软化或者种皮细胞壁的胶体性质发生变化,种皮的约束力逐渐减弱,种胚才能突破种皮而萌发。常见如蔷薇科、桑科、苋属和芸薹属等植物的种子。

3. 发芽抑制物质的存在

内源抑制物是指种子的种皮或其他部位存在某种或某些阻碍种子生理活动或某个代谢环节的化学物质,种子必须经过一定时间,待这些化学物质分解后,才能解除抑制作用,进行种子萌发。Molisch(1922)提出肉质果汁液中存在发芽抑制物。随后学者进一步发现非肉质果汁液中也存在发芽抑制物。20世纪60年代,科学家发现红松种子中存在对其他种子萌发生长有抑制作用的物质。

迄今,发现的内源抑制物质种类很多,如脱落酸(ABA)、花椒酸、香豆素、醛类物质、芥子酸、咖啡酸、阿魏酸、呋喃香豆素、柠檬酸等(表4-1)。这些抑制物质存在于果皮、种皮、胚乳和胚中。作物种子内最主要的抑制物质是脱落酸和酚类物质。研究表明,脱落酸在胚内的含量与休眠深度成正比关系。脱落酸对种子萌发具有强烈的抑制作用,能抑制淀粉酶形成和糖代谢,同时改变某些酶的活性,抑制了DNA、RNA、蛋白质的合成,使种子不能正常进行代谢活动。酚类物质主要是影响氧的扩散,从而抑制种子的萌发。

抑制物质存在部位不同,其性质与作用方式也不尽相同,被解除抑制的方式也有所不同。例如,野生稻种子内的抑制物质主要存在于颖壳内,易在田间受自然雨水浸洗减少而解除休眠;莴苣种子内的抑制物质主要存在于上胚轴部分,可用红光照射使其失效。

表 4-1 存在发芽抑制物质的植物

科别	植物名称	含抑制物质的部位	抑制物质
蔷薇科	玫瑰	果皮、种皮、蔷薇果	ABA
	桃	种子	ABA
	欧洲花椒	果汁	花椒酸
豆科	花生	叶、种子	ABA(可能)
	黄羽扇豆	荚	ABA
	甜苜蓿	种子、叶	香豆素
禾本科	香草	—	香豆素
	大麦、小麦	果实	醛类 C_7H_6O、C_8H_6O、$C_{10}H_8O$
十字花科	油菜、白芥	果皮	芥子酸
茄科	番茄	果汁	咖啡酸、阿魏酸
锦葵科	棉花	棉铃	ABA
芸香科	(*Thamnosma esicca*)	芽	呋喃香豆素
	酸橙	果皮	有机酸、$C_7H_6O_3$、$C_{10}H_{16}O$
	柠檬	—	柠檬酸
	枸橼	果实	ABA、$C_{15}H_{20}O_4$

注：引自胡晋，种子生物学，2006。

抑制物质对种子萌发的抑制作用没有专一性。即抑制物质的抑制作用不仅影响自身的正常萌发，而且对其他种子也能发生抑制作用。例如，将小麦和芹菜种子放在一起，小麦发芽会受到抑制；马铃薯和大蒜放在一起，马铃薯发芽也会受到抑制。

种子内含有抑制物质并不意味着种子一定不能发芽。种子能否发芽主要取决于抑制物质的浓度，种胚对抑制物质的敏感性，种子中可能存在拮抗性物质。例如，乙烯在高浓度时对发芽起抑制作用，在低浓度时对发芽起促进作用。

4. 光的影响

光对种子休眠的影响因植物种类而异，大部分农作物种子发芽对光要求并不严格。有些植物的种子由于光的存在而缩短或解除休眠，称为喜光性种子或需光性种子，如槲寄生种子在黑暗中不能萌发，甚至会失去发芽力而死亡。有些植物的种子由于光的存在而助长或诱导休眠，称为忌光性种子或需暗性种子，例如，黑种草属、百合科的多数种子。还有一类植物种子萌发或休眠不受光暗的影响，称为非感光性种子，例如，菜豆、玉米等种子。

光对种子休眠和萌发的效应受光敏色素调控，并且不是绝对的，而是随温度、光照等条件发生变化。自然光(白光)促进喜光性种子萌发，但抑制忌光性种子萌发，原因是这两类种子对于红光与远红光的相对敏感性不同。有些光敏感种子的喜光性或需光性在某种特定条件下才表现出来的。例如，芹菜种子在 15℃时，无论光暗条件均可萌发，但在高于 20℃则明显表现出喜光性，在暗处难发芽。

5. 不良环境条件的影响

不良条件的影响可以使种子产生二次休眠(次生休眠、诱发休眠)。二次休眠是相对于原生休眠而言，即原来不休眠的种子发生休眠或部分休眠的种子加深休眠，即使再将种子移植到正常条件，种子仍然不能马上发芽。

现已发现的诱导二次休眠的因素有许多，包括不适宜的光照（喜光种子无光、忌光种子有光），高温或低温，水分过多或过于干燥，氧气缺乏，高渗压溶液浸泡和某些抑制物质等。如加温干燥的温度较高或时间过长，可使某些豆类和大麦、高粱种子进入二次休眠；通过休眠的小麦种子若贮藏湿度过高，也会进入二次休眠；莴苣种子在高温下吸胀发芽，会进入二次休眠（热休眠）；深埋入土的杂草种子多具有二次休眠性，一旦翻耕露出土表，温度、光照、湿度适宜才会陆续萌发。

二次休眠的产生是由于不良条件使种子的代谢作用改变，影响到种皮或种胚的特性。休眠解除的时间与休眠深度有关，休眠解除的条件在多数情况下与原生休眠的解除条件一致，但有些情况下，能够破除原生休眠的因素或方法可能对二次休眠无效。

(二)种子休眠的机理

种子休眠的机理是一个复杂的问题，至今很难用一种学说来概括。其中最重要的是内源激素调控的三因子学说。

美国学者 khan(1971,1975)提出了三因子学说，即内源激素均衡论。该学说认为，种子的休眠与萌发由三因子调节，即萌发促进物质赤霉素(GA)、细胞分裂素(CTK)和萌发抑制物质脱落酸(ABA)之间相互作用决定种子的休眠与萌发。不同激素状况与不同生理状态之间的关系见图 4-1。其中 GA 是种子萌发的必要激素，起原初作用，种子缺乏 GA 就处于休眠状态。ABA 对 GA 起抑制作用，种子中同时存在 GA 和 ABA，由于 ABA 抑制 GA，种子休眠。CTK 起抵消 ABA 的作用，即起解抑作用，不单独对休眠与萌发起作用，若种子中不存在 ABA，则 CTK 对萌发不产生影响。因此，GA 是主要的调节因子，而 CTK 仅在 ABA 存在时才有必要。该模型不仅表明了每种激素的作用，而且也表明了各激素间的互作效应，大约 80%的种子符合这个模式。

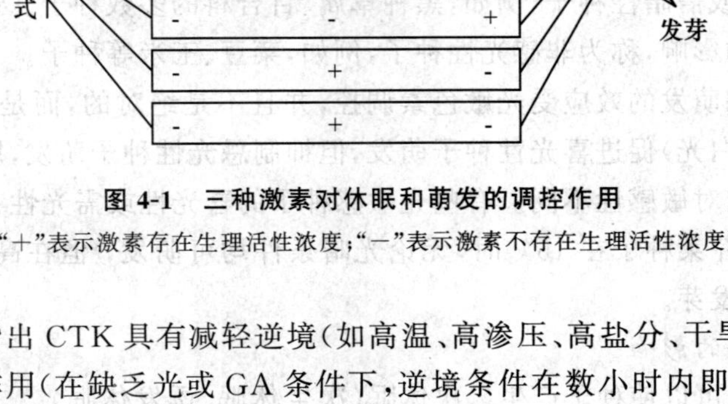

图 4-1　三种激素对休眠和萌发的调控作用

("+"表示激素存在生理活性浓度;"-"表示激素不存在生理活性浓度)

一些研究结果指出 CTK 具有减轻逆境（如高温、高渗压、高盐分、干旱、嫌气条件等）所诱导种子二次休眠的作用（在缺乏光或 GA 条件下，逆境条件在数小时内即能诱导二次休眠，但同时或略迟加入 CTK 即可阻止二次休眠发生)。鉴于乙烯的作用与之相似,而且逆境下莴苣种子中乙烯的产生受阻,在加入 CTK 后可以得到缓解,从而进一步提出 CTK 减轻逆境的作用是通过刺激乙烯产生。这样,三因子学说有了发展,增加了另一种激素——乙烯,并阐明乙烯与 CTK 在解除休眠、刺激发芽方面的联系。

此外,呼吸途径论认为休眠种子的呼吸作用中,三羧酸循环过多地消耗有效氧而抑制了萌发必需的需氧过程——磷酸戊糖途径,因此增加氧气或抑制三羧酸循环和末端氧化过程可以为磷酸戊糖途径提供氧气,使种子破除休眠而萌发;种子萌发对光的要求和反应,是受到光敏素(Pr 和 Pfr)的调控,光照条件促使种子中 Pr 和 Pfr 相互转化,而 Pfr 比例的提高促进发芽;膜相变化论(Bewley,1982)则解释了温度对种子休眠及解除的密切关系,该学说认为,细胞膜在低温下呈凝胶态,在较高温度下则为流体状态,膜相变化影响膜结合酶的活性、膜蛋白的位置、细胞膜透性和溶质渗漏,从而影响到种子萌发相关的代谢过程。

第二节 主要作物种子的休眠

一、禾谷类种子的休眠

(一)休眠原因

新鲜收获的大多数禾谷类种子,在较高温度(高于 20℃)下很难发芽,原因是禾谷类种子是典型的颖果,果皮和种皮紧密结合导致种皮不透气引起的休眠。例如,水稻、大麦和燕麦种子休眠的主要原因是稃壳包被籽粒,种胚萌动所需的氧气供应受到阻碍;小麦种子的休眠是由于颖果外部不带稃壳,果种皮阻碍了氧气的通透。

(二)休眠期及其影响因素

种子的休眠期是指一个种子群体休眠时间的长短,通常以从收获到 80%种子能正常发芽所经历的时间来表示。种子的休眠期与遗传因素、环境因素和生理因素有关。

1. 遗传因素

不同禾谷类作物种子的休眠期不同。一般而言,麦类作物中以大麦、燕麦的休眠最深;水稻和玉米休眠较浅。同一作物不同类型和品种的休眠期差异较大。有的无休眠期,收获后经干燥的种子发芽率就达到 80%以上,有的品种高温高湿下甚至容易穗发芽。有的品种休眠期长达数月,例如,皮大麦种子的休眠期常长于裸大麦;粳稻品种常有休眠期,原产热带地区的籼稻品种及其杂交后代种子休眠性不明显。小麦种皮颜色与休眠期也存在一定的关系,红皮小麦品种的休眠期一般较白皮品种长。

2. 环境因素

温度、湿度、光照等环境因素影响了种子的休眠。成熟期间的环境条件决定了种子的休眠期。温度是种子成熟期间影响其休眠深浅的最主要环境因素。小麦蜡熟期间温度越高,种子休眠期越短。湿度也会影响某些品种的休眠,有些品种成熟后期遇到连绵阴雨天气,就会发生严重的穗发芽现象。种子贮藏过程中，温度、湿度对种子的休眠期影响很大，高温加速种子休眠的解除，低温则起相反作用；种子贮藏期间的湿度高还可能导致二次休眠。光照也是影响禾谷类种子休眠与萌发的一个因素。例如，水稻一般为光不敏感种子，但是光照却有利于野生稻种子的发芽，有人用白光或红光处理野生稻种子，发芽率为100%，但是在黑暗条件下，发芽率仅为1%。

3. 生理因素

禾谷类作物种子的休眠期与种子的成熟度等生理状态有关。一般从乳熟期起，成熟度越高，休眠期越短。例如，小麦乳熟期采收种子的休眠期比完熟期采收的要延长1个月以上。我国的籼稻种子一般不存在休眠期，但是采收较早、成熟度较差的种子，也可以观察到明显的休眠现象。此外，着生部位不同的种子由于成熟度等生理状态不同，其休眠期也有所不同。

二、豆类种子的休眠

(一)休眠原因

豆科种子的休眠形式是形成硬实。硬实是由于种皮不透水而不能吸胀发芽的种子。硬实在植物界广泛存在，农作物中以豆科作物中最为常见，如紫云英、苜蓿、田菁、三叶草等，硬实率很高。硬实种子的种皮透水性和透气性差，种皮对胚生长具有机械约束，从而引起休眠。

多数豆类硬实种子种皮为一层坚硬致密、富有光泽的角质层，随着成熟度增加该层增厚，难以透水；另一些植物种皮的栅状细胞(角质层之下)特别坚固致密，在显微镜下观察，可见其外端有一条特别明亮的部分，称为明线(图4-2)。许多学者认为，该部分的物理结构和化学成分有别于其他部分，是种皮不透水的原因之一。也有学者认为栅状细胞内的果胶质或纤维素果胶形成的胶质特性才是硬实不透水的原因。此外，羽扇豆、三叶草、紫云英等种子脐部有一瘤状突起，称为“种脐疤”，能控制水分进出，起到阀门作用。当种子处于干燥条件下，种脐收缩，通道打开，种子内部水分可以逸出；而种子处于潮湿条件，则种脐疤吸胀，将通道关闭，外界水分难以进入。

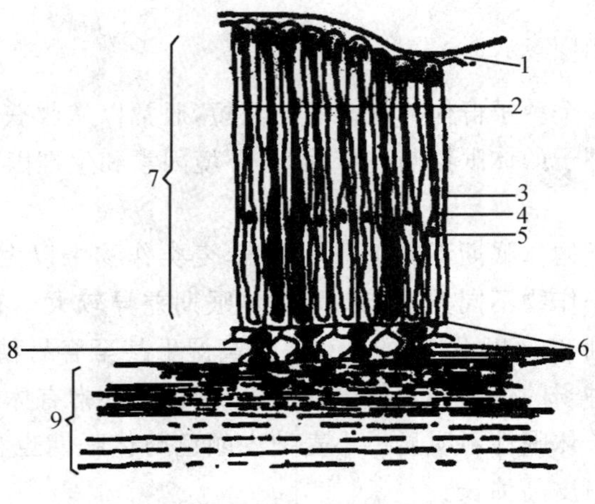

图4-2 野豌豆种皮的纵切面

(引自E. werker)

1. 角质层 2. 明线 3. 细胞壁 4. 细胞腔 5. 细胞核 6. 醌类物质 7. 珊状细胞 8. 骨状石细胞 9. 压碎的薄壁细胞

豆类硬实种子种皮坚硬致密，会限制种胚中氧气的进入和二氧化碳的排出，导致气体交换不畅，生理代谢不能顺利进行，从而导致种子的休眠。此外，有些豆类硬实种子种皮的机械约束及种皮中酚类物质的存在也是其种子休眠的原因。

(二)休眠影响因素

1.遗传因素

豆类种子的休眠性因品种、生态型和种群而异，例如，紫云英的硬实率一般为34%左右，而苦豆子高达100%。一般而言，野生植物种子的休眠率高于栽培种，栽培大豆几乎无休眠，但野大豆的硬实率在80%以上。同一物种不同品种间的休眠率也不尽相同，学者发现62个紫花苜蓿品种的种子硬实率变幅为40%～55%。

2.环境因素

种子成熟期间的温度、降雨和太阳辐射等因素对豆类种子休眠影响显著。例如，白花草木樨种子在干热气候下成熟的硬实率达98%以上，而在雨天成熟则几乎无休眠；东北大豆在高温低湿地区种植的硬实率比在原产地明显增加。通常日光辐射强度越大，时间越长，硬实率也越高。例如，生长在低纬度地区的紫花苜蓿产生的休眠种子较少，而生长在高纬度地区则较多。种子贮藏环境也显著影响豆类种子的休眠，主要是取决于贮藏的湿度与温度。一般而言，在湿度较大条件下不易产生休眠，而在干燥条件下则易产生休眠。黄羽扇豆贮存在高温、低湿条件下易产生休眠，而贮存在低温、高湿条件下则休眠被破除。

3.生理因素

豆类种子成熟过程中一般经历绿熟期、黄熟前期、黄熟后期、完熟期和枯熟期五个阶段，一般认为黄熟后期至完熟期是许多豆科植物种子休眠产生的关键时期。豆类种子的大小、着生部位、种皮颜色也会影响种子的休眠。例如，大豆和毛蔓豆的小粒种子硬实率较高，大粒种子则较低；紫云英不同着生部位种子的硬实率为基部＞中部＞上部。种皮颜色也影响硬实率，一般种皮颜色越深，硬实率越高。例如，苜蓿和三叶草的深色种子硬实率高于浅色种子，颜色差异是由于色素在种皮中的沉积不同，休眠差异可能与种皮酚类物质的氧化有关。

三、其他种子的休眠

(一)油菜种子的休眠

油菜种子的休眠期因类型不同而异。一般以芥菜型油菜种子休眠最深，休眠期可达数月，白菜型油菜次之，而种植面积最大的甘蓝型油菜则大多无明显休眠期。

油菜种子的休眠期与种皮颜色有关。白菜型油菜黑籽品种的休眠期较长，而黄籽品种的休眠期较短，原因是种皮中存在的色素影响种皮的透性。成熟度也会影响油菜种子的休眠期，成熟度愈高，休眠期愈短，一般绿熟种子的休眠期远长于褐熟和完熟种子。这可能是由于绿熟期种子种皮较厚，种皮细胞充满了活的原生质，种皮透气性较成熟种子差；还有一种可能是与种子中单宁有关，成熟过程中单宁逐渐氧化为醌类物质，醌类物质易氧化而吸收大量O_2，从而引起种子休眠。

油菜种子的休眠期与成熟期间环境条件相关。成熟期间温度高，促进果壳开裂，减少抑制物质含量，从而缩短种子的休眠期。同一品种不同年份间表现出的休眠期差异，也可能与种子成熟期间的气候条件有关。

贮藏条件与油菜种子的休眠存在着密切关系。一般贮藏温度在 10～40℃范围内，温度愈高，种子的休眠期愈短，发芽率的增高愈迅速。芥菜型品种红叶芥种子贮藏于 10℃条件下，休眠期为 40 d，但贮藏于 20℃、30℃和 40℃条件下，种子休眠期均可缩短至 20 d 以下。

(二)向日葵种子的休眠

向日葵种子的休眠现象普遍存在，可能与其果皮中存在抑制物质或胚休眠有关。一般向日葵种子休眠期为 40～50 d。向日葵种子的休眠期与种子成熟有关。一般向日葵种子在成熟过程中，休眠逐渐加深，达到峰点后，随着种子脱水，种子休眠逐渐变浅。贮藏条件会影响向日葵种子的休眠期，不同温度下向日葵种子通过休眠的速度是 0℃＞24℃＞35℃＞15℃。不良条件会诱导向日葵种子二次休眠，当发芽温度高于 40℃时，向日葵不休眠的种子就进入休眠状态，称之为高温休眠，此时即使发芽条件适宜，种子也不能萌发。

(三)甜菜种子的休眠

甜菜种子俗称种球(果实)，外部由木质化的花萼包被，质地坚硬，透气性不良。甜菜种子的休眠与果皮透气性差、胚休眠和水溶性抑制物质有关。

甜菜种子中存在多种抑制物质，其中重要的是草酸盐及酚类物质，这些物质直接抑制种子发芽，或者通过对氧气的掠夺而影响萌发。甜菜种子经 20～25℃温水中浸种 2 h，可清洗所含水溶性抑制物质，提高休眠种子的发芽率。

成熟度会影响到甜菜种子的萌发。种球绿色时收获，种球未成熟，发芽率低；种球黄色和黄褐色时收获，种球成熟度高，发芽率也高。叶甜菜种球颜色与发芽有关，黄色或黄褐色种球的发芽率高于黑色、褐色种球的。

(四)棉花种子的休眠

棉花种子的休眠与其种皮透气性不良和种壳中存在可溶性酚类物质有关。棉籽中有一定数量的硬实，硬实进水口(主要是内脐)组织严密而受阻塞，影响水分进入，导致发芽受阻碍。

棉花种子的休眠在类型和品种之间差别较大。一般海岛棉、亚洲棉、非洲棉几乎没有休眠或休眠很浅，而陆地棉种子的休眠却很明显。同一品种的不同年份、不同生态区，甚至同一母株的不同铃位，或者同一铃位不同位置的种子，休眠期都有可能不同。

棉花种子的休眠期受环境因素和成熟度影响，一般低温下成熟的棉籽的休眠期较高温下成熟的要长，成熟度低的棉籽的休眠期较成熟度高的要长。喷洒乙烯利后棉籽休眠期延长。

(五)蔬菜类种子的休眠

蔬菜作物种类繁多，种子的休眠特性各异，主要蔬菜种子的休眠原因如表 4-2 所示。

表 4-2 主要蔬菜种子的休眠原因

类型	作物名称	休眠原因(类型)
瓜果类	西瓜、黄瓜、甜瓜等	种皮透气性差
	苦瓜	种皮透水性差
	印度南瓜(*Cucurbita maxima*)	光具促进作用,也有抑制作用(同一波长的光只有一种作用)
	番茄	存在抑制物质
根菜类	胡萝卜	胚未发育完全
	萝卜	种皮透气性差
叶菜类	芹菜	发芽需光
	苋菜	发芽忌光
	莴苣(生菜)	发芽需光,种皮(包括胚乳)的障碍,种子存在抑制物质
	白菜、芥菜	种皮透气性差,发芽需光
	菠菜	吸胀种子(果实)表皮的胶液影响透气,果皮中有草酸

注:引自张红生和胡晋,2010。

(六)观赏植物类种子的休眠

引起观赏类植物种子休眠的原因很多,但不同植物和类型的原因各有不同,几种观赏植物种子的休眠原因归纳见表 4-3。

表 4-3 几种观赏植物种子的休眠原因

观赏植物名称	休眠原因(类型)
豆科、茄科、旋花科、美人蕉科、睡莲	种皮透水性差
萱草、椴树	种皮透气性差
美国冬青、白蜡树、凤凰花、毛茛科、罂粟等	种胚未发育完全
红松	种胚未完成后熟
仙客来	光温引起(15℃左右黑暗条件)

1. 种皮不透气、不透水和机械约束引起的休眠

种皮(壳)的不透水性、不透气性及机械束缚作用会导致种子萌发受阻。有些观赏植物种子种壳致密、角质层厚,阻碍水分进入种胚,难以发芽,在豆科、茄科、旋花科、美人蕉科、睡莲等花卉中较为常见。种皮透气性差也会造成种子休眠,虽然水分能够进入种胚,但 O_2 无法进入,CO_2 无法排出,造成积累,引起休眠,如萱草、椴树等。坚硬的木质硬壳,强韧的膜质种皮同时会机械约束阻碍种子发芽。

2. 种胚障碍引起的休眠

由于种胚障碍引起的休眠体现在两个方面:一方面是种胚尚未发育完全,例如美国冬青、白蜡树、凤凰花等植物的种子脱离母体后,幼胚还需从胚乳中吸收营养,继续生长发育后才具有发芽能力;毛茛科、罂粟科种子的休眠属于种胚发育不完全型——处于原胚时期;伞形花科、欧石南科、报春科植物种子的胚休眠是处于直线型的种胚——鱼雷形胚时期;兰花种子的种胚

未分化，为一团细胞。另一方面是种胚未完成后熟，例如，红松种子由于未完成形态后熟和生理后熟而休眠，经过低温层积种子才能萌发。

3. 光引起的休眠

光也是影响观赏植物类种子休眠的一个因素。例如，成熟的仙客来种子只能在15℃左右温度范围内的黑暗条件下发芽，在连续白光照射下种子发芽受严重抑制，任何其他温度条件种子都不会发芽。

(七)药用植物类种子的休眠

引起药用植物种子休眠的原因很多，几种药用植物种子的休眠原因归纳见表4-4。

表4-4　几种药用植物种子的休眠原因

药用植物名称	休眠原因(类型)
东北红豆杉	通气性和透水性差
甘草	透水性差
山葵	种皮中存在抑制物质
刺五加	外果皮、中果皮、种子含抑制物质
百合科	种胚未发育成熟
黄连	种胚未发育完全

种皮不透水性、不透气性和种皮(果皮)对胚的机械阻碍作用会引起药用植物类种子的休眠。如东北红豆杉种皮坚硬角质化，通气性和透水性极差，种子吸胀和萌发严重受抑制。甘草种子种皮角质硬实，吸水困难而影响发芽，自然发芽率仅为10%～20%，而采用碾米机法碾种3次，擦伤种壳，发芽率可达90%～95%。宁油麻藤种子通过人为磨破种皮，萌发率可达到87%。

有相当多的药用植物种子种皮中存在活性较高的抑制物质致使种子休眠。例如，山葵种子的种皮中存在抑制物质，去除种皮种子发芽率可提高到98%。刺五加种子休眠期超过4个月，其外果皮、中果皮、种子含抑制物质，这些抑制物质有抑制白菜种子萌发的作用。伊贝种子用大量水浸泡一段时间，再经低温沙藏后，可一定程度上消除抑制物质的抑制作用。药用植物类种子中抑制物质可采用浸泡、冲洗、层积、激素和化学药剂处理等方法解除休眠。

药用植物类种子胚休眠包括种胚形态未分化和胚的生理后熟。例如，百合科药用植物种子成熟时往往形态上未成熟(胚未发育，停留在原球胚阶段)，需要先高温后低温处理才能完成胚的后熟；黄连种子成熟时种胚尚未完全发育(原胚状)，需要5℃左右的低温层积，完成生理后熟，才能萌发。

(八)马铃薯块茎的休眠

新收获的马铃薯块茎在适宜条件下必须经过一段后熟才能发芽，有学者认为，这是因为新收获的马铃薯茎块中促进生长的植物激素与抑制生长的植物激素间存在着一种平衡关系，这种平衡随着贮藏时间及条件而发生变化。马铃薯的休眠期受环境因素的影响，低温和潮湿条件可以延长马铃薯块茎的休眠期，而高温和干燥条件则可以缩短其休眠期；在温度3～25℃，块茎的休眠期与收获后的储存温度呈负相关;温度低于 3℃会导致块茎提早发芽。

第三节　种子休眠的调控

种子休眠在农业生产上有有利的一面,也有不利的一面,因此可以针对不同作物及其休眠原因,根据生产需要进行调控。种子休眠的调控包括两个方面:一是延长休眠或加深休眠,防止发芽;二是缩短或破除休眠,促进种子的萌发。

一、延长种子休眠期

延长种子的休眠,防止种子发芽,在种子收获、贮藏、加工、种质延续和逆境适应性等方面具有一定意义。

1. 选育休眠期长的品种

延长种子休眠期或加深种子休眠可以减少由于成熟期间多雨或贮藏期间容易发芽造成的损失。植物种子的休眠期是在长期系统发育中形成的遗传特性,可以根据需要选育出一定休眠期的品种,例如,小麦的红皮品种一般休眠期比白皮品种长,可以从一些优良的白皮品种中选取红皮的变异个体,繁殖固定,获得休眠期较长新品种。

2. 药剂调控

合理的药剂处理可以调控种子的休眠。例如,小麦在花后 18 d 用 0.1%～0.2%青鲜素(MH)喷施可以抑制种子发芽。杂交水稻制种中,母本齐穗后(14±2)d 叶面喷洒穗萌抑制剂 1～2 次,亩用量 120 g,一般可减少穗发芽率 75%以上。马铃薯贮藏过程中用 α-萘乙酸甲酯处理,每吨用 3 kg 药粉分层撒于薯堆,可延长休眠,避免播前发芽。

二、缩短和解除种子休眠

1. 物理方法

缩短和解除种子休眠的物理方法包括:机械处理、温度处理、干燥后熟、层积处理和其他处理。

(1)机械处理

通过机械的方法擦破种壳可提高种壳的透性,因而可打破因种壳透性不良而引起的休眠。此法适用于坚硬种皮的种子,常用摩擦、切割、针刺种皮或去除种皮等方法。如利用石英砂磨破种皮可显著提高三裂叶野葛种子的发芽;去除种皮可显著提高蒙古扁桃种子的发芽率。

(2)温度处理

温度处理包括高温处理、低温处理和变温处理。

①高温处理:种子经高温干燥处理后,种壳透性得以改善,从而解除由种壳引起的休眠。例如,草地早熟禾种子经高温干燥处理发芽率有效提高;滇青冈种子经 40℃处理发芽率由 18%提高到 74.5%;厚荚相思用沸水处理 5 min 萌发率从 0 提高到 62.2%;连香树种子用 50℃温水预处理 15 min 可有效提高其发芽率。

②低温处理:适当低温处理能够克服种皮的不透性,增进种子内部新陈代谢,促进种子萌

发。例如，预先冷冻对苏丹草种子的休眠破除率高达 71%～100%；羊草种子在 3 种低温（5℃、-4℃、-18℃）处理下发芽率显著高于 25℃高温处理，其中-18℃处理效果最好。

③变温处理：变温处理可有效破除生理休眠和硬实种子的休眠。例如，羊草种子在 10～20℃和 10～25℃变温条件下发芽率分别为 37.8%和 43.3%，均高于恒温处理。35～20℃变温可有效破除无芒隐子草种子的休眠；某些棉花、小麦、黄瓜等种子经日晒和 35～40℃温水处理，可以促进萌发；油菜用 15～25℃变温发芽（每天 15℃ 16 h，25℃ 8 h）可有效破除休眠。

（3）干燥后熟

高含水量的种子休眠期较长，适当降低种子含水量可以缩短或破除休眠。很多种子刚成熟时休眠较深，但是在干燥过程中，休眠逐渐消失或减弱。例如，草地早熟禾新鲜种子发芽率仅为 1%，经过 11 个月的干燥后熟后发芽率达 78%。

（4）层积处理

层积处理是常用的有效打破种子休眠的方法。例如，苹果、梨、白桦等种子埋在湿沙中置于 1～10℃环境中，经 1～3 个月低温处理，可有效破除休眠；砾苔草和异穗苔草种子 4℃层积处理 6 个月可显著破除其休眠，发芽率达 90%。不同物种种子通过后熟所需的最适温度和层积时间不同（表 4-5）。一般休眠越深，所需时间越长。

表 4-5 胚休眠种子休眠解除所需层积条件

植物	有效温度范围/℃	适温/℃	在适温下所需时间/d
山核桃	3～10	5	30～120
桃	5～10	5	60～90
杏	1～5	5	150
梨属	1～10	1～10	60～90
苹果	1～5	5	60
蔷薇	5～8	5	60
杨梅	1～10	5	90
山楂树	5	5	135～160
凤仙花	1～5	5	60～90
松属	1～10	1～10	30～90

注：引自纪瑛和胡虹文，2009。

（5）其他处理

采用 X 射线、超声波、高低频电流、电磁场处理也可破除某些种子的休眠。例如，γ 射线能促进莴苣种子的发芽；16 mW/mm^2、18 mW/mm^2 和 20 mW/mm^2 CO_2 激光处理能促进大豆种子萌发；22 kHz 超声波处理西伯利亚鸢尾种子 10～20 min，发芽率有效提高；400 mT 磁场处理黄瓜种子 16 h，发芽率比对照提高 23%。

2. 化学方法

化学方法包括激素处理和药剂处理。破除休眠的化学物质种类很多，适用范围也不一致（表 4-6）。多种植物生长物质能打破种子休眠，常用的有赤霉素、细胞分裂素和乙烯等，其中赤霉素效果最为显著（表 4-7）。

表 4-6 破除种子休眠的化学物质及适用范围

化学物质种类	化学物质名称	适用范围
生长激素调节剂	赤霉素	对胚休眠及种皮透气性不良的种子和需光种子有效，有效范围为 10^{-5}～10^{-3} mol/L。
	细胞分裂素	在弱光下(非暗处)才能对莴苣有效，能抵消抑制物质尤其是 ABA 的作用。
	乙烯	对花生及某些杂草种子有效，有效范围为 0.1～200 μL/L。亦可破除苋菜等光敏感种子的休眠
氧化剂	次氯酸盐、过氧化氢、氧(除去种皮或高浓度氧)	对种皮透气性不良的种子及抑制物质容易氧化的种子有效
含氮化合物	硝酸、亚硝酸、羟胺、硫脲	对许多禾本科种子、双子叶杂草种子有效。亦可破除光敏感种子的休眠
呼吸抑制剂	氰化物、叠氮化合物、丙二酸盐、硫化氢、一氧化碳、氟化钠、碘乙酸、二硝基酚、羟胺	对胚休眠及种皮透气性不良的种子有效
有机溶剂	丙酮、乙烯、甲醇、乙醚、氯仿	对透气性不良的种子(如某些禾本科杂草、牧草、豆科等硬实及其他)有效
硫氢化合物	2-硫基乙醇、2,3-二硫基丙醇、二硫苏糖醇	对破除大麦和燕麦种子的休眠有效，可促进戊糖磷酸途径，降低 C6/C1 比例
植物产物	梭壳孢菌素等	对由抑制物质 ABA 引起休眠的莴苣种子有效。也能加速玉米、萝卜和棉花种子的萌发
其他	二氧化碳、亚甲基蓝、酚类、羟基、喹啉、丁二酮肟	40%以上浓度的 CO_2 对莴苣有效。亚甲基蓝对降低大麦种子休眠有效，它是一种电子接受体

注：引自胡晋，2006。

表 4-7 赤霉素破除作物种子休眠的有效质量浓度

作物	有效质量浓度/(mg/L)	处理方法
小麦	800	浸种 24 h
水稻	100	浸种 24 h
大麦	100～200	浸种 24 h
萝卜	500	浸种
棉花	500	浸种
向日葵	25	浸种
莴苣	10～100	浸种
马铃薯(块茎)	0.5	切块浸种 1～2 h
	1	切块浸种 1 min

注：引自胡晋，2006。

3. 生物方法

某些植物和真菌可产生生化物质，从而打破种子休眠或促进种子萌发。动物、昆虫的啃咬、消化液中的酶或稀酸等都会促进某些种子的萌发。例如，赤麂取食南酸枣，使果肉与种子分开，解除果肉对种子萌发的抑制作用；鸟类的研磨作用显著加快了海三蘸种子的萌发。在自然情况下，植物果实成熟后脱落，被一些枯枝落叶所覆盖，堆积后熟，可以解除休眠。

主要作物种子休眠破除方法见表 4-8。

表 4-8 主要作物种子休眠的破除方法

作物	休眠破除方法
水稻	播前晒种 2～3 d；40～50℃ 7～10 d；机械去壳；0.1 mol/L HNO_3 浸 16～24 h；3% H_2O_2 浸 24 h；赤霉素处理
大麦	播前晒种 2～3 d；39℃ 4 d；低温预措；针刺胚轴（先撕去胚部稃壳）；1.5% H_2O_2 浸 24 h；赤霉素处理
小麦	播前晒种 2～3 d；40～50℃数天；低温预措；针刺胚轴；1% H_2O_2 浸 24 h；赤霉素处理
玉米	播前晒种，30℃发芽
棉花	播前晒种 3～5 d；去壳或破损种皮；硫酸脱绒（92.5%的工业用硫酸）；赤霉素处理；0.1%～2.0% H_2O_2 浸种 24 h
花生	40～50℃ 3～7 d；乙烯处理
油菜	挑破种皮；低温预措，变温发芽（15～20℃，每昼夜在 15℃保持 16 h，25℃ 8 h）
各种硬实	日晒夜露；通过碾米机，机械擦伤种皮；温汤浸种或开水烫种（如田菁 96℃，3 s）；切破种皮；浓硫酸处理（如甘薯用 98% H_2SO_4 处理 4～8 h；苕子用 95%的浓硫酸处理 5～9 min）；红外线处理
马铃薯（块茎）	切块或切块后在 0.5%硫脲中浸 4 h；1%氯乙醇中浸 0.5 h，赤霉素处理
甜菜	20～25℃浸种 16 h；25℃浸 3 h 后略干燥，在潮湿状态下于 25℃中保持 33 h；剥去果帽（果盖）
菠菜	0.1% HNO_3 浸种 24 h；剥去果皮，沙床发芽
莴苣	PEG 引发破除热休眠；赤霉素处理

注：①激素处理浓度见表 4-7、表 4-8；②低温预措系种子置于湿润发芽床上，在 8～10℃保持 3 昼夜，然后移置 20℃条件下发芽；③引自胡晋，2006。

本章小结

植物种子休眠是一种自然生理现象，在生物学和农业生产上具有重要意义。引起种子休眠的原因比较复杂，受多个因素影响，主要包括：种胚发育不良、种皮障碍、抑制物质和环境因素等方面。种子休眠的调控包括两个方面：一是延长或加深休眠，可通过品种选育、药剂调控来实现；二是缩短或破除休眠，主要有物理方法、化学方法、生物方法等。

思考题

1. 试述种子休眠的意义、原因及影响因素。
2. 试述水稻、棉花、油菜、大豆、马铃薯种子休眠的原因。
3. 试述豆类种子硬实破除休眠的方法。
4. 试述小麦、大豆和马铃薯种子破除休眠的方法。

第五章　种子的萌发

知识目标

1. 掌握种子萌发的过程及萌发过程中的代谢特点。
2. 掌握种子萌发的生态条件和主要作物种子的萌发特性。
3. 掌握种子的播前处理技术。

能力目标

1. 能测定种子发芽率、发芽势及发芽指数等指标。
2. 学会种子的播前处理技术，提高农业生产中种子的田间出苗率。

第一节　种子萌发的过程

种子萌发是指种胚从生命活动相对静止状态恢复到生理活跃状态的过程。即是指有活力的种子受潮吸水后，开始进行呼吸、物质合成及其他代谢活动，经过一定时期，种胚突破种皮，露出胚根的过程。

种子萌发是种子植物个体发育中最为关键的时期，是植物全部生活周期中生命活动最为强烈的一个时期，是植物为适应环境以保持自身繁殖而形成的一种生物特性，关系到是否能够保证种群顺利繁衍和进化，具有非常重要的生物学意义。

种子萌发受其内部和周围环境条件影响，涉及一系列的生理生化和形态上的变化。根据萌发特征，种子萌发过程可以分为吸胀、萌动、发芽和成苗 4 个阶段。

一、吸胀

吸胀即指种子吸水体积膨胀，是种子萌发的起始阶段。一般成熟种子贮藏期间的水分含量在 8%～14%，各部分组织比较结实紧密，细胞内含物呈凝胶状态。由于胶体的性质，当种子与水分接触时很快会吸水而膨胀(少数种子例外)，直到细胞内部水分达到一定的饱和程度，细胞壁呈紧张状态，种子外部的保护组织趋向软化，吸水才逐渐停止。

种子吸胀是其体内胶体物质吸水体积膨大的物理作用，而非生活细胞的生理现象。这就意味着不能依据种子吸水膨胀来鉴定种子是否具有生活力，更不能将种子吸水膨胀视为种子开始萌发的标志。例如，一些死种子由于体内胶体物质同样能吸水膨胀，有的种子吸胀后胚根甚至还能突破种皮，这种现象称为“假萌动”或“假发芽”；豆类作物等硬实活种子由于种皮不透水而不能吸胀。但是，种子吸胀是种子萌发的先决条件，是种子萌发过程中必须经历的一个最初阶段。

种子吸胀能力强弱主要决定于种子的化学成分和种皮结构。一般来说，高蛋白质含量种子的吸胀能力远强于高淀粉含量种子。例如，豆类作物种子的吸水量大致接近或超过其本身的干重，而禾本科作物种子吸水量一般为其种子干重的1/2。油料作物种子吸胀能力主要取决于含油量的多少，在其他化学成分相似时，含油量越高，吸收水分越少。

种子萌发过程中，活种子水分吸收分为三个阶段(图5-1)：

①开始吸水阶段：即快速吸水阶段，种子依靠自身胶体的吸胀力快速吸水，是一种物理作用。

②滞缓阶段：即平缓期，种子胶体吸水达到饱和(含水量40%～60%)以后，吸水基本停止或水分增加缓慢，处于吸水的停滞状态。

③重新大量吸水阶段：种子胚部细胞开始分裂，生长伸长，代谢活跃，重新开始大量吸水。当种子吸水达到一定量时，吸胀的体积与干燥状态的体积之比，称为吸胀率。一般豆类种子吸胀率为200%左右，淀粉种子吸胀率是130%～140%。

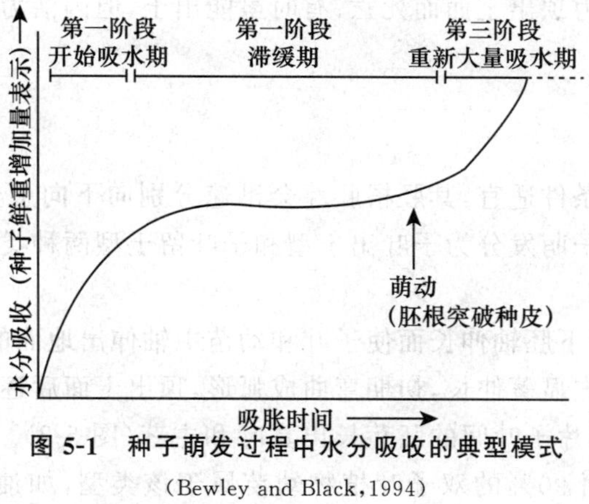

图5-1　种子萌发过程中水分吸收的典型模式

(Bewley and Black,1994)

二、萌动

萌动是种子萌发的第二阶段。种子吸胀后，吸水一般要停滞数小时或数天。种子内部发生着一系列的生理生化活动，酶活性迅速提高，呼吸作用增强，营养物质激烈代谢，大量贮藏物质水解为可溶性小分子，为种子萌动提供物质和能量。并且种胚细胞开始分裂、伸长，胚的体积增大，胚根胚芽向外生长，当种胚体积增至一定程度，胚根尖端突破种皮，这种现象称为种子萌动。种子萌动在农业生产上俗称为“露白”或“破胸”。种子生理学上把萌动看成是种子萌发的完成。

一般来说，种子萌动时，胚根尖端正对着种孔(发芽口)，因此首先冲破种皮的是胚根。胚根对水多缺氧条件的反应比胚芽更为敏感，当水分过多时，首先突破种皮往往是胚芽；当水分相对较少时，则胚根突破种皮。

种子吸胀至萌动所需时间因植物种类而异。例如，在温度适宜的条件下，油菜与小麦种子仅需一昼夜左右，水稻与大豆则需二昼夜左右；果树、林木等种壳坚硬种子由于吸胀缓慢或透气性不良，往往需时较长。

三、发芽

种子萌动以后，胚部细胞开始或加速分裂与分化，生长速度明显加快。当胚根、胚芽伸出种皮并发育到一定程度时称为发芽。农业生产上发芽的标准是：禾谷类种子的胚根长度达到种子长度，胚芽长度达到种子一半；圆粒种子的胚根与胚芽应达到种子的直径长度。国际种子检验规程规定种子发育长成具备正常构造的幼苗称为发芽。

发芽过程中，整个种胚的新陈代谢极为旺盛，呼吸速率快速上升并达最高限度，产生大量的能量和代谢产物。这一时期需氧量很大，缺氧或氧气不足，易引起无氧呼吸，放出乙醇等有害物质，导致种胚窒息死亡。种子如催芽不当或播后遇到不良条件，常会发生这种情况。例如，大豆、棉花等种子播种后覆土过深，雨后土壤板结，易导致种子萌动后由于氧气不足，发生烂种和缺苗断垄现象。

种子发芽过程中释放出的能量一部分以热量形式散失掉，一部分成为幼苗顶土和幼根入土的动力。饱满健壮的农作物种子一般出苗快速而整齐，瘦弱干瘪种子营养物质少，发芽时可利用的能量不足，常常无力顶出土面而死亡；有时虽能出土，但因活力很弱，遭遇到恶劣条件同样容易死苗。

四、成苗

种子开始发芽后，若条件适宜，其胚根胚芽会迅速分别向下向上生长形成幼苗出土，根据其子叶出土状况，可将种子萌发分为子叶出土型和子叶留土型两种类型。

1. 子叶出土型

子叶出土型是指由于下胚轴伸长而使子叶和幼苗中轴伸出地面的一种发芽类型。这种类型种子发芽时，下胚轴首先显著伸长，初期弯曲成弧形，顶出土面后逐渐伸直，子叶脱离种皮展开，见光后变绿，最终从两片子叶间的胚芽长出真叶和主茎(图 5-2)。单子叶植物中只有少数属于该类型，如葱蒜类；而 90%的双子叶植物幼苗属于该类型，如油菜、烟草、棉花、甘蓝、西瓜等。

这种类型子叶出土能进行光合作用，继续为生长提供能量，但子叶损伤影响幼苗生长甚至开花结实。例如，丝瓜子叶受到损伤后，子房发育会受抑制；烟草子叶受到损伤，真叶生长明显受抑制。因此，这一类种子对播种质量要求较高，要播种深浅得当，并注意不要使子叶受到损伤。

2. 子叶留土型

子叶留土型是指子叶或变态子叶(盾片)留在土壤中的种子内的一种发芽类型。该类型种子萌发期间，下胚轴几乎不伸长，子叶留在土壤中的种皮内，随养分耗尽而解体，种子发芽时，胚芽鞘和中胚轴伸长，上胚轴几乎不伸长，首先进行光合作用的是初生叶或胚芽中长出的第一片真叶。大部分单子叶植物水稻、小麦等和少部分双子叶植物豌豆、茶叶、蚕豆等属于这种类型。

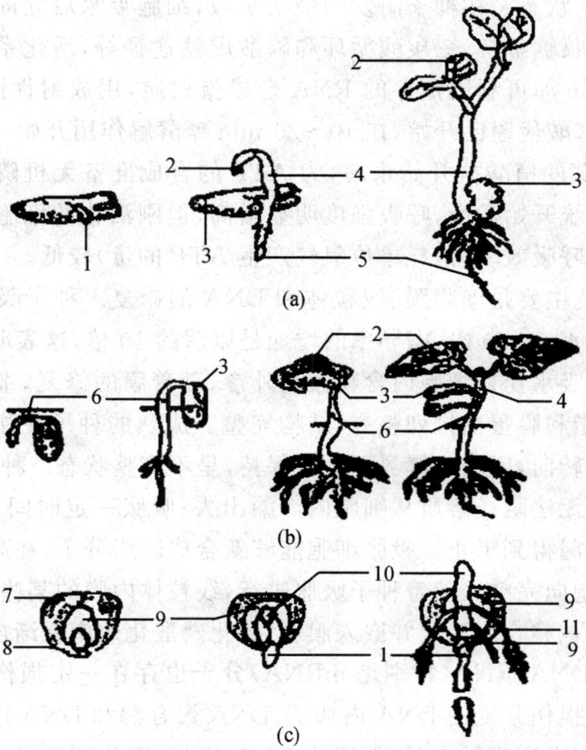

图 5-2　发芽种子长成的幼苗类型

(a)子叶留土型幼苗(蚕豆,双子叶)　(b)子叶出土型幼苗(菜豆,双子叶)　(c)子叶留土型幼苗(玉米,单子叶)

1.胚根　2.第一真叶　3.子叶　4.上胚轴　5.初生根　6.下胚轴

7.胚乳　8.胚根鞘　9.盾片　10.胚芽鞘　11.不定根

这种类型种子发芽时,穿土力较强,即使在黏重土壤中,一般也较少发现闭孔现象。因此,播种时可较子叶出土型的略深。禾本科植物种子幼苗出土的部分实际上是"子弹形"的胚芽鞘,胚芽鞘出土后在光照下开裂,内部的真叶才逐渐伸出,进行光合作用。如果没有完整胚芽鞘的保护作用,幼苗出土就会受到阻碍。此外,这种类型幼苗的营养贮藏组织和部分侧芽仍保留在土中,当土壤上面的幼苗部分受到昆虫、低温等的损害,仍有可能从土中长出新的幼苗。

第二节　种子萌发的生理生化变化

种子萌发过程中,伴随着由种胚到种苗的形态变化,种子内部也在进行着一系列错综复杂的生理生化变化,包括细胞的活化和修复、酶的产生与活化、贮藏物质的分解与利用等,使胚细胞得以生长、分裂和分化,这是种子萌发的物质和能量基础。

一、细胞的活化和修复

成熟干种子的细胞内部预存着一系列生长代谢与合成有关的酶和生化系统,但由于缺水而使其处于钝化或损伤状态。在种子萌发的最初阶段，细胞吸水后立即开始活化和修复。活化活动包括氨基酸代谢、糖酵解、三羧酸循环和磷酸戊糖途径等，活化系统包括酶、细胞器等。如小麦种子吸胀 30 min 即可利用预存的 RNA 合成蛋白质，用放射性同位素跟踪研究表明，种子吸水 5 min 后氨基酸代谢已开始，在 10～20 min 糖酵解作用开始，很多酶开始活化，种子吸水至 1 h，种子内贮藏的植酸盐开始水解，为 ATP 的合成准备无机磷酸盐。种子细胞接触水分的同时，各种酶系统开始激活，呼吸强度明显增高，但刚活化的细胞代谢系统的反应效率一般不高，如线粒体的呼吸效率（消耗单位氧气产生 ATP 的量）较低。

种子吸胀后的修复主要是细胞膜、线粒体和 DNA 的修复。种子吸水初期细胞内含物外渗较多，如大豆种子浸水 5 min 内，电导率的增加是以后的 10 倍，这表明干种子细胞膜系统存在一定的损伤，种子在吸水初期细胞内含物大量外渗；随着膜的修复，细胞内含物的外渗量降低。正常细胞膜中磷脂和膜蛋白排列整齐，结构完整。成熟的种子往往经过了干燥、脱水，细胞发生收缩，磷脂排列转向，膜的连续界面无法保持，呈不完整状态。种子吸水初期，不完整的细胞膜失去正常功能，无法阻止溶质从细胞内渗漏出去；吸胀一定时间以后，细胞膜通过修复恢复正常功能，溶质渗漏得到阻止。吸胀细胞能够新合成磷脂分子，在高水分下磷脂和膜蛋白分子在细胞膜上排列趋向完整。随着种子吸胀进行，线粒体内膜的某些缺损部分重新合成，恢复完整，电子转移酶类被整合或活化并嵌入膜中，氧化磷酸化效率逐渐恢复正常。

干种子中还发现 DNA、RNA（特别是 mRNA）分子也存在一定损伤，常出现裂口或断裂，有待修复。DNA 分子损伤修复由 DNA 内切酶、DNA 聚合酶和 DNA 连接酶来完成。在发芽早期，这些酶被活化，当有底物供应时，就能将 DNA 修复，变为完整的 DNA 结构。修复方式一般为内切酶切去受损伤的片段，聚合酶重新合成相应片段，连接酶将新合成片段连接到相应 DNA 分子上。干种子中缺损的 RNA 分子一般被分解，由新合成的完整 RNA 分子取代。

种子细胞活化和修复与种子活力关系密切。一般而言，低活力种子的损伤程度高，修复能力降低，当活力降低到一定水平，就无法修复，失去萌发能力。

二、种胚生长和合成代谢

种子萌发最初的生长主要表现为在活化和修复的基础上细胞器和膜系统的合成。种子萌发过程中，种胚细胞修复时，原有线粒体的部分膜被修补整合，呼吸有关酶的数量增加，呼吸速率显著提高；接着细胞中新线粒体形成，数量进一步增加。同时，细胞内膜系统内质网和高尔基体大量增殖，高尔基体运输多糖至细胞壁作为合成原料；内质网产生小液泡，小液泡吸水胀大以及液泡间融合，使胚根细胞体积增大，伸长扩大，导致种子萌动。

在种子萌发过程中，种胚细胞生长和合成能力很强。例如，小麦种子吸胀 30 min 即可利用其体内预存的 RNA 合成蛋白质，吸胀后 3 h 即开始合成新 RNA 分子，首先是 mRNA 的合成。在积累一定量新 RNA 基础上，小麦种子吸胀后第 15 h 开始合成 DNA，DNA 复制后数小时，种胚细胞进行有丝分裂。

三、种子萌发过程中主要贮藏物质的转化利用

种子内存在丰富的贮藏物质，萌发过程中逐步被分解成可溶性物质运到胚部，一部分在呼吸过程中转化为能量供胚生长与合成；另一部分通过代谢转化成新细胞组成成分，建成新个体。在种子吸胀萌动阶段，种胚的生长首先利用胚部或胚中轴的可溶性糖、游离脂肪酸和氨基

酸，然后是将贮藏物质淀粉、脂肪和蛋白质分解成可溶性物质，运到胚部，供胚生长利用。种子萌发过程中主要贮藏物质的分解转化方式如下。

1. 淀粉

淀粉是粉质种子中贮藏的最常见碳水化合物，也是种子萌发中主要的糖类分解代谢物质。种子萌发中在水解酶的作用下，淀粉粒经过一系列的生化过程被分解。淀粉分解代谢途径包括水解途径和磷酸化途径两种。

90%的淀粉水解成葡萄糖，主要是在淀粉水解酶催化下完成的。通过水解途径，淀粉在α-淀粉酶、β-淀粉酶和葡萄糖苷酶催化作用下，最终转化分解为葡萄糖。α-淀粉酶的产生与赤霉素诱导有关，β-淀粉酶主要预存在胚乳中。禾本科植物种子的盾片具有分泌淀粉酶的能力，同时又能吸收胚乳中的营养物质提供给幼胚，在萌发期间具有消化和吸收的功能，在淀粉的分解中起着重要的作用(图 5-3)。

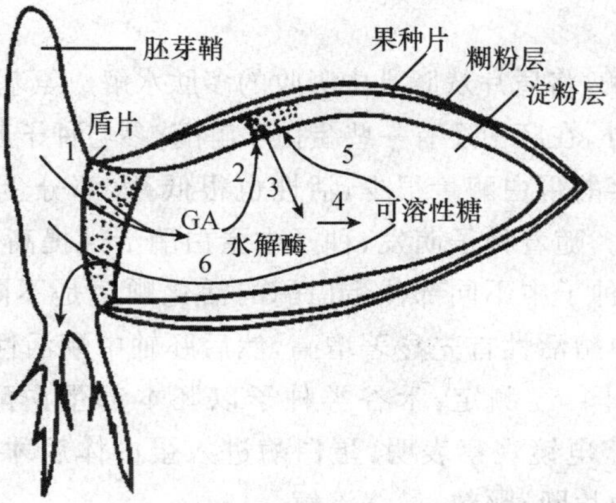

图 5-3 发芽大麦种子内部赤霉素(GA)的产生、α-淀粉酶的生成与胚乳分解的关系示意图

1. 胚芽鞘和盾片产生 GA 2. GA 由胚部转移到糊粉层 3. GA 诱导糊粉层合成包括α-淀粉酶的水解性酶类，这类酶合成后分泌到胚乳中 4. 水解酶分解胚乳，产生可溶性糖等 5. 胚乳的分解产物反馈调节水解酶的合成 6. 可溶性糖等被输送到胚的生长部位，作为营养作用

（引自 Jones 和 Armstrong，1971）

通过磷酸化途径，淀粉在磷酸化酶的催化下降解为葡萄糖。该途径主要发生在萌发初期。禾本科植物种子吸胀 24～48 h，α-淀粉酶、β-淀粉酶活性增强，淀粉酶水解迅速，取代磷酸化途径，成为主要的淀粉分解方式。淀粉水解产生的葡萄糖等被运输到种胚生长点加以利用。

在种子中淀粉是以淀粉粒的形态存在的，随着淀粉不断被分解，完整的淀粉粒开始被破坏，在表面出现不规则的缺痕和孔道(如同虫的蛀迹)，之后缺痕继续增多和扩展，彼此连接成网状结构，并逐渐深入淀粉粒内部，互相沟通而使淀粉粒分裂成细碎小粒，最后完全解体。

2. 蛋白质

种子蛋白质作为一种贮藏物质，在萌发时分解为氨基酸供幼苗生长。蛋白体中的贮藏蛋白质首先可溶化，即先在蛋白酶 A 作用下被部分水解成分子质量较小的水溶性蛋白质，然后在蛋白酶 A 和蛋白酶 B 的作用下水解成多肽和氨基酸，由蛋白体进入细胞质；多肽再在肽酶(氨基肽酶、二肽酶、三肽酶)的作用下分解成氨基酸。

水解产生的氨基酸进入胚的生长部位，有些直接成为新细胞中蛋白质合成的原料，有些则需被进一步分解成酮酸和氨，酮酸分解产生能量用于供给种子萌发，氨和草酰乙酸经天冬氨酸形成天冬酰胺，也能和谷氨酸形成谷氨酰胺。此外，转氨基反应也是种子中沟通蛋白质和糖代谢的桥梁，天冬氨酸、丙氨酸、甘氨酸在胚乳中可被转变为蔗糖，然后才运到生长的胚轴中，同时还生成谷氨酰胺。

禾本科植物种子蛋白质的分解主要发生在以下 3 个部位。

(1)胚乳淀粉层

胚乳中分解贮藏蛋白的蛋白酶来自糊粉层和淀粉层自身。除了水解蛋白质之外，还能水解酶原，释放和激活预存的一些酶，如 β-淀粉酶；此外还水解糖蛋白，促进胚乳细胞壁的溶解。

(2)胚乳糊粉层

在胚乳糊粉层中受赤霉素诱导产生蛋白酶，其中部分蛋白酶就地水解蛋白质，分解产生的氨基酸作为合成新蛋白质(如 α-淀粉酶)的原料。

(3)盾片和胚轴

盾片中存在肽链水解酶，将盾片从胚乳中吸收的多肽水解成氨基酸。胚轴也存在蛋白酶，能水解少量的贮藏蛋白。另外，在胚中还有一些蛋白水解酶，参与种子萌发生长中蛋白质的转化。

据测定，干种子中预存的蛋白酶量很少，活性也很低，大部分蛋白质水解酶是在种子吸水后萌发初期合成并活化的。随着种子萌发，种子中蛋白酶活性提高，但陈种子在萌发时产生蛋白酶的能力却显著降低。种子中不同部位蛋白酶的活化顺序是不同的，与贮藏蛋白的动员和供应相符合，如大豆子叶中酶活性首先显著增高，然后胚轴中酶活性才缓慢地略为增加。种子中不同部位酶的活性也不同，经测定，禾谷类种子以胚本部蛋白酶的活性为 100，则子叶为 29.6，胚乳中的仅为 11.4。电镜观察表明，蛋白酶进入蛋白体后才能进行贮藏蛋白的水解过程，使不溶性的蛋白体成为片断、颗粒，最终溶解。

3. 脂肪

脂肪也是种子中常见的贮藏物质。种子萌发时，脂肪水解酶将细胞质脂质体中的脂肪水解成脂肪酸和甘油。脂肪酸在乙醛酸体中进行 β-氧化，生成乙酰 CoA，进入到乙醛酸循环；乙醛酸循环产生的琥珀酸转移到线粒体中，通过三羧酸循环形成草酰乙酸，再通过糖酵解逆转转化为蔗糖，输送到生长部位。甘油则在细胞质中迅速磷酸化，随后氧化成磷酸丙糖，进一步在醛缩酶的作用下转化成六碳糖，最后参与糖酵解逆反应转变成葡萄糖等；甘油也可以转化成丙酮酸参与三羧酸循环(图 5-4)。

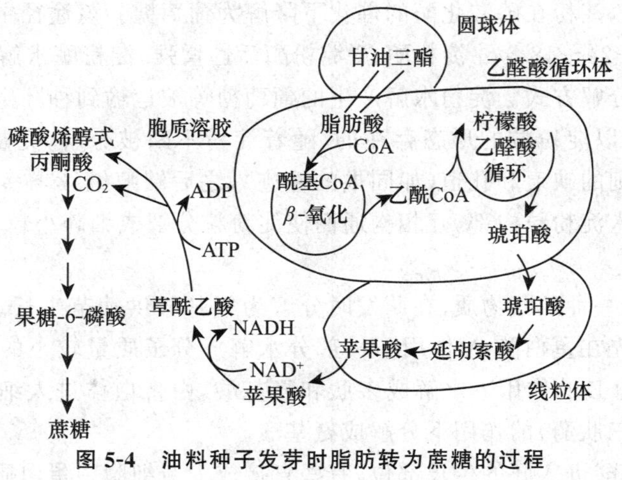

图 5-4 油料种子发芽时脂肪转为蔗糖的过程

种子萌发时产生的脂肪酸中，优先被分解利用的一般是不饱和脂肪酸。因此，萌发中随着脂肪的水解，酸价逐渐上升，而碘价逐渐下降。

许多植物干种子内预贮着一些有活性的脂肪酶，种子萌发时脂肪酶活性明显升高。种子萌发阶段不同，脂肪酶作用的适宜 pH 不同。例如，蓖麻种子萌发前 3 d 酸性脂肪酶(pH 5.0)占优势，3 d 后则碱性脂肪酶(pH 9.0)占优势。

种子萌发中，一般先利用体内贮藏的淀粉和蛋白质，而脂肪分解利用则发生在子叶高度充水，根芽显著生长时期。

4. 植酸盐

种子萌发过程中所进行的物质代谢和能量传递都与含磷的有机物质有着密切的关系，如 DNA、RNA、ATP、卵磷脂、糖磷酸酯等。许多种子中肌醇六磷酸(植酸)是主要的磷酸贮藏物，占贮藏磷酸总量的 50%以上。由于植酸常与 Ca^{2+}、Mg^{2+}、K^{+} 等离子结合，以盐的形式存在，因此也称为植酸盐，它既是贮藏磷酸的主要形式，也是这些大量矿质元素的主要来源。植酸盐被植酸酶水解后释放磷酸及其结合的阳离子和肌醇。释放的肌醇常与果胶及某些多糖相连接，用于生长中幼苗的细胞壁合成。其他的磷酸形式如磷酸酯、磷酸蛋白、磷酸核酸等在种子中的数量很少。磷酸酯和磷酸蛋白在水解期间常去磷酸化，供胚轴生长。

酸性磷酸酶是蛋白体中存在的一类水解酶，也参与种子萌发过程中的磷酸代谢，消化种子中贮藏的含磷物质。酸性磷酸酶活性随种子的萌发而迅速增加，如玉米种子萌发 24 h 后即显著增加。相似地，豆类种子萌发后酸性磷酸酶活性增加，使得子叶中总的磷酸化合物含量下降。

四、种子萌发过程中的呼吸作用和能量代谢

种子吸胀萌发过程中主要的呼吸途径包括糖酵解、三羧酸循环和磷酸戊糖途径。磷酸戊糖途径产生的 NADPH 是还原性生化合成所需的氢和电子的重要供体，中间产物是芳香族化合物、核苷酸、核酸等物质合成的重要原料。种子的呼吸基质在萌发初期一般主要是干种子中预存的可溶性蔗糖以及一些棉籽糖类的低聚糖。种子萌动后，呼吸作用才逐渐转向利用贮藏物质的水解产物。

种子吸胀后线粒体活性明显提高，包括干种子内预存线粒体的修复与活化，以及新线粒体在细胞内的合成与增殖。种子内 ATP 含量随着线粒体发育发生变化，一般干种子中 ATP 含量较低，吸胀后 ATP 含量迅速增加，之后在萌动前保持相对稳定，而萌动后 ATP 含量进一步增加。ATP 含量与种子代谢强度、活力和萌发条件密切相关。一般衰老种子吸胀后 ATP 含量增加非常缓慢，发芽条件不良时 ATP 产生受阻甚至停止。

种子萌发中能量利用受种子活力、化学成分和环境条件等因素影响，一般用物质效率来衡量：

$$物质效率=\frac{黑暗条件下长成幼苗的干重}{种子发芽所消耗的干物质重量}\times 100\%$$

$$=\frac{黑暗条件下长成幼苗的干重}{种子发芽前干重-发芽后剩余物干重}\times 100\%$$

不同种类种子的物质效率不同，一般油脂种子的物质效率高，淀粉种子的较低。同一种作物种子的物质效率与萌发条件和自身活力关系密切，一般活力越强，物质效率越高些。因此，

测定种子的物质效率可以帮助了解种子活力、萌发条件适宜与否以及幼苗的健壮程度。

第三节 种子萌发的条件与技术

一、种子萌发的内部生理条件

种子萌发的内部生理条件主要包括种子生活力和休眠状况。种子的成熟度、饱满度、大小、母株效应、气候条件、干燥和贮藏条件、老化程度及遗传因素等影响到种子的生活力和休眠，从而影响种子的发芽力和整齐度，甚至还会进一步影响幼苗的健壮度和生长发育。

二、种子萌发的外部生态条件

1. 水分

(1)吸水变化

水分是种子萌发的首要条件。干燥种子吸水后，细胞内贮藏的淀粉、蛋白质、纤维素等胶体物质会吸水膨胀，使种子体积增大。一般干燥种子萌发期间吸水变化为“S”形曲线。即吸水初期，干燥种子吸胀吸水很快；1～2 d 进入缓慢吸水阶段；当胚根突破种皮时，吸水量又快速上升，标志着种子开始萌发。不同种类植物种子萌发对水分的要求不同，但均有个临界值，即最低需水量(表 5-1)。发芽最低需水量是指种子萌动时所含最低限度的水分占种子原重的百分率(亦可用含水量表示)。

表 5-1 几种代表性植物种子发芽的最低需水量 %

作物种类	最低需水量	作物种类	最低需水量
水稻	22.6	向日葵	56.5
小麦	60.0	大麻	43.9
大麦	48.2	亚麻	60.0
黑麦	57.7	棉花	50.0
燕麦	59.8	大豆	107.0
玉米	39.8	豌豆	186.0
荞麦	46.9	蚕豆	157.0
油菜	48.3	甜菜	120.0

注：用种子萌动时所含最低限度的水分占种子吸水前原重的百分率表示。

(2)种子水分吸收的影响因素

种子水分吸收的影响因素主要包括：种子化学成分、种皮透性、外界水分状况、温度等。

种子的吸水量与化学成分关系密切。一般淀粉类和脂肪类种子萌发时的最低需水量较低，蛋白质类种子较高。如蚕豆种子最低需水量为157%，小麦为60%，油菜仅为48.3%。

种子的不同部位吸水量不同，谷粒胚部吸水量约为胚乳的 2 倍。成熟度不同的种子，其吸水量也存在差异，成熟度低的种子较成熟度高的种子吸水量大。

不同种子的种皮透水性差异很大，种皮疏松，吸水容易；种皮致密，吸水缓慢。豆类种子种皮透水性差，主要通过种皮的发芽口进入内部，但硬实种子由于种皮不透水而无法萌动。

温度对种子吸水影响很大。温度越高，种子吸水越快，吸水总量也越大。在一定温度范围内，一般温度每提高 10℃，种子水分吸收速率增加 50%～80%。多数情况下，低温条件下种子吸水一定时间，吸水量即达到最大限度，之后不再增加，也不能萌发；而在较高温度条件下吸水过程可持续至种子萌芽。

外界水分状况也会影响种子的吸水。有些种子在相对湿度饱和或接近饱和的空气中就能吸水发芽。种子在土壤中可吸收其周围直径约 1 cm 的水分。种子周围的土壤溶液浓度过高会抑制其吸水，因此播种时要控制好种肥的施用量。此外，土壤水分过多也会因通气不良而阻碍种子萌发。

(3)种子的吸胀损伤和吸胀冷害

当种子刚接触水分时，由于干种子细胞膜系统完整性较差，细胞内部的糖、蛋白质、氨基酸及无机离子等物质会发生渗透现象。吸胀种子具有一定的细胞膜修复功能，使得内部物质外渗逐减少。如果种子吸胀速度过快，细胞膜将无法得到修复，甚至发生更大的损伤，种子内含物质外渗进一步加剧，导致种子发芽、成苗的能力下降，这种现象称为吸胀损伤。大豆、菜豆等种子播种前浸种容易发生吸胀损伤。

种子的安全萌发对吸胀的温度也有一定的要求。有些作物干燥种子(含水量 12%～14%以内，因作物而不同)短时间在 0℃以上低温吸水，种胚就会受到伤害，再转移到正常条件下也无法正常发芽成苗，这种现象称为吸胀冷害。一般导致种子吸胀冷害的温度界限在 15℃或 10℃以下，大豆、菜豆、玉米、高粱、棉花、番茄以及许多热带植物种子易受吸胀冷害。应用聚乙二醇(PEG)等物质渗调处理可以避免或克服吸胀冷害。

2. 温度

(1)种子发芽温度的三基点

种子发芽对温度有一定的要求，用最低、最适和最高温度来表示，称为发芽温度的三基点，低于或高于最适温度都会影响种子发芽。最低温度和最高温度分别指种子至少有 50%能正常发芽的最低、最高温度界限；最适温度指种子能迅速萌发并达到最高发芽百分率所处的温度。不同作物种子发芽的最低、最适和最高温度不同(表 5-2)。

表 5-2　主要农作物种子发芽的最低、最高和最适温度　℃

作物种类	最低温度	最适温度	最高温度
水稻	8～14	30～35	38～42
高粱、粟、黍	6～7	30～33	40～45
玉米	5～10	32～35	40～45
麦类	0～4	20～28	38～40
荞麦	3～4	25～31	37～44
棉花	10～12	25～32	40
大豆	6～8	25～30	39～40

续表 5-2

作物种类	最低温度	最适温度	最高温度
小豆	10～11	32～33	39～40
菜豆	10	32	37
蚕豆	3～4	25	30
豌豆	1～2	25～30	35～37
紫云英	1～2	15～30	39～40
黄花苜蓿	0～5	15～30	35～37
烟草	10	24	30
亚麻	2～3	25	30～37
向日葵	5～7	30～31	37～40
油菜	0～3	15～35	40～41
黄瓜	12～15	30～35	40
西瓜	20	30～35	45
甜瓜	16～19	30～35	45
辣椒	15	25	30
葱蒜类	5～7	16～21	20～24
萝卜	4～6	15～35	35
番茄	12～15	25～30	35
芸薹属蔬菜	3～6	15～28	35
芹菜	5～8	10～19	25～30
胡萝卜	5～7	15～25	30～35
菠菜	4～6	15～20	30～35
莴苣	0～4	15～20	30
茼蒿	10	15～20	35

注：①引自纪瑛和胡虹文，2009；②由于各种作物的生态类型、品种间存在差异，本表仅供参考。

种子发芽的温度要求与其生育习性以及长期所处的生态环境有关。一般喜温作物或夏季作物种子发芽要求较高的温度，温度三基点分别是 6～12℃、30～35℃和 40℃；耐寒作物或冬季作物种子发芽要求较低的温度，温度三基点分别是 0～4℃、20～25℃和 40℃。有些植物种子发芽要求的温度范围较大，有些植物种子发芽的温度要求严格，例如，莴苣、菠菜种子发芽的最适温度在 15～20℃；水稻、玉米、西瓜种子发芽的适宜温度高于 30℃；辣椒种子发芽温度不能低于 15℃。

同一作物的不同亚种、类型甚至品种发芽的温度要求不同。例如，籼稻种子最适发芽温度为 30～35℃，而粳稻温度要求仅限为 30℃。另外，种子萌发的温度还受其生理状态影响。一般处于休眠状态的种子发芽温度特殊而且偏窄，活力低的种子发芽的温度范围较窄。因此，种子发芽过程中要满足其温度要求，以免影响种子田间发芽和成苗。

(2)变温对种子发芽的影响

在自然界中，许多植物种子是在温度变化的生态条件下发芽的。一些喜温、休眠和野生性状较强的种类，如水稻、玉米、茄子、向日葵和许多牧草、林木种子在变温下均能促进萌发。变温对不同成熟度的种子萌发效果不同，对未完熟种子或休眠种子效果特别显著。变温还能提高一些无休眠种子发芽的速度和整齐度。目前，发芽试验常采用的变温是20～30℃或15～30℃，24 h为一个变温周期(低温16 h，高温8 h)。

3. 氧气

(1)种子萌发时氧气供应的影响因素

种子萌发过程中的呼吸作用和一些酶的生理活动都需要氧气。氧气是种子萌发不可缺少的条件，当氧气不足或严重缺氧时，种子就停止萌发，甚至发生烂种。例如，将小麦或玉米种子浸入水中，由于水中氧气不足，不能正常发芽。

大气中氧气浓度为21%，能够充分满足种子萌发的需要。一般植物种子在氧气浓度10%以上能够正常萌发；低于9%～10%时，许多植物种子萌发受到抑制；低于5%时，很多植物种子不能萌发。

一般来说，水分和种皮是限制氧气供应的主要因素。发芽环境中水分过多，种子刚吸胀时表皮水膜增厚，氧气向种胚内部扩散的阻碍增加，发芽会受到严重影响。有些植物种子如西瓜、南瓜、菠菜等种皮透性本来就差，发芽时水分过多，氧气吸收进一步受到阻碍。硬实种皮紧实而致密或种皮中富含酚类物质也会导致种子氧气吸氧不足，进而影响到种子的萌发。

(2)不同植物种子萌发对氧气的需求

种子发芽对氧气的要求也与其生育习性以及长期所处的生态环境有关。长期生长在水田的水稻比长期生长在旱地的麦类需氧要少；花生、大豆等油料植物种子发芽需要较多的氧气，在农业生产中需要适当的浅播；棉花播种过深，或播种后连续阴雨土壤板结，种子萌发严重缺氧而影响出苗，甚至发生种子霉烂现象。有人将水稻、紫云英、小麦、燕麦种子浸入水中，置于温暖有光处，并定期换水，经8～12 h后取出，水稻和紫云英均能发芽(幼苗生长不正常)，而麦类不能发芽甚至腐烂。说明，种子正常萌发需要充足的氧气，但有些植物缺氧时能利用无氧呼吸进行发芽。长期缺氧条件下，有些植物种子即使能够萌发，但长出的幼苗往往不正常。此外，在缺氧和无氧条件下，种子萌发过程中胚乳贮藏物质转化受阻，胚得不到足够的营养，胚根生长受到强烈抑制，并且无氧呼吸伴随着产生大量的有害中间产物，导致种子生活力降低。

(3)种子萌发过程中需氧量的变化

种子萌发中需氧量变化类似于其吸水阶段。吸水初期，种子吸水量快速增加，需氧量也随之迅速增加；吸水平缓期，其需氧量也较多，但当种子胚根突破种皮时，其需氧量又明显增加。如此时氧气供应不足，且又处于高温条件下，种子就会无氧呼吸，产生酒精毒害。水稻种子催芽过程中如操作不当常出现这种情况，因此催芽时要经常翻种，及时换水，以保证氧气的供给。

4. 光照

根据发芽对光照反应的不同，将种子分为需光种子、忌光种子和中光种子三类。

(1)需光种子

需光种子又称喜光种子，光是这类种子发芽的必需条件，缺少光种子不能够发芽，如烟草、莴苣、稗草、早熟禾等。

(2)忌光种子

光照对该类种子的萌发起抑制作用,如茄子、番茄、苋菜等。

(3)中光种子

这类种子发芽对光反应不敏感,有光无光均能发芽,如水稻、小麦、大豆、棉花等。

不同波长光照对种子萌发影响不同。据研究,红黄光对发芽有促进作用,远红光对发芽有抑制作用;绿、青、紫光(波长 440 nm 和 480 nm 附近)也会抑制发芽,但抑制作用较远红光弱些。例如,波长范围 520～700 nm(即红、橙、黄光部分)对莴苣种子发芽有促进作用,但波长范围 200～520 nm(即绿、青、紫光)则对发芽有抑制作用。

光对发芽作用所需的时间因种类、品种而异。有些种子需要长时间连续光照,有的需要光暗交替,也有的仅需短时间光照就起作用。

5. 其他因素

(1)二氧化碳

大气中二氧化碳含量为 0.03%,对种子发芽没有显著影响。不同种类植物种子发芽对二氧化碳的反应不同。总体表现为环境中二氧化碳含量增加到一定限度会对发芽起阻碍作用。例如,大麦种子,二氧化碳浓度达 12%时,仍能正常发芽,达 17%～25%起阻碍作用,达 37%时则完全不能发芽;燕麦种子,二氧化碳浓度 17%时正常发芽,30%时萌发受阻,37%时则完全不能发芽。高二氧化碳浓度对发芽的危害程度比缺氧的危害程度要轻。

二氧化碳对发芽的抑制作用与温度及氧气浓度有关。较高温度下的抑制作用低于低温下的抑制作用,如芥子在 3.3℃时,二氧化碳浓度 4%就会抑制发芽,温度升至 8.3℃时,二氧化碳浓度达到 8%才起抑制作用。氧气浓度增高时,二氧化碳对发芽的抑制作用减弱。

在某些情况下,种子发芽需要少量的二氧化碳,如莴苣、猪毛菜属;也有一些种子,二氧化碳浓度增加能促进发芽,如梯牧草。

(2)土壤坚实度

土壤坚实度主要通过容重和含水量对种子发芽产生影响。土壤干燥时,坚实度增大,在土壤水分限制伸长和细胞分裂之前,就已对出苗产生不良影响。芽穿土能力与植物种类、幼芽的大小、数量以及板结裂开方式和幼芽周围硬壳的强度有关。粒大的种子虽然与土壤接触面大而增加出苗阻力,但自身顶土的能力较大。因此,同一作物当其他条件相同时,播种大粒种子有利于提高田间出苗率,而且在播种深度较深时,更有利于出土。

(3)土壤盐分

土壤盐分主要通过渗透效应和离子效应影响种子萌发。渗透效应引起溶液的渗透势降低,导致种子吸水受阻,从而影响种子发芽。离子效应包括两种情形:一种是土壤盐分含量高,导致离子浓度过高,引起细胞的毒害效应,从而阻碍种子发芽;另一种是离子浓度较低时,能够促进某些植物种子发芽。在盐分胁迫下,玉米、棉花、小麦种子的相对发芽率、相对发芽指数均随盐浓度的增加而降低。

(4)土壤酸碱度

土壤酸碱度是影响种子萌发和幼苗生长的重要生态因子之一。油菜种子萌发和幼苗生长的最适 pH 是 6.0;小麦种子萌发和幼苗生长的最适 pH 是 6.5。当土壤酸碱度高于或低于最适 pH 时,常常会导致呼吸作用、酶的活性、可溶性糖、可溶性蛋白含量等降低,最终影响种子萌发和幼苗生长。

(5)播种深度

不同种类种子萌发对播种深度的要求不同。一般随着播种深度的增加,种子发芽率逐渐降低或先增加后降低。玉米种子播种深度为2～5 cm,冬小麦种子播种深度为4～8 cm,若播种深度进一步增加,其发芽率将逐渐降低。辣椒种子播种深度2 cm时发芽率为95.3%,而播种深度3 cm时则降为70.3%。播种深度还与作物幼苗出土方式有关,一般子叶出土型比子叶留土型对播种深度更为敏感。播种深度也受土壤类型和质地影响。如大豆在沙壤土播种深度7.5 cm时可以正常出苗,但在黏土播种深度超过2.5 cm就会降低出苗。

三、促进种子萌发的技术

1.种子包衣

种子包衣是将种子与特制的种子包衣剂按一定比例混合均匀,在种子表面涂上一层均匀的药膜而形成包衣种子。种子包衣剂是指把农药、微肥和植物生长调节剂等按一定比例混合在一起的药剂。种子包衣是在传统的浸种、拌种基础上发展起来的一项农业高新技术,是作物物化栽培的重要手段,种衣遇水只吸胀而不溶解,既不影响种子正常吸水发芽,又能使药肥缓慢释放,达到提高种子质量、防病治虫、促进幼苗生长的目的。

已有研究报道,种子包衣处理能够促进种子萌发。不同分子量壳聚糖制成的包衣会促进油菜种子的发芽,其中小分子量(300～1 000)壳聚糖包衣处理的种子发芽率和发芽指数、苗高、根长及活力指数均有提高。35%多克福大豆种子包衣剂处理的大豆种子发芽率由90.3%提高到98.8%,且包衣处理促进种子迅速萌发,增强苗期健壮度、整齐度,为后期生长打下坚实基础。200 mg/L黄腐酸或50 mg/L赤霉素+高吸水树脂+多菌灵制成的生物种衣剂对桑种子的萌发及幼苗的生长均有促进作用,发芽率分别提高了21%、16%。

2.种子丸化

种子丸化是指使某些作物的种子形状和大小由不规则、微小转为大小均一、规则的小球体。丸化种子的外层丸衣是水、氧气向种子扩散的物理屏障,也是种子发芽的机械障碍,其组成直接影响种子的发芽情况。种子丸粒化技术具有提高种子质量及播种性能、防治病害促进作物生长、增强良种的抗逆性、实现精量播种、增产优质等优点。

种子丸化处理能够促进种子萌发和幼苗生长。据相关报道,丸化牧草种子直播出苗数明显高于翻地开沟、播种、镇压的种植方式和耙地开沟种植方式。中华羊茅种子丸粒化更有利于幼苗生长。丸化处理水稻种子发芽、出苗和秧苗综合素质有所提高,成秧率较对照提高了6.8%～9.4%。油菜种子丸化处理能显著提高田间出苗率,且幼苗素质及后期产量也有提高。甚至有研究表明,丸化处理比简单的包衣处理效果更明显,有人以包衣种子为对照,研究了丸化处理对不同品种棉花种子萌发期抗寒性的影响,发现丸化处理能明显加速棉花种子内营养物质转化,促进幼苗生长,增强抗寒性。

不同种类种子丸化处理的效果可能不同。也有研究表明,丸化种子与未丸化种子间发芽率无明显变化,但种子发芽的速度、幼苗的素质有一定的改善。

3.种子引发

种子引发是在控制条件下使种子缓慢吸水,为萌发提前进行生理准备的一种播前种子处理技术。种子引发技术包括液体引发、水引发、膜引发、固体基质引发以及生物引发等方法。大量研究结果表明,种子引发能够促进种子发芽,提高成苗率,且出苗快而整齐,抗逆性和抗病性增强，已在蔬菜作物、粮食作物、观赏植物、药用植物等中应用。

据研究报道，不结球白菜品种“暑绿”和“寒笑”种子分别经过1%氯化钙、0.5%硝酸钾、10% PEG引发处理之后，种子发芽率、发芽势、发芽指数、活力指数均显著提高，其中以1%氯化钙的引发效果最佳，0.5% 硝酸钾其次，然后是10% PEG。“西安绿茄”茄子种子经150 mmol/L硝酸钾+6 mmol/L硫酸锌、150 mmol/L赤霉素+150 mmol/L硝酸钾、150 mmol/L赤霉素+25 mmol/L硝酸钙引发后种子发芽率、发芽势和发芽指数明显提高。适宜的水引发能明显提高菠菜种子的活力，但不同大小等级菠菜种子水引发的适宜浸种及保湿时间有所不同，其中种子直径 $d<1.7$ mm为10 min、24 h；$d\leqslant1.7$ mm<2.5 mm和 $d\leqslant2.5$ mm<3.0 mm均为20 min、24 h；$d\geqslant3.0$ mm为30 min、24 h。王永超等用蒸馏水、水以及渗透势为−0.3、−0.6和−1.2 MPa的PEG6000、$CaCl_2$ 和KCl溶液引发处理华山松种子，发现不同引发处理显著提高了种子发芽率、发芽指数，缩短了平均发芽时间，其中以−0.6 MPa KCl溶液引发效果最佳。适宜浓度的PEG引发可以提高水稻种子水分胁迫条件下的种子活力，其中杂交籼稻20% PEG引发效果最优，而常规粳稻10%～15%PEG引发效果较好。

第四节　主要作物种子的萌发特性

一、水稻种子的萌发特性

水稻吸水达到籽粒重量的15%(籼稻)～18%(粳稻)，胚就开始萌动，但萌发进程缓慢。一般当吸水达到籽粒重量的25%(籼稻)～30%(粳稻)，种子就能正常发芽。

水稻种子吸水速率与温度、品种及类型有关。一般陆生稻比水生稻吸水速率快，谷壳薄的品种比谷壳厚的品种吸水速率快。催芽前晒种1～2 d能促进种子吸水和发芽。种子吸水速率与其所处萌发阶段及温度有关，一般浸种初期(6～12 h内)，种子处于吸水急剧的物理过程，温度对吸水快慢影响较小；当进入缓慢吸水的生化过程时，提高温度使得吸水明显加快；经过吸水缓慢增加的平缓期之后，种胚细胞开始分裂，生长伸长，代谢活跃，重新开始大量吸水。在吸水温度范围0～10℃内，吸水速率随水温增加而直线上升；而15℃以上时，吸水速率就不一定加快。

在实际生产中，常常对水稻种子预先浸种，以使其迅速整齐地萌发。浸种时间因品种和温度而异，一般要达到萌发的最适水分所需时间，水温30℃时30 h左右；水温20℃时60 h左右；水温15℃时100 h以上。粳稻吸水慢，浸种时间宜稍长，籼稻吸水快，浸种时间可稍短。

水稻种子萌发的最低温度，一般为籼稻12℃，粳稻10℃；某些热带品种15℃才能萌发。低温条件下，种子内酶的活性和呼吸强度很微弱，物质和能量供应不足，常表现为发芽率低、萌发期长、不整齐度差，易受病菌感染而烂芽坏种。

水稻种子萌发的最适温度一般为30～35℃，生根和出芽的最适温度比萌发偏低5℃左右，不同品种间存在差异。

水稻发芽的最高温度一般在38～42℃。一般粳稻品种较籼稻耐低温，但粳稻对高温的抵抗能力远不及籼稻，超过最高温度，导致发芽受抑制，甚至引起幼芽死亡。有研究表明，40℃

时，水稻发芽不正常；45℃时，不但不能萌发，而且放置 5 d 就丧失发芽力；50℃时，仅放置 3 d 就失去了生命力。因此，水稻在浸种催芽时需要经常翻拌调节温度，防止急剧升温导致“烧芽”现象。

水稻种子萌发对氧气要求不严格，但其萌发成苗是一个需要氧气的过程。在种子吸胀到破胸之前，由于谷壳和果皮、种皮的阻隔，氧气不易进入，胚芽萌动所需的能量基本靠无氧呼吸供应，呼吸基质主要是胚乳中的贮藏物质；种子破胸之后，氧气可以自由进入，无氧呼吸转为有氧呼吸，呼吸速率急剧增加。

水分和氧气都是水稻发芽不可缺少的条件。调节适当则发芽正常、迅速、整齐，芽根生长平衡。在水分较多、缺少空气时，先发芽后长根，芽长得快，根长得慢；在水分较少、空气足时，先发根后长芽，根长得快，芽长得慢。因此，催芽时可根据芽根生长状态及时采取调节措施。

当水分、温度和氧气适宜时，没有光照，水稻种子也能发芽生长，但光照对中胚轴和芽鞘以及幼根的徒长均有抑制作用。因此，光照也是水稻种子萌发生长的一个必需因子。催芽后，如因天气关系不能播种，可以将芽谷放在通风透光处摊薄，以促进播种后迅速扎根。

二、大麦、小麦种子的萌发特性

水分是影响大麦、小麦种子发芽的主要因素之一。大麦、小麦种子发芽的最低需水量为籽粒重量的 50%～60%。小麦由于种及品种间胚乳特性的差异，发芽最低需水量的变化范围较大。

大麦萌发对温度的要求较不严格，15～30℃即可，小麦发芽的最适温度为 20～30℃。大麦、小麦种子萌发时均不耐高温，温度高于 30℃发芽率就会逐渐降低；它们发芽的最低温度，为 0～4℃，有的品种 2℃也能发芽，只不过是低温下发芽速率缓慢。

大麦、小麦种子萌发对氧气的要求较为严格。在淹水缺氧条件下，大麦、小麦种子完全不能发芽。实际生产中播种时，需要注意土壤湿度和排水情况，确保土壤排水良好，防止淹水缺氧影响种子萌发。

三、玉米种子的萌发特性

玉米原产于热带高温地区，是典型的 C_4 植物，具有喜温的特性。种子萌发要求较高的温度，低温轻者导致发芽率降低，延缓出苗；重者使种子丧失活力而不能出苗。北方春季玉米播种后常遇低温，种胚吸胀后很容易遭受冷害，导致缺苗断垄。玉米种子萌发的最低温度一般为 6～7℃，但在该温度下发芽速率很慢；10～12℃下发芽速率较快，一般播后 18～20 d 即可出苗。虽然玉米的不同类型及同一类型的不同品种对温度反应差异较大，但大部分类型的最适温度为 25～30℃，播种后 5～6 d 即可出苗，且出苗率高；温度低于 15℃和高于 35℃不利于种子萌发。

氧气是玉米种子发芽的必要条件。玉米种胚大，脂肪含量高，萌发中需要吸收较多氧气来分解脂肪。一般情况下，土壤中所含有的氧气完全能够满足玉米种子发芽出苗所需。但是土壤湿度过高，或播种太深等情况，都会引起氧气不足，从而抑制出苗和幼苗生长。

水分也是影响玉米种子萌发的关键因素。一般认为，玉米吸水为种子干重 48%～50%时就能正常发芽。在 5～10 cm 土层中，土壤水分为田间最大持水量的 60%时，即满足发芽要求；70%左右时，出苗快，出苗率高；超过 80%时，土壤水分过多，氧气供应不足，容易烂种，出苗受影响。水分不足或干旱同样也会抑制玉米种子萌发和幼苗生长。

不同土壤对玉米出苗的影响不同。一般壤土比黏土容易出苗，出苗率高。盐碱地由于土温低和盐碱含量高而抑制种子吸水和其他生命活动，发芽出苗受阻碍；当土壤含盐量达到0.6%时，种子发芽受严重阻碍。

四、棉花种子的萌发特性

棉花种子发芽的最低温度为10～12℃，最适温度为25～32℃，最高温度为40℃。在10℃以下的低温条件下吸胀，棉籽幼苗生长迟缓、不正常，甚至死亡。棉籽对低温的敏感性有两个关键时期：第一个是紧接着初期吸水之后；第二个是吸水18～30 h，当胚根伸出2 cm时，温度越低，受损伤越重。

棉花种子发芽对氧气非常敏感。原因是棉籽中富含脂肪和蛋白质，萌发时需要大量的氧气来分解它们，而且子叶出土时也需要消耗很多的能量。因此，棉花发芽适宜用沙床或土床，不适用纸床，并注意加水适当。播种前浸种24～48 h可以加速棉花种子萌发，浸种时间过长，容易导致种子吸水膨胀过度，种胚缺氧而烂种、死种。

棉籽外被短绒，种皮结构非常致密，表面附有薄层蜡质，透水性较差，吸水和发芽比较缓慢。采用硫酸脱绒处理或温水浸种处理，可大大提高种子的发芽率和发芽速度。

五、大豆种子的萌发特性

大豆种子发芽要求的温度因品种和产地而异，有些品种20～25℃发芽率较高，而有些品种发芽的最适温度却高达34～36℃。一般来说，大豆种子发芽最适温度为25～30℃，最低温度为6～8℃，最高温度为39～40℃。

大豆种子含有大量的蛋白质，萌发的最低需水量高达107%，远远超出淀粉种子和脂肪种子。大豆种子萌发过程中要注意控制吸水，吸胀过快易导致种子活力严重下降，低温下吸水更容易造成吸胀损伤。因此，大豆播种前可用温水短时间浸种，如25℃温水浸种6 h或35℃浸种1～2 h，效果较好。

大豆发芽时对氧气的要求较高，缺氧或氧气不足，会影响种子的萌发，发芽试验宜用沙床。此外，大豆种子寿命很短，陈放一年，种子发芽率就显著降低。因此，只有在适宜条件下贮藏才能确保播种后正常发芽。

六、主要蔬菜作物种子的萌发特性

蔬菜作物种类繁多，种子休眠和发芽特性比较复杂，以下分十字花科、菊科、伞形科、藜科、茄科、葫芦科、百合科进行简要介绍。

1. 十字花科

十字花科蔬菜发芽所需的温度范围较广，以20℃恒温或20～30℃变温为好。白菜类、萝卜类种子发芽适宜温度为20～25℃。多数十字花科蔬菜种子的休眠期很短，1个月左右，有些种类(如白菜、萝卜等)甚至无休眠期，经过2～3个月贮藏后到播种时已通过休眠，很容易萌发。芥菜、油菜的休眠期长达3～4个月，需破休眠才能正常萌发。采用低温处理和硫脲处理能有效破除十字花科种子的休眠。

2. 菊科

菊科蔬菜种子一般都有一定的休眠期。莴苣种子发芽适宜温度为 15～20℃,30℃以上发芽受到抑制;低温处理、光照、硫脲、硝酸钾、赤霉酸等处理可有效破除休眠。牛蒡休眠较深,用浸水、硫脲、变温和光照破除休眠,其发芽适宜温度为 20～30℃。茼蒿种子有 2 个月的休眠期,用硫脲和低温处理后,在 20℃条件下即可良好发芽。

3. 伞形科

伞形科蔬菜种子采收后,一般有 2～3 个月的休眠期。胡萝卜常因胚未成熟而发芽率降低,发芽适温 15～20℃。芹菜发芽适温为 15～20℃,25℃以上发芽受到抑制,并且发芽需要光照。采用低温、硝酸钾、过氧化氢(30%溶液处理 5 min)均可打破其休眠。

4. 藜科

由于果皮构造紧密及果胶层影响,黎科蔬菜种子一般有 3 个月左右的休眠期。菠菜种子发芽适温 10～15℃,高于 20℃则发芽不良。甜菜种子以 20℃恒温或 20～30℃变温发芽为好。这类种子可通过剥除或压碎果皮、浸种、低温及过氧化氢破除侧面,其中以 3%双氧水溶液浸种 24 h 效果最好。

5. 茄科

茄子种子在恒温下发芽效果不良,以 15～30℃变温为好。茄子对水分敏感,水分稍多会抑制发芽。新收获茄子种子约有 50%处于休眠状态,16 个月才能完全解除,可用双氧水、硝酸钾、赤霉素打破休眠。番茄和辣椒没有明显的休眠期,但存在“浅休眠”现象,即在规定发芽时间内,仍有少量活种子不发芽,发芽也不整齐。新辣椒种子可用 25～30℃温水浸种 8 h 或 1%次氯酸钠破除休眠,促进发芽;番茄可在 20℃黑暗条件下浸种 12 h,干燥后发芽。最适宜的发芽温度为 20～30℃。

6. 葫芦科

瓜类种子一般发芽温度要求较高,适宜温度为 25～30℃,低温则发芽不良;并且对水分和氧气要求比较严格,发芽床温度高,氧气不足,就不能发芽。因此,选择稍干的砂床发芽为好。

7. 百合科

百合科蔬菜种子的种皮致密、坚实,吸水速度慢,发芽床水分不宜过多;发芽适宜温度为 15～20℃,25℃以上恒温发芽受到抑制,但以 20℃恒温或 15～30℃变温发芽最佳。葱和洋葱种子最适宜发芽温度为 15～20℃,洋葱 25℃以上则发芽不良,而韭菜 25℃以上则发芽受抑制。

第五节 种子的播前处理

种子播前处理是农业生产上广为应用的增产措施之一,能提高发芽势、发芽率,从而提高产量和品质。种子播前处理的方法众多,效果显著,以下从简易处理、消毒处理、浸种处理、温度处理、包衣处理等方面介绍。

1. 简易处理

在播种之前,对种子进行晾洒、精选、洗涤等,除去腐烂破损、小粒、瘪粒、虫蛀种子和杂物以及种子表面抑制发芽的物质。菠菜和胡萝卜进行去壳和搓毛处理有利于种子萌发。种子在阳光下暴晒3～5 d,既利用太阳热能杀死病菌,又可提高种子活力和发芽率。据报道,玉米晒种后发芽率提高13%～18%,提早出苗1～2 d。另外,一些硬实如豆科牧草等种子由于种皮坚硬致密,播种后水分不易渗入而直接影响发芽,可用碾子碾压或用碾压机处理,也可以与一定量的碎石、沙砾混合后放入搅拌振荡器中搅拌震荡,直至种子表面粗糙起毛,强度以不压坏种子为宜。

2.消毒处理

许多病害常由种子携带的病原传染,在播前进行种子消毒处理,能有效控制种子携带病害的发生,促进发芽,减少用种量,促进生长,提早成熟,增加产量,改善品质。

种子消毒方法通常包括物理方法和化学方法。

物理方法有温汤浸种、干热消毒法等。温汤浸种能杀死种子表面的病菌,方法是将种子在55～60℃温水中浸泡10～15 min,同时搅拌至水温降到37℃左右,然后根据不同植物种类浸种所需要时间进行浸种。黄瓜种子70℃干热消毒2 d,黄瓜绿斑花叶病毒能完全消灭,处理时间不超过6 d对种子发芽没有影响。

化学方法有浸种法、拌种法等。浸种是指将种子浸泡于适宜浓度的药液里一定时间后晾干。浸种的药剂可以是溶液或乳浊液,但不能是悬浮液;药液浓度和浸种时间要严格掌握,以免产生药害。常用药剂有多菌灵、托布津、福尔马林等。例如,番茄种子用清水浸3～4 h,然后浸入10%磷酸三钠溶液中,或浸入2%氢氧化钠溶液中,20 min后取出,用清水冲洗至pH中性,可有效防治番茄烟草花叶病毒病。拌种是指将干燥的药剂直接与种子拌在一起,使种子表面均匀地沾着一层药粉形成药膜,以杀灭种子表面或内部的病菌。常用药剂有五氯硝基苯、克菌丹、多菌灵等,用药量一般为种子重量的0.2%～0.3%。

3.浸种处理

(1)清水浸种

清水浸种是农业生产中最常用的种子播前处理。种子经适温清水浸种后,种皮软化,透性增强,酶的活性增强,物质转化及代谢加快,有利于播种后早出苗、齐出苗。

浸种效果主要取决于浸种水温和浸种时间。如果浸种时间太长,会妨碍种子的正常呼吸,使胚细胞受损害,降低种子的生活力和活力,不能长成壮苗。水温太高会烫死种子,太低又会造成吸胀冷害。一般种皮易透水,富含蛋白质的种子浸种时间短些,反之,则长些。常温下的适宜浸种时间:黄瓜3～8 h、番茄3～4 h、辣椒4～6 h、茄子4～6 h、南瓜4～8 h、莴苣8～10 h;西瓜、胡萝卜、苦瓜、芹菜、菠菜等种子适宜浸种时间较长,一般为12～24 h。洋葱40℃温水浸种3～5 h;韭菜35℃温水浸种24 h。

豆类种子吸水较快,可不必浸种,或常温下短时间浸种2～4 h,防止浸种时种子吸胀太快,种皮破裂,播种后种子内贮藏物质渗漏到土壤中,引起病原菌繁殖浸染幼苗。

(2)硬化处理及水合-脱水处理

种子硬化处理是把种子反复吸水干燥处理,能够促进发芽,增加产量。具体方法:将种子装入有盖的塑料或玻璃容器中,喷洒种子重量70%左右的水,搅拌后使水充分附着在种子上,盖上盖放置1 d,次日开盖自然干燥(种子多时可摊在纸上干燥)。反复处理2～3次。硬化处理过的种子发芽早,耐低温时间长,对发芽不良的种子可增产20%以上。硬化处理过的种子室温下贮藏一段时间,发芽效果与初处理无差异,这为一次处理分期播种创造了条件。

水合-脱水处理是将种子浸在水中一段时间(约 2 h),然后取出自然风干至原重,再吸水再风干,共进行 2～3 次。据报道,种子经水合-脱水处理之后,种皮透性增强,吸水力增大,并提高种子活力,能够减少种子贮藏期间生活力的丧失。

(3)渗透调节

渗透调节是将种子放入水势很低的渗透液中,迫使种子缓慢吸水膨胀,从而更好地完成细胞器及膜系统的修复工作。不会因胀裂而使内含物外渗,减少播种的不利影响。渗透调节物质应用最广的是 PEG(聚乙二醇)。据报道,胡萝卜种子用 25.3%PEG 溶液在 15℃下处理 7 d 后移到 10℃下萌发,其发芽率盛期天数(从播种到出苗数达到总数一半时间的天数)为 2.5 d,较对照 10 d 大大缩短。有学者用 33%PEG 溶液在 15℃条件下处理耐寒蔬菜韭菜、胡萝卜、茴香、洋葱及菠菜 14 d,然后在不同的温度下发芽试验,结果是除洋葱外,在 15℃下播后 5 d 韭菜、胡萝卜、简香及菠菜的发芽率为 36%、52%、22%及 4%,而对照为 24%、48%、0%及 0%;在 20℃下也有类似的结果。

(4)化学处理

种子化学处理应用的化学试剂很多,如过氧化氢、硝酸钾、高锰酸钾以及微肥、激素等。双氧水能打破种子休眠,促进发芽。用 0.3%～1.0%过氧化氢浸种未经过后熟的黄瓜种子 24 h,发芽率和发芽势明显提高。硝酸钾和赤霉素已作为发芽促进剂列入国际种子检验规程。硝酸钾浸种能促进种子萌发和提高抗寒能力,如用 3%硝酸钾浸泡黄瓜种子能明显提高其低温(9～13℃)条件下的出苗率。播种之前用赤霉素处理,可打破种子休眠,提早萌发,提高发芽率。黄瓜、茄果类、芹菜、莴苣的赤霉素浸种浓度依次为 100 mg/kg、100 mg/kg、66～330 mg/kg、20 mg/kg。微量元素用于浸种的有硼酸、钼酸铵、硫酸铜、高锰酸钾等,浓度多采用 0.02%～0.1%。经微肥处理之后,能促进种子萌发,并能补偿土壤中微量元素,有利于整个生育期的生长。

4.温度处理

种子温度处理多数结合催芽进行,包括低温处理、高温处理和变温处理。

(1)低温处理

有些植物种子要求低温环境解除休眠,即低温处理或低温湿砂层积。对于低温处理有效的植物有葱、菠菜、芹菜、莴苣、胡萝卜、芸薹属及马铃薯等,一般是将种子置于 5～10℃低温下处理 2～7 d,然后移至适温下催芽。催芽过程中当种子裂嘴时,给予 1～2 d 以上的 0℃以下的低温锻炼,能提高种芽抗寒能力、出芽整齐及加速发育。如番茄胚芽锻炼 40 d,开花提早 12 d,花束也增加。

(2)高温处理

一些不易完全成熟的植物种子,经过暖晒处理有利于种子的后熟。黄瓜、西瓜、甜瓜种子经 4 h(中间隔 1 h)50～60℃干热处理,可以分别增产 39%、35%、23%。温度 50℃条件下处理菠菜新陈种子 4 h,能够促进菠菜种子发芽。此外,高温干热处理同时还能杀死种子表面的病菌,有效控制种子携带病害的发生。

(3)变温处理

变温处理可改善种子的通透性,促进种子发芽。变温处理一般在 15～30℃进行为好;变幅 10～15℃。例如,茄子经 25～35℃变温下发芽率为 96.3%,而 30℃恒温下发芽率仅为 72.5%。

5.包衣处理

种子播种之前进行包衣处理,可以提高播种质量,减少种子消耗。播种之后,种子包衣剂释放到种子周围的土壤中,为种子提供养分及保护作用。在种衣剂中加入呋喃丹、多菌灵、五氯硝基苯等,能防治地下害虫;在种衣剂中加入百菌清、乙膦铝等,可防治土传病害及种子带菌;在种衣剂中加入化学物质、根瘤菌及激素等,可提高种子活力,促进植株各生育期生长;在种衣剂中加入植物需要的营养成分,如各种微量元素,能防止其生产中缺素症发生;在种衣剂内加入亲水性物质,干旱条件下免于受害,加入疏水性物质则使种子缓慢吸水,避免吸水过度而裂皮,导致内含物外渗。总而言之,种子包衣是种子播种前的一项有效处理技术。

本章小结

种子萌发过程包括吸胀、萌动、发芽、成苗四个部分。种子吸胀萌发过程中伴随着水分吸收、细胞活化与修复、呼吸作用、贮藏物质转化、种胚生长和合成代谢等生理过程。吸胀过程中水分吸收呈快、慢、快"S"形变化;呼吸途径包括糖酵解、三羧酸循环和磷酸戊糖途径;贮藏物质转化包括淀粉、蛋白质和脂肪的转化。

影响种子萌发的因素包括其自身生理状况和外部发芽环境条件。外部环境条件包括水分、温度、氧气、光照等因素。水分吸收主要受其化学成分、种皮透性、温度及外界水分条件影响。发芽温度可用最高、最适、最低温度三基点表示。氧气是种子发芽必不可少的条件。根据发芽对光照的反应将种子分为需光种子、中光种子和忌光种子三类。二氧化碳、土壤坚实度、土壤盐分、土壤盐碱度、播种深度等因素,对种子萌发也有一定影响。促进种子萌发的技术有种子包衣、种子丸化、种子引发等。

分别介绍了水稻、大麦、小麦、玉米、棉花、大豆及主要蔬菜作物种子的萌发特性。蔬菜作物包括十字花科、菊科、伞形科、藜科、茄科、葫芦科、百合科等。种子播前处理能提高发芽、产量和品质。种子播前处理的方法包括简易处理、消毒处理、浸种处理、温度处理、包衣处理等。

思考题

1.种子萌发过程分为哪几个阶段?
2.影响种子萌发因素有哪些?
3.种子播前处理技术有哪些?
4.简述蔬菜种子的萌发特性。

第六章　种子活力

知识目标

1. 掌握种子活力的概念与意义，了解种子活力与种子生活力的关系。

2. 了解种子活力的影响因素及其与种子劣变的关系。

能力目标

1. 学会种子活力的测定。

2. 熟悉保持或提高种子活力水平的有效措施。

第一节　种子活力的概念和意义

一、种子活力的概念

种子活力是指在一般的田间条件下，决定种子迅速、整齐出苗和长成正常幼苗的潜在能力的总称，是种子播种质量的重要指标，也是种用价值的主要组成部分，它与大田生产关系十分密切。人们在种子生产、贮藏和播种等系列实践中，因忽视种子活力而造成的损失是不可估量的。种子活力又是种子生命活动中极为重要的特征之一，它与种子发育、成熟、萌发及贮藏寿命和劣变等生理生化过程有着紧密的联系。

1957 年，Isely 首次提出种子活力的概念："在不良的田间条件下有利于成苗的一切种子特性的总和。"Woodstock(1966，1969)进一步认为："种子活力系健壮种子在广泛的环境因子范围内迅速萌发并出苗整齐。"从这一概念出发，他推导出一个有关种子活力的双向量二维数学分析图解(图 6-1)，图中纵坐标表示发芽率或幼苗生长速率，横坐标表示环境因子。从图中可以看出，高活力种子能在较广泛的环境因子范围内迅速萌发[曲线(a)]，而活力低的种子只能在较窄的环境因子范围内萌发[曲线(b)]，或者表现为虽然也能在较广泛的环境因子范围内萌发，但发芽率或幼苗生长速率有下降趋势[曲线(c)]。这一模式图既表明在适宜的环境条件下，种子本身的潜能是主要限制因子，又体现出在逆境胁迫条件下种子的适应程度，从而将活力的概念推进了一步。

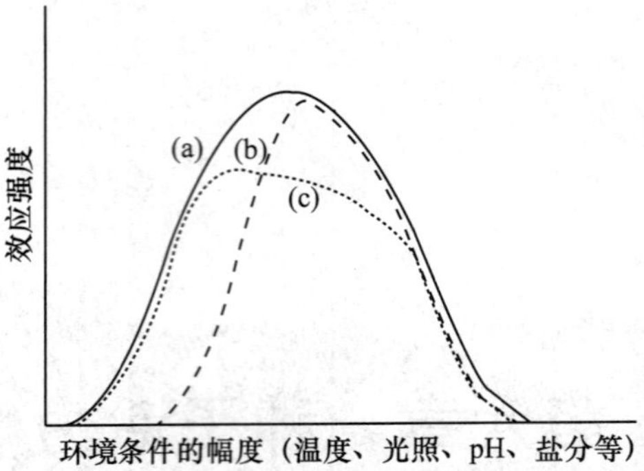

图 6-1 种子活力双向量分析的理论曲线

（引自 Woodstock，1973）

(a)活力最强者 (b)活力较弱，适应范围较小

(c)活力较弱，效应强度降低。效应强度可用幼苗生长速率

或发芽总数与发芽率的乘积来表示。

1977 年，国际种子检验协会（ISTA）确定种子活力的定义："种子活力是决定种子或种子批在发芽和出苗期间的活性水平和行为的那些种子特性的综合表现。表现好的为高活力种子，表现差的为低活力种子"（Perry，1978）。2004 年出版的《国际种子检验规程》将活力定义为："种子活力是在一个广泛的环境下，衡量发芽率可接受的种子批的活性和表现的那些种子特性的综合表现"，阐明了与种子活力有关的种子批表现能力的各个方面：①种子发芽和幼苗生长的速率和整齐度；②在不良条件下种子的出苗能力；③贮藏后的表现，特别是发芽能力的保持。北美官方种子分析家协会（AOSA）于 1980 年采用了较为简单直接的定义："种子活力是指在广泛的田间条件下，决定种子迅速整齐出苗和长成正常幼苗潜在能力的总称"（McDonald，1980）。以上两个定义的内容基本一致，可简单地概括为："种子活力是指种子的健壮度，包括迅速整齐萌发的发芽潜力、生长潜势和生产潜力"（郑光华，1980）。

二、种子活力与种子生活力(发芽力)的区别和联系

种子生命力、种子生活力、种子发芽力、种子活力（seed vigour）是容易混淆的几个名词概念。生命力是指种子生命的有无。生活力是指种子发芽的潜在能力或种胚具有的生命力，通常是指一批种子中具有生命力（即活的）种子数占种子总数的百分率。发芽力是指种子在适宜条件下（一般是指在实验室可控制的条件下）发芽并长成正常幼苗的能力，通常用发芽势和发芽率表示。种子活力通常指田间条件下的出苗能力及与此有关的生产性能和指标。发芽试验目的也是测定一批种子中活种子所占的百分率，因此某种意义上说，广义的种子生活力应包括种子发芽力。习惯上，在用间接方法（如四唑染色等）测定种子发芽力时称生活力，而在实验室进行发芽试验测定种子发芽率时称发芽力。

《国际种子检验规程》指出，在下列 6 种情况下，如果鉴定正确，生活力测定和发芽率测定的结果基本是一致的，即种子生活力和发芽百分率没有明显的差异：①无休眠、无硬实或通过适宜的预处理破除了休眠和硬实。②没有感染或已经过适宜的清洁处理。③在加工时未受到不利条件或贮藏期间未用有害化学药品处理。④尚未发生萌芽。⑤在正常或延长的发芽试验中未发生劣变。⑥发芽试验是在适宜的条件下进行的。

Isely(1957)以图解的形式表示了种子活力与发芽力之间的关系(图 6-2)。图中最长的横线是区别种子有无发芽力的界线,也是活力测定的分界线,在此线以上,表明种子具有发芽能力,即属于发芽试验的正常幼苗,在此括弧范围内,可以应用活力测定,将这些具有发芽力的种子划分成高活力和低活力种子;在此横线以下是属于无发芽力的种子,其中部分种子虽能发芽,但发芽试验时属不正常幼苗,不计入发芽率,当然也是缺乏活力的种子,至于那些种子检验时的死种子则更无活力可言了。

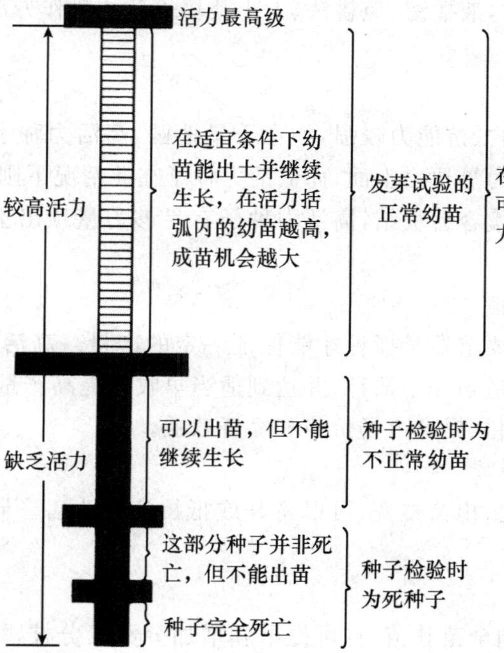

图 6-2 种子活力与发芽力的相互关系图解

(引自 Isely,1957)

种子活力与发芽力(生活力)对种子劣变的敏感性有很大差异(图 6-3)。当种子劣变达 X 水平时,种子发芽力并未下降,而活力则有所下降;当劣变发展到 Y 水平时,发芽力开始下降,而活力则严重下降;当劣变至 Z 水平时,种子发芽力尚有 50%,而活力仅为 10%,此时种子已失去实际应用价值,说明活力对劣变的发生更为敏感,活力的变化先于生活力的变化,只有活力变化到一定程度时,生活力的变化才能表现出来。

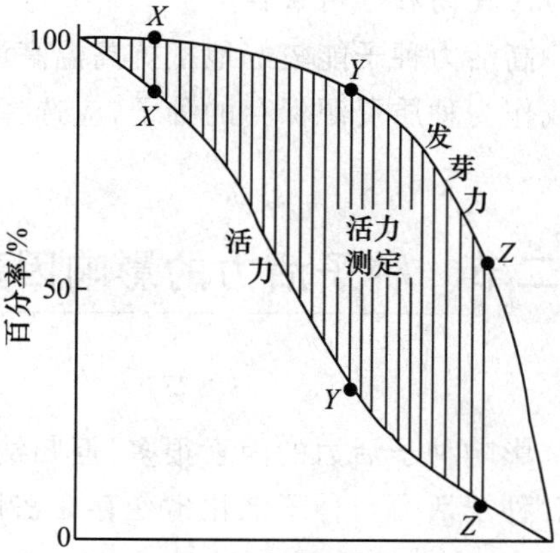

图 6-3 种子劣变过程中发芽力(生活力)与活力的相互关系

(引自 Delouche and Caldwell,1960)

三、种子活力的重要意义

种子是最重要的农业生产资料,种子活力是种子的重要品质,高活力种子具有明显的生长优势和生产潜力，在农业生产上具有非常重要的作用。

1.提高田间成苗率

高活力种子播种后出苗迅速且均匀一致，保证苗全苗齐苗壮，为增产打好了基础。

2.节省播种费用

高活力种子成苗率高，适合精量点播，不仅可以减少播种量，并且节省了间苗的人工费用，以及因低活力种子播后缺苗断垄必须重播而增加的种子及人力、物力等费用，是农业耕作高度机械化的首要条件之一。另外，液播法、免耕法、无土栽培等新的耕作方法，均需要高活力的优质种子。

3.抵抗不良环境条件

高活力种子对田间逆境的抵抗能力较强，如在干旱地区，高活力种子可以深播，以便吸收足够的水分而萌发，并有足够力量顶出土面，而低活力种子在此情况下则无力顶出土面。又如在多雨或土壤黏重的地区，土壤容易板结，高活力种子有足够力量顶出土面，而低活力种子则不能出苗。

4.抗低温能力强，适于早播

某些作物生长季节较短，要求提早播种才能保证一定的产量。高活力种子一般对早春低温条件具有抵抗能力，因此可适当提早播种，并达到适当早收和提高产量的目的。对于蔬菜来说，则意味着可提早上市，能明显提高市场价格和经济效益。

5.对病虫草的抗争能力强

高活力种子由于发芽迅速、出苗整齐，可以避开或抵抗病虫为害。同时由于幼苗健壮，生长旺盛，增强了与杂草竞争力。

6.增加作物产量

高活力种子不仅可以达到全苗壮苗，且可提早和增加分蘖及分枝，增加有效穗数和果枝，因而增产作用很明显。据美国对大豆、玉米、大麦、小麦、燕麦、莴苣、萝卜、黄瓜、南瓜、青椒、番茄、芦笋和蚕豆13种作物的统计资料表明，高活力种子可以增产20%～40%。对于叶菜类和根菜类等蔬菜作物及牧草，因为收获的是营养器官，高活力种子的增产作用更为明显。

7.提高种子耐藏性

高活力种子能较好地抵抗高温高湿等不良的贮藏条件。因此，需要进行较长期贮藏的种子或作为种质资源保存的种子，应选择高活力的种子。

第二节　种子活力的影响因素

影响种子活力的因素很多，但归纳起来主要有遗传因素(内因)和环境因素(外因)两大方面。种子活力与种子老化劣变存在密切关系，即种子活力水平高则种子劣变程度低。

一、遗传因素

种子活力首先是由遗传特性(基因型)决定的。不同作物及品种由于其种子结构、大小、形态特征和发芽特性等不同，其活力水平有较大的差异。

1. 不同作物和不同品种

不同作物和品种由于其种子大小、发芽特性受基因型控制，发芽率相同的种子批，田间出苗率或成苗率往往存在较大的差异。一般而言，大粒种子具有丰富的营养物质，萌发期间具有较高的能量，幼苗顶土能力较强，活力较高。但 Kubka 等(1974)研究发现，萝卜种子籽粒大的特性有很高的遗传价值，大粒品种比小粒品种成苗力强，且植株大，根粗；而大豆种子则没有这种关系，大粒品种不比小粒品种的活力更高，而且大粒品种种子在收获加工过程中较易受损伤而影响活力。

2. 杂种优势

杂种优势在种子活力方面也有明显表现。通常杂种种子(F_1)的活力具有超亲优势，杂交玉米、杂交水稻、杂交小麦、杂交白菜等作物均有相似表现。其原因主要是由于种子萌发和幼苗生长过程中线粒体的互补作用，促进了蛋白质、DNA 和 RNA 的迅速合成。同时，也有人认为是由于杂种具有更为经济合理的呼吸代谢效率。

3. 种皮开裂性及颜色

种皮对种子具有保护作用，大豆、菜豆等豆科作物的某些品种，当种子成熟后有种皮自然开裂的特性，导致种子易老化变质而降低活力。与此有关的另一性状是种皮颜色，通常白色种皮与种皮开裂性有连锁遗传关系，如白色菜豆有种皮自然开裂特性，而深色菜豆种皮则不易开裂。Carter(1973)研究证明，种皮颜色深的花生，抗土壤真菌侵害的能力较强，活力较高。

4. 子叶出土类型

通常种子发芽时子叶出土型与留土型是受两对基因控制的，因基因型的差异，不同作物种子发芽时子叶出土特性不同。双子叶植物子叶出土型的种子如大豆、菜豆等，具有两片肥大的子叶，遇黏重、板结土壤就难以顶出土面或子叶易被折断，降低了出苗率，因此这类种子不宜深播。子叶留土型的种子如蚕豆、豌豆，虽然也有两片肥大子叶，但由于子叶不出土而是由形似针矛状的幼芽顶出土面，受黏重板结土壤影响小，故出苗率高。

5. 硬实

通常硬实性是由多基因控制的。在许多情况下硬实并非是人们所需要的特性，因为硬实种皮不透水影响发芽整齐度，并降低出苗率。但具有形成硬实能力的种子，对成熟期间和贮藏期间不良条件的抵抗能力较强，故易于保持较高的活力。

6. 对机械损伤的敏感性

不同作物及品种采用机械收获、加工及运输时，种子对机械损伤的敏感性存在差异。机械损伤受种皮性质和种子形态的影响，芝麻种皮薄而软，易受机械损伤，亚麻种皮则厚而坚硬，能抵御机械损伤。从种子形态看，扁平形的种子(芝麻、亚麻等)较圆形种子(芸薹属)易受机械损伤。芸薹属种子不仅种子圆形且子叶折叠，能保护胚根和胚轴，可减少机械损伤。种子机械损伤降低了种子的耐藏性和田间出苗率。

7. 化学成分

为了改变玉米营养品质，培育高赖氨酸玉米品种是一种途径，但研究发现高赖氨酸品种的种子往往小而皱缩，活力降低。因此，育种工作者试图培育一种既能控制营养品质而又不降低活力的基因型，以解决种子活力与营养品质之间的协调性问题。Nass 等(1970)发现，影响玉米种子在 15℃、20℃和 25℃下发芽特性有不同胚乳基因，凡带有 A_1 基因的种子比缺少这种基因的种子具有更高的活力。玉米种子的含糖量也会影响种子活力，甜玉米种子可溶性糖含量高，胚乳皱缩，不耐贮藏，活力低下。

糯稻种子因化学成分的特殊性而不耐贮藏，活力较低。我国目前育成的转Bt基因抗虫棉种子，因其种仁小、蛋白质与脂肪比例失调，活力较常规棉花种子低(李爱莲等，1998)。

8. 幼苗形态结构

某些作物及品种的幼苗形态特征影响到田间出苗率。如大豆幼苗下胚轴的坚实性，使子叶易于顶出土面，有利于出苗和成苗；而有些玉米品种的幼苗芽鞘在出土前易开裂，使幼芽难以出土，降低了田间出苗率，并影响到植株的生长发育。

9. 低温发芽特性

不同作物或品种对低温的适应能力不同，有的品种低温发芽时胚根易裂开而影响出苗，但也有些大豆、玉米、草坪草品种萌发期间抗寒力强，低温发芽特性好，田间出苗率高。对于夏、秋大豆来说，萌发时的抗高温能力，也成为影响种子活力的因素。

10. 作物成熟期

作物成熟期的长短对种子产量和品质的遗传特性有较大的影响，应选育适合当地气候条件、成熟期适当的品种。有的品种成熟期较迟，可能产量有所增加，但种子活力可能会降低。因成熟期延长，受不良环境条件影响的机会增加，如成熟期间遇高温或低温、多雨或干旱均会使种子发育成熟受到不利影响，或加速种子老化劣变而降低种子活力。

二、环境因素

种子发育、成熟期间或收获之前的环境因素，以及种子加工、贮藏措施等，对种子活力均有重要的影响。

1. 土壤肥力与母株营养

不同作物种子对土壤肥力的要求和反应不同。小麦田土壤肥力对幼苗活力影响的研究表明，适当提高土壤中含氮量，可以提高种子蛋白质含量，增加种子大小和重量，提高种子活力和产量。进一步研究发现，高活力及高蛋白含量的小麦胚合成核糖体多，在萌发时形成的多聚核糖体多，能荷亦较高，幼苗早期生长好。微量矿质元素对种子活力也有明显影响，当土壤缺硼时，豌豆种子不正常幼苗增加；当土壤中钼的含量较高时，大豆种子活力降低；花生种子对一些微量元素特别敏感，当土壤中缺硼和钙时，其种子发育不正常，幼苗下胚轴肿胀，子叶发生缺绿现象；土壤缺锰会使豌豆胚芽损伤、子叶空心；土壤缺钙、缺锰条件下产生的种子易发生幼根破裂和种皮破裂现象，降低种子活力。

母株缺乏营养会影响种子发芽力和活力。当辣椒母株在明显缺氮、磷、钾、钙的培养液中生长时，除磷以外，缺乏其他元素均明显降低了种子发芽率。从低钾、低钙植株上采收的种子，在贮藏过程中发芽力迅速下降；豌豆植株在低磷培养液中生长，其产生的种子含磷量低，活力也降低；来自低钙母株的大豆、菜豆、蚕豆种子，其幼苗易遭受颈腐病，认为这是由于胚部分生组织中不能动员足够钙的数量，使下胚轴和胚芽细胞缺钙所致。母株缺钼、缺镁均会使后代因缺素而降低种子活力。

2. 栽培条件

群体密度与种子品质密切相关。农业生产上采用密植增加株、穗数，从而增加作物产量，但密植对留种田块并不适宜，因为密植通常会降低种子大小和重量，从而降低种子活力；更为严重的是密植会影响田间通风透光，增加田间温湿度和病害蔓延，促使植株早衰，导致收获后的种子发芽不良而降低种子活力。

适当灌溉能促进作物生长发育和增加种子饱满度，提高种子活力。种子发育期间过分干旱缺乏灌溉，则使种子变轻和皱缩而影响种子活力。

3. 发育成熟期间的气候条件

凡是影响母株生长的外界条件对种子活力及后代均有影响。种子成熟期间的温度、水分、相对湿度是影响种子活力的重要因素。为了生产优质种子，必须选择环境适宜的地区建立专门的种子生产基地。建立种子生产基地时，应选择土壤肥沃、排灌条件好、在种子成熟季节风雨少、天气晴朗的地区。

4. 种子成熟度

种子成熟度与种子大小、重量、活力等密切相关。种子活力水平随着种子的发育而上升，至生理成熟达最高峰。如甜瓜种子开花后 22～47 d 分期采收，种子发芽力随着成熟度提高而增加。种子成熟度与开花顺序有密切关系，因此植株不同部位的种子成熟度也有差异。芹菜、胡萝卜等属于伞形花序，通常低位花种子成熟度高，种子发育好，粒大，而高位花则相反。胡萝卜成熟种子较未成熟种子发芽迅速，具有较高的蛋白质、核酸含量、较高的 RNA、rRNA 和多聚腺苷-RNA 的比例。十字花科等无限花序植物，其种子不同部位的成熟度有差别，一般为下部＞中部＞上部，其种子活力的差别与成熟度相同。同一玉米穗由于吐丝时间的早迟，不同穗位的种子活力有较大的差异，一般为中部＞下部＞上部。棉花不同部位采收的种子活力水平也不一样，通常下部果枝的棉铃成熟早，但又未及时采收，暴露于田间条件下为时过长，并受到田间温度、湿度剧烈变化影响，易使种子老化而降低了活力。中部棉铃则成熟充分，及时采收，种子质量好，活力高，适宜留种。植株上部棉铃则成熟度差，活力也低，不易留种。双季晚粳稻种子往往由于成熟度不够，导致种子活力降低。

5. 种子机械损伤度

种子在收获后的清选、干燥、精选、包装、运输和贮藏过程中，难免会发生种子间或种子与金属等碰撞而造成机械损伤。种子机械损伤的程度往往与收获时的种子水分有关。试验表明，玉米水分在 14%～18% 时损伤较轻，种子水分较低(8%～12%)和较高(＞20%)时损伤均较重。大豆亦有相似情况，水分 12%～14% 时损伤较轻，水分 8%～12% 及 18%～20% 时损伤较重。这是因为种子水分低，质地较脆易破损或折断，水分过高则种子质软易擦伤或碰伤。机械损伤重则损坏种胚，使种子不能发芽或幼苗畸形，轻则破损种皮，降低种皮的保护作用，加速种子老化劣变，并易遭受微生物和仓虫为害，最终导致种子丧失活力。

6. 种子干燥措施

种子成熟收获后应及时进行干燥，延迟干燥和干燥温度过高将使种子活力降低。常用的干燥方法是升高温度，降低环境相对湿度，使种子水分下降。种质资源或少量的育种材料种子往往采用干燥剂吸湿干燥的方法降低种子水分。但干燥措施不当，如干燥温度过高或干燥剂比例过高等，会使种子脱水过快，导致种胚细胞损伤，降低种子活力。

7. 种子贮藏条件

种子贮藏的期限和方法、贮藏期间的环境条件(温度、湿度和氧气等的水平不同)对种子活力均有影响，这些因素在本章第五节种子寿命中加以详述。

8. 种子微生物及仓库害虫

在种子贮藏期间，由于种子本身带有微生物和病菌，能促进呼吸作用的加强及有毒物质的积累，从而加速种子劣变，导致种子活力下降。有些病菌在种子萌发期间侵染组织，使幼苗生长减慢甚至霉烂，影响田间出苗率。种子虫害直接破损种子的完整性，并促进了贮藏种子的呼吸代谢，加速种子老化劣变进程，严重时使种子失去发芽和出苗能力。

综上所述，种子的活力状况是由众多影响因素相互作用而决定的，遗传因素决定活力的可能性，而环境因素则决定活力的现实性。

三、种子活力与种子劣变的关系

种子是活的有机体，它与其他生物一样有生长、发育和衰老过程。种子活力与种子老化劣变存在密切关系，即种子活力水平高则种子劣变程度低。一般来说，当种子的干重增至最大，种子已达到生理成熟时，此时种子具有最高的活力和生活力，也就是达到了作物或品种本身遗传性活力的高峰。但是，不同作物和品种在成熟时的活力水平即遗传性活力是有差异的，这是由种子本身的遗传性所决定的(胡晋等，1989)。生态条件不同也会造成活力不同，凡是由生态条件造成不同活力，称为生理性活力(邹德曼，1984)。由于种子本身的遗传特性和环境条件的不同，会导致种子活力的降低和劣变程度的增加而发生明显变异。

①活力和劣变是相互作用的两个方面，种子劣变增强，则活力下降。

②种子劣变是不可避免的，它从生理成熟就开始发生(甚至在发育期间遇到不良条件活力就会降低)，最终活力下降的程度视环境条件而异。控制种子本身的状态和环境条件，可延缓活力降低的速度。

③种子劣变是逐渐加深和伤害积累的结果。在劣变前期，种子通过某些处理如 PEG 渗调引发，可以进行修复，恢复活力，但当劣变程度很深时，种子就失去修复能力，最终丧失活力。

④种子劣变是细胞膜、细胞器和细胞核内物质作用能力的改变所引起的。

⑤种子劣变程度较低时，即在失去发芽力之前，表现出发芽速率和生长速率及整齐度、健壮度均逐渐下降，且出苗时对环境条件的敏感性增加，即抵抗逆境能力下降。当劣变程度较低时，对种子生活力和发芽影响不大，而对活力有影响，因此可用活力测定的方法了解老化的程度。

⑥种子劣变最终的结果就是种子失去发芽能力或长成正常幼苗的能力。

种子老化劣变导致种子活力、生活力下降甚至生命力丧失，其机制是相当复杂的。郑光华(1986)参照 Roberts(1972)提出的设想图案并集中各方面的资料归纳为图 6-4。

从图 6-4 中可见种子活力的降低及生命力丧失的机制，可概括为两方面：一是外因的直接作用或间接影响；二是内在的演变过程。二者又有密切联系，外因是内部变化的诱发因子和条件。归根到底，老化劣变的实质在于细胞结构和生理功能上的一系列错综复杂的变化，既有物理变化，又有生理生化及遗传基础的变化，一种变化与另一种变化可能是互为因果的，也可能是齐头并进的，不能一概归结为从膜的损伤开始。实际上，自然老化尤其在高温高湿和缺氧情况下，其原发初始阶段是以代谢失调、受破坏，以致有毒物质积累占主导地位。种子活力与种子劣变之间的关系是现代活力和活力测定的主要生物学基础。随着现代研究技术和手段的不断进步，相信种子老化与劣变的实质将被逐渐探明。

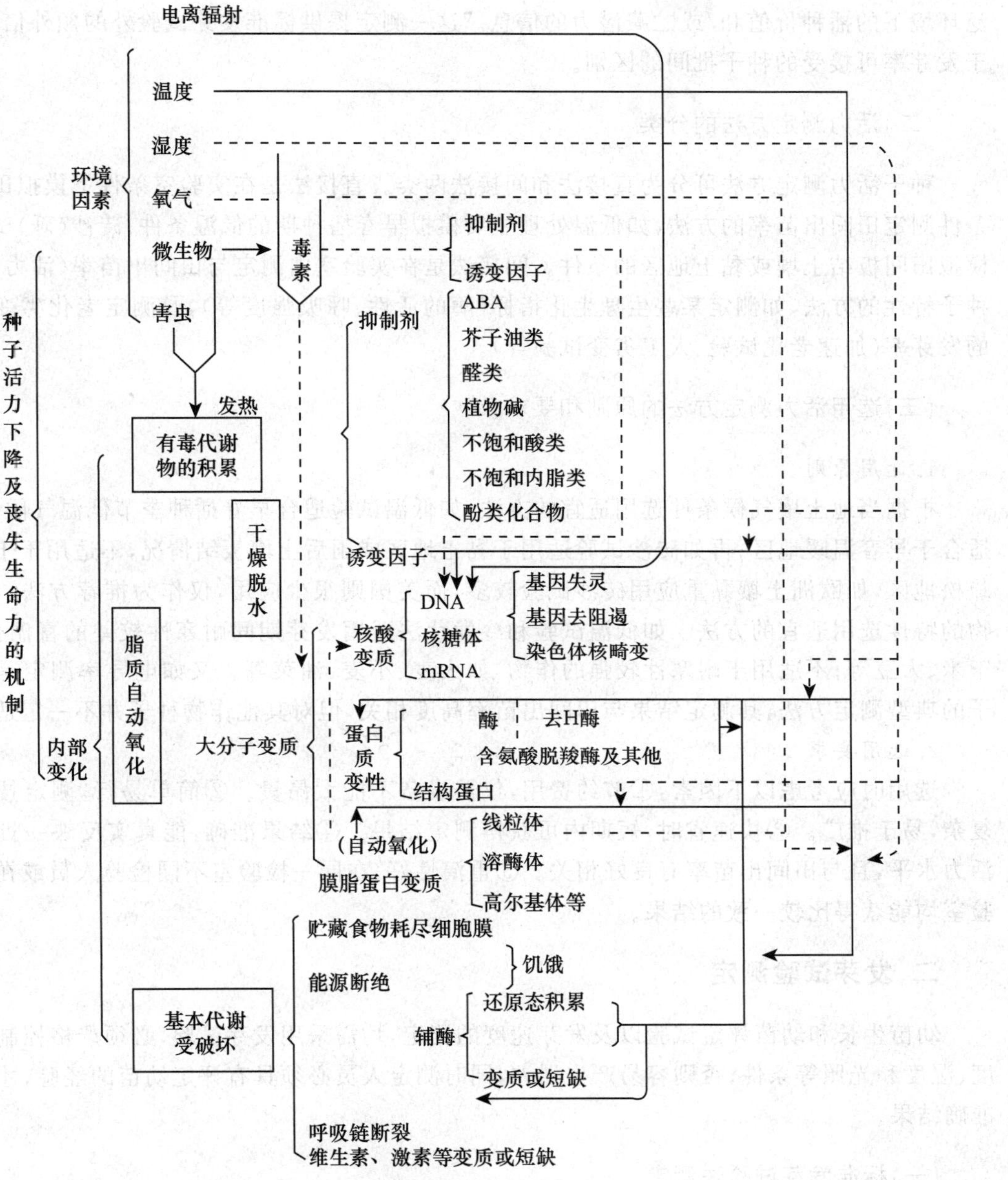

图 6-4 种子丧失生活力机制图

(引自郑光华,1986)

第三节 种子活力的测定

一、种子活力测定方法的分类和选用

(一)活力测定的目的

国际种子检验规程(ISTA,2004)提出种子活力测定的目的是"提供有关种子批在一个广

泛环境下的播种价值和/或贮藏潜力的信息。"这一测定提供标准发芽试验外的额外信息，以助于发芽率可接受的种子批间的区别。

(二)活力测定方法的分类

种子活力测定方法可分为直接法和间接法两类。直接法是在实验室条件下模拟田间不良条件测定田间出苗率的方法，如低温处理主要模拟早春播种期的低温条件；砖沙(砾)试验主要模拟田间板结土壤或黏土地区的条件。间接法是在实验室内测定与田间出苗率(活力)相关的种子特性的方法，如测定某些生理生化指标(酶的活性、呼吸强度等)，及测定老化劣变处理后的发芽率(加速老化试验、人工劣变试验等)。

(三)选用活力测定方法的原则和要求

1. 选用原则

根据当地土壤气候条件选用适宜的方法，如低温试验适合早春播种季节低温气候条件，不适合于早春温暖地区；再如砖沙试验适用于黏土地区或雨后土壤板结情况，不适用于土壤较为疏松地区，如欧洲土壤黏重应用砖沙试验较多，而美国则很少应用，仅作为推荐方法。根据作物的特性选用适宜的方法。如低温试验和冷发芽法适用发芽期间耐寒性较差的喜温作物，如玉米、大豆等；不适用于耐寒性较强的作物，如大麦、小麦、油菜等。又如电导率测定是豌豆种子的典型测定方法，其测定结果与田间出苗率高度相关，但对其他作物种子并不一定适合。

2. 选用要求

选用时应考虑以下因素：①节约费用，仪器设备不能太昂贵。②简单易行，测定技术不太复杂，易于推广。③快速省时，短期内可获得测定结果。④结果准确，能真实反映一批种子的活力水平，且与田间出苗率有良好相关。⑤重演性好，在同一检验室不同检验人员或在不同检验室均能获得比较一致的结果。

二、发芽试验测定

幼苗生长和幼苗评定试验以及发芽速度的测定，均需采用发芽试验，必须严格控制发芽温度、湿度和光照等条件，否则容易产生误差，同时测定人员必须具有评定幼苗的经验，才能获得准确结果。

(一)标准发芽试验法测定

该法是一种普遍采用的简单方法，适用于各种作物种子活力的测定，通过测定种子的发芽速度和幼苗生长势来判断种子活力高低，通常测定的指标有发芽势、发芽指数、芽长或根长、干重或鲜重、活力指数、简化活力指数、平均发芽日数、高峰值、日平均发芽率等。其中活力指数既能反映种子的发芽速度，又能反映幼苗的生长势，因而被广泛应用。其具体方法是采用标准发芽试验(standard germination test)，逐日记载正常发芽种子数(发芽缓慢的牧草、林木等种子，可隔一日或数日记载)，发芽试验结束时(或在初次计数日)测定正常幼苗长度或重量；然后按公式计算各种活力指标，比较各样品种子活力的高低。

1. 发芽势

发芽势一般以初次计数发芽率(%)表示。

2. 发芽指数(GI)

$$GI = \sum (Gt/Dt)$$

式中：Dt——发芽日数

Gt——与 Dt 相对应的每天发芽种子数

3. 活力指数(VI)

$$VI = GI \times S$$

式中：S——一定时期内正常幼苗的长度(cm)或质量(g)

4. 简化活力指数(SVI)

$$SVI = G \times S$$

式中：G——发芽率

S——一定时期内正常幼苗长度(cm)或质量(g)

简化活力指数测定适用于油菜、红麻等发芽速度较快的种子。

5. 平均发芽日数(MGT)

$$MGT = (\sum Gt \times Dt)/G$$

式中，Gt、Dt 与发芽指数公式相同。

平均发芽日数常用来表示发芽速率，平均发芽日数越少，发芽速度越快。

(二)幼苗生长测定

幼苗生长测定(seedling growth test)适用于具有直立胚芽或胚根的禾谷类和蔬菜类种子。具体测定的方法是取 4 份试样，每份 25 粒；取发芽纸(30 cm×45 cm)3 张，在其中 1 张纸的长轴中心画一条横线，距顶端 15 cm，并在中心线的上、下每隔 1 cm 画一条平行线。在中心线上每隔 1 cm 标一个点，共标 25 个点，在每点上放一粒种子(最好用无毒胶水将种子粘在点上)，胚根端朝向纸卷底部，再盖 2 层湿润发芽纸，纸的基部向上折叠 2 cm，将发芽纸松卷成直径约 4 cm 的圆筒状，两端用橡皮筋扎住，将纸卷竖放在容器内，上用塑料袋覆盖(或将纸卷直立于底部有水的烧杯中)，置于正常发芽所规定温度的恒温箱内黑暗下培养 7 d，然后统计苗长：计算每对平行线之间的胚芽或胚根尖端的数目，各对平行线之间的中点至中心线的距离依次为 0.5、1.5、2.5、3.5、4.5、5.5 cm 等，按下列公式求出幼苗平均长度。

$$L = \frac{n_1 x_1 + n_2 x_2 + \cdots + n x_n}{N}$$

式中：L——胚芽平均长度(cm)

n——每对平行线之间的胚芽尖端数

x——每对平行线之间中点至中心线之间的距离(cm)

N——种子试样粒数

发芽试验中不正常幼苗不统计长度。

此法在实际应用中，也可不画线，而在发芽试验结束时，直接用直尺测量每株幼苗的胚芽或胚根的长度，最后求平均值。

由于不同品种生长速度存在差异，因而此法测定结果的比较应在同一品种内进行。为防止杀虫剂和杀菌剂处理对种子在纸上萌发生长产生不利影响，测定前种子应尽可能不作任何处理。由于种子发芽速率受到原始水分的影响，因此测定前应将过湿或过干的种子平衡至相近的含水量。此外，使用此法测定种子活力必须严格控制环境条件的一致性。

直根作物种子(如莴苣等种子)可用直立玻板法测定其幼根长度，其方法是：各重复取滤纸2张，其中一张画一条中心线，用水湿润贴在玻璃板上，将预先吸胀的25粒种子等距排在中心线上，盖上一张湿润滤纸，将玻板与水平呈70°角斜放在水盘中，于25℃黑暗下培养3 d，然后测量根的长度，计算平均值。此法还适用于胡萝卜、萝卜、甜菜等小粒根菜类种子。

(三)幼苗评定试验

对大粒豆类种子，因其细弱苗可达到相当的长度，不能用幼苗长度表示活力，可采用幼苗评定试验(seedling evaluation test)。具体是采用标准发芽试验方法，将幼苗分成不同等级进行评定。以豌豆种子为例：取4份试样，每份50粒，种子置于砂床中，深度3 cm，于20℃、95%～98%相对湿度、光照12 h、光强12 000 1x的条件下培养6 d，取出幼苗洗净进行幼苗评定，先将种子分成发芽和未发芽两类，再将发芽种子的幼苗分成三级：①健壮幼苗：胚芽健壮，深绿色，初生根健壮或初生根少但有大量次生根。②细弱幼苗：胚芽短或细长，初生根少或细弱。③不正常幼苗：根或芽残缺或根芽破裂，苗色褪绿等。第一级为高活力种子，第二级为低活力但具有发芽力的种子，一级、二级相加即为种子发芽率，活力测定结果以健壮幼苗百分率表示。

三、逆境试验测定

逆境试验是将种子置于不同的逆境条件下处理，由于高活力种子抗逆能力强，经逆境处理仍能保持较高发芽力，幼苗生长正常，而低活力种子则相反，以此鉴定种子活力水平，测定结果与田间出苗率相关较为密切。常用的方法有以下几种。

(一)冷冻测定

1. 测定原理

冷冻试验亦称抗冷测定，主要适用于春播喜温作物，如玉米、棉花、大豆、豌豆等。该法是将种子置于低温潮湿的土壤中处理一定时间后，移至适宜温度下正常生长，模拟早春田间逆境条件，观察种子发芽成苗的能力。高活力种子经低温处理后仍能形成正常幼苗，而低活力种子则不易发育成正常幼苗。

2. 测定方法

通常采用土壤卷法和土壤盒法。

(1)土壤卷法

取种子50粒，4次重复。每一重复的种子排放在双层的、经充分吸湿并在10℃下预冷的纸巾(30 cm×60 cm的发芽纸)上，种子在距纸巾顶边6 cm和12 cm处排成两行，每行25粒种子，然后覆盖土壤(从所需测定作物的地里取土)，保证所有种子直接与土壤接触。再用一张吸湿的发芽纸覆盖在上面，并将播有种子和土壤的发芽纸松卷成筒状，竖放在内有金属线分隔器的塑料桶或其他容器内，并保证纸巾卷互相不接触。在塑料桶或容器顶部套盖上塑料袋防止水分的散失，将容器置于(10±0.5)℃的低温黑暗下处理7 d，再移至25℃的黑暗条件下生长 5 d，按照标准发芽试验的标准评价幼苗，也可以将幼苗按强壮、细弱等进行分类。

(2)土壤盒法

取种子 50 粒，重复 4 次，播于装有 3～4 cm 深的土壤盒内，然后盖土 2 cm，在 10℃的低温下处理 7 d 后，移入适宜温度下培养。玉米、水稻于 30℃条件下经 3 d，大豆、豌豆于 25℃条件下经 4 d；按照标准发芽试验的标准评价幼苗，统计发芽率。此法程序简单，但所占空间较大。

(二)低温发芽试验

1. 测定原理

低温发芽试验(cool germination test)主要适用于棉花，也可用于高粱、黄瓜、水稻等。棉花早春播种常遇低温，会引起胚根损伤，下胚轴生长速率降低。棉花发芽最低温度一般为 15℃，本法采用 18℃低温模拟田间低温条件。

2. 测定方法

试验方法与标准发芽试验基本相同。种子置砂床后于 18℃、黑暗条件下发芽，培养 6 d(硫酸去绒种子)或 7 d(未去短绒种子)，检查幼苗生长，凡苗高达 4 cm 或以上的即为高活力种子。低温发芽试验法也可用纸巾卷发芽，用 30 cm×45 cm 的湿润发芽纸 2 张，置放 50 粒种子(类似于纸间发芽)，上盖一张湿润的发芽纸，将发芽纸松卷成筒状，筒直径约为 4 cm，用橡皮筋扎住纸卷两端，斜放在桶或盒内，容器上顶留有 10 cm 的空间，用塑料袋套住容器，用橡皮筋扎紧，将容器置于 18℃、黑暗条件下处理 7 d，然后将种子分成正常幼苗和不正常幼苗，计算正常幼苗从根尖到子叶着生点的距离，凡达到 4 cm 或以上的作为高活力种子。

(三)加速老化试验

加速老化试验(accelerated aging test)简称 AA 测定。目前主要用于两方面的预测，一是通过预测田间出苗率，评价种子活力的高低；二是预测耐藏性，Delouche 和 Baskin(1973)报道经加速老化后高和低质量种子批的发芽率与同批一定贮藏期间的发芽率变化趋势具有显著相关性，后来研究证实在许多贮藏条件下，该法能预测许多不同种的寿命。

1. 测定原理

加速老化试验是根据高温(40～45℃)和高湿(约 95%相对湿度)能导致种子快速劣变这一原理进行测定。高活力种子能忍受逆境条件处理，劣变较慢；而低活力种子劣变较快，产生较多的不正常幼苗或者完全死亡。国际种子检验协会出版的活力测定方法手册推荐和建议了一些种的加速老化条件(表 6-1)。

表 6-1 不同作物种子加速老化试验条件(ISTA，1995)

属或种名	内箱		外箱		老化后种子水分
	种子重量/g	箱数目	老化温度/℃	老化时间/h	/%
推荐：					
大豆	42	1	41	72	27～30
建议：					
苜蓿	3.5	1	41	72	40～44

续表 6-1

属或种名	内箱		外箱		老化后种子水分/%
	种子重量/g	箱数目	老化温度/℃	老化时间/h	
建议：					
菜豆(干)	42	1	41	72	28～30
菜豆(法国)	50	2	45	48	26～30
菜豆(菜园)	30	2	41	72	31～32
油菜	1	1	41	72	39～44
玉米(大田)	40	2	45	72	26～29
玉米(甜)	24	1	41	72	31～35
莴苣	0.5	1	41	72	38～41
绿豆	40	1	45	96	27～32
洋葱	1	1	41	72	40～45
辣椒属	2	1	41	72	40～45
红三叶	1	1	41	72	39～44
黑麦草	1	1	41	48	36～38
高粱	15	1	43	72	28～30
苇状羊茅	1	1	41	72	47～53
烟草	0.2	1	43	72	40～50
番茄	1	1	41	72	44～46
小麦	20	1	41	72	28～30

2. 测定方法

以大豆种子为例，介绍 2004 年版国际种子检验规程中的测定程序(ISTA，2004)。

(1)准备样品(检查、调整种子水分)

采用烘箱法测定种子批的水分。对于水分低于 10%或高于 14%的种子批，应在 AA 测定前将其水分调节至 10%～14%。对于水分低于 10%的种子，可以在高湿度环境下吸湿；高于 14%的种子，可以在 30℃下烘箱干燥，直至达到要求的水分。

(2)检查设备和材料

①老化外箱。推荐应用能保持恒温的水套培养箱。如果没有水套培养箱，也可使用其他可加水的培养箱。在使用其他培养箱时，应防止凝结水掉在内箱盒上，在盖内产生凝结，从而导致种子水分的提高，降低发芽率，引起种子发霉。

②老化内箱。老化内箱是带盖的塑料盒，大小为 11.0 cm×11.0 cm ×3.5 cm，内有一个网架盘 10.0 cm×10.0 cm×0.3 cm(网孔为 14 mm×18 mm)(图 6-5)。老化内箱可买，也可自制，注意盖不应密封。

老化外箱的温度必须经过标准检定或类似的温度计检测。收集按规定的程序/系统进行操作的老化外箱的温度和其均匀度的记录数据，如果记录显示能达到表 6-1 所规定的温度[如对于大豆种子，所有水平均应达到(41±0.3)℃]下才能进行AA测定。保证老化盒的清洁，为了防止菌类污染，使用过的老化盒、盖和网架必须经过热消毒或用15%次氯酸钠溶液洗净并烘干，才可进行AA测定。

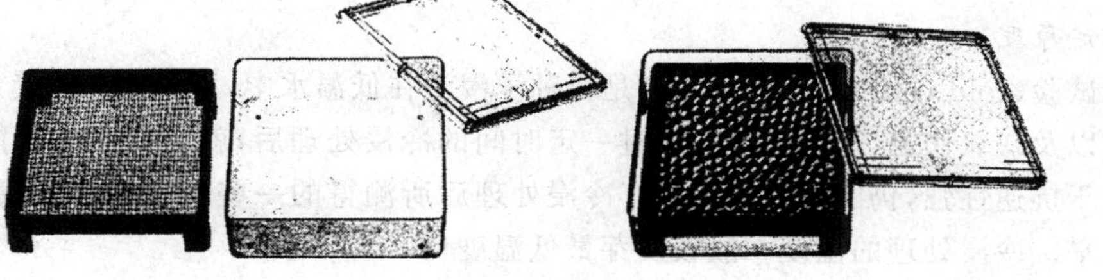

图6-5　老化盒及网架盘

(3)加速老化

①准备老化盒(内箱)。把40 mL去离子水或蒸馏水放入塑料老化内盒中(图6-5)，然后插入网架，确信水不渗到网架和后来置放的种子上。一旦在处理时水直接渗到种子，则必须用另一份试样种子替代。从净种子中称取(42±0.5)g大豆种子，称重后放在网架上，摊成一层以保证种子的吸湿。盖上盖子，但不要密封。每次外箱用于AA测定，应包括一个对照样品。

②使用老化外箱。内箱排成一排放在架上，同时放入外箱内。为了使温度均匀一致，外箱内的两个老化盒之间间隔大约为2.5 cm。记录内箱放入外箱的时间。准确监控老化外箱的温度在表6-1规定的范围和时间内，如大豆种子在(41±0.3)℃温度下保持72 h。在老化处理期间，不能打开外箱的门。如果这时已经打开门，应从箱中取出种子重新进行测定。

(4)检查老化后对照样品的水分

在老化结束进行标准发芽前，在内箱的对照样品中取一小样品(10～20粒)，立即称重，用烘箱法测定种子水分(以鲜重为基础)。记录对照样品种子水分，如果种子水分低于或高于表6-1所规定的值(对于大豆，种子水分应在27%～30%)，则试验结果不准确，应重做试验。也可预先根据处理样品的重量，以表6-1所规定的水分范围值进行换算，用称重法判断老化后的种子水分是否符合要求。

(5)发芽试验

经72 h老化后，从外箱中取出内箱，记录时间。取出1 h内，用50粒种子、4个重复进行标准发芽试验。如果在同一天内有几批种子进行老化试验，样品应进行分类，试验时间应间隔1 h以上，以便有足够的时间在老化后进行置床发芽。大豆种子发芽的条件已在GB/T 3543.4中给出。

(6)结果计算与表示

用50粒种子4次重复的平均结果表示人工老化发芽结果，以百分率表示。

(7)结果解释

AA测定并不提供一个绝对的活力范围，只是通过一段时间的高温、高湿逆境后进行发芽试验的结果。该结果与老化前同一种子批的发芽试验结果比较，如果AA结果类同于标准发芽试验结果为高活力，低于标准发芽试验结果为中至低活力。这样，可用该结果来排列种子批活力，来判定贮藏潜力或种子批的播种潜力。

其他作物的老化方法也可参考国际种子检验协会活力测定方法手册中的推荐的老化温度和时间。

(四)冷浸试验

1. 测定原理

冷浸试验(cold water soaking test)是将种子浸泡在低温水中,种子因此会受到冷害、快速吸胀损伤以及缺氧伤害,低活力种子经过一定时间的冷浸处理后,就会失去发芽能力,而高活力种子由于抗逆性强,仍能保持发芽力。冷浸处理后所测得的一些发芽指标能较好地反映种子活力水平。冷浸处理的温度一般较发芽最低温度低 3～6℃。

2. 测定方法

取试样 100 粒,4 次重复,用纱布松松包好,挂上标签,浸入冷水中,花生 8～10℃浸 2 d,小麦 2～4℃、玉米 6℃浸 3 d,然后取出种子按标准发芽试验方法测定种子活力,计算发芽势、发芽率、发芽指数和活力指数等指标。

(五)复合逆境测定

复合逆境测定是将种子进行一种以上的逆境胁迫处理,然后转入适宜条件下进行发芽。此类方法评定活力的指标是基于一种以上的活力测定原理,因而能更准确地反映种子活力水平,试验结果与田间出苗率相关极显著,且重演性较好。目前,此法主要用于玉米、小麦种子,如将加速老化处理的种子再进行低温处理,然后进行适温发芽,统计正常幼苗的百分率,即加速老化试验与低温处理试验相结合测定种子活力。又如,玉米种子的饱和抗冷测定,是将种子置于水分饱和的土壤床中进行低温处理试验,属于冷浸试验和低温处理试验二种原理相结合的复合逆境测定。

四、生理生化测定

(一)电导率测定

电导率测定是被列入 ISTA 种子检验规程的两种种子活力测定方法之一。

1. 测定原理

种子吸胀初期,细胞膜重建和修复能力影响电解质(如氨基酸、有机酸、糖及其他离子)渗出程度,重建膜完整性速度越快,渗出物越少。高活力种子能够更加快速地重建膜系统,且能最大限度修复损伤,而低活力种子则差。因此,高活力种子浸泡液的电导率低于低活力种子的。电导率与田间出苗率呈负相关。

2. 适用范围与局限性

《国际种子检验规程》所规范的电导率测定适用于豌豆种子;国际种子检验协会(ISTA)活力手册指出该法也适用于许多其他种子,如大粒豆科种子(特别是大豆、绿豆等)、棉花、玉米、番茄和洋葱等种子。电导率测定作为一种快速、客观的活力测定方法,特别适宜大多数种子检验室检测,因为该项目的仪器投入较少和人员培训简单。

但有几种因素影响电导率结果,一是大粒豆类种皮的物理损伤导致水分快速吸收,造成机械损伤和高水平的电解质渗漏,因此,某些研究者建议除去物理损伤种子。然而机械损伤种子的肉眼观察是主观的、不准确的，去除这些种子会导致种子活力的过高估计。目前，只能按照ISTA规定从样品中扦取净种子，这样才能提供不偏样品供检验。二是取样种子的大小会影响电导率结果，应在测定前进行称重，并将结果表示为μS/(cm·g)。三是种子原始水分，应在测定前预先测定种子水分，并调节种子水分至10%～14%。四是处理种子的影响，电导率测定一般应选用未经药剂处理的种子。

3.测定程序

以《国际种子检验规程》测定豌豆种子为例。可用直流电或交流电直接读数的电导仪，电极常数必须达到1.0(电极常数是指电极板之间的有效距离与极板的面积之比)。最好使用去离子水，也可使用蒸馏水。凡使用的水必须进行电导率测定。在20℃下，去离子水电导率不超过2 μS/cm；蒸馏水电导率不超过5 μS/cm。使用前水温应保持在(20±1)℃。为了保证有适宜的水浸没种子和电极，烧杯和容器的容量为500 mL，基部宽(80±50)mm。容器使用前必须冲洗干净，并用去离子水或蒸馏水冲洗两次。

(1)预备试验

①校正电极：电导仪开始使用之前或经常使用一定时期(每隔2周)内，应参照使用说明对电极进行校正，确保读数准确。

②检查仪器清洁度：测定前，应清除烧杯和电极可能存在的杂质或其他化学物质的痕迹。

③检查温度：检查发芽箱、培养箱和发芽室的温度和水的记录数据。只有记录显示达到规定的温度(20±1)℃才能进行电导率测定。

(2)测定程序

①检查种子水分：记录种子水分，确定种子批的水分为10%～14%。

②准备烧杯：准确量取250 mL去离子水或蒸馏水，放入500 mL的烧杯中。每种子批测定4个烧杯，用铝箔或薄膜盖好，以防止污染。在盛放种子前，先在20℃下平衡24 h。为了控制水的质量，每次测定时准备两个只含去离子水或蒸馏水的对照杯。

③准备试样：随机从种子批净种子部分数取每个各为50粒的4个次级样品，称重至0.01 g。

④浸种：已称重的试样放入盛有250 mL去离子水的500 mL预先贴有标签的容器中。轻轻摇晃容器，确保所有种子完全浸没。所有容器用铝箔或薄膜盖好，在(20±1)℃下放置24 h。在同一时间内测定的烧杯的数量不能太多，不能超过电导率评定的数目，通常为10～12个容器，一批测定一般不超过15 min。

⑤准备电导仪：正式测定前15 min启动电导仪。每次测定同时用去离子水或蒸馏水填满容器杯400～600 mL冲洗电极。

⑥测定溶液电导率：24 h±15 min的浸种结束后，应马上测定溶液的电导率。盛有种子的烧杯应轻微摇晃10～15 s，移去盖子，电极插入溶液中(不需过滤)，但应注意不要把电极放在种子上。测定几次直到获得一个稳定值。每一个试样重复测定结束后，必须用去离子水或蒸馏水冲洗电极两次，并用滤纸吸干，然后再测定下一个试样重复。如果在测定期间观察到硬实，测定电导率后应将其除去，记数，干燥种子表面，称量，并从50粒种子样品重量中减去其重量。

⑦扣除试验用水的电导率：在(20±1)℃测定对照杯的去离子水或蒸馏水的电导率。每一重复的测定值减去对照杯的测定值。

(3)结果计算与表示

根据下式计算每一重复的种子重量的每克电导率：

电导率[5 μS/(cm·g)]=[每一个试样重复的电导率(μS/cm)]/[种子样品的重量(g)]

4 次重复间平均值为种子批的结果。4 次重复间容许差距为 5 μS/(cm·g)(最低和最高的差),如超过,应重做 4 次重复。

(4)结果解释

根据电导率测定结果,即可用活力水平对种子批进行排列。凡是电导率低的种子批为活力强的,反之,则弱。如果经过电导率与田间成苗率相关关系的研究,就可确定每种作物、每个品种种子质量分级的电导值,评定种子批的种用价值,指导播种。

(二)四唑法测定

1. 测定原理

氧化态的无色的氯化三苯基四氮唑(TTC),接受了活种子呼吸过程脱氢酶所产生的氢,而变成还原态的红色三苯基甲臜。种子染色后经丙酮提取,在分光光度计上测定光密度值,或从标准曲线查出 TTC 含量(μg/mL),以定量计算脱氢酶的活性。其光密度高或 TTC 含量高,则表明种子活力强。

2. 标准曲线的配制

在容器瓶中配制 0.1%TTC 母液(即 1 000 μg/mL)。取 5 mL 容量瓶 5 只,每只瓶中加入极少量(粒数)的强还原剂连二亚硫酸钠($Na_2S_2O_4$),以便将四唑还原成红色的甲臜,用微量注射器分别加入 0.1%TTC 溶液 25 μL、50 μL、75 μL、100 μL、150 μL,并加水定容,摇匀,配制成每毫升含有 5 μg、10 μg、15 μg、20 μg、30 μg 的标准溶液。在 490 nm 波长的分光光度计下,分别测定其光密度,并绘出标准曲线图。

3. TTC 含量测定

将待测种子浸泡至充分吸胀,除去种皮,剥出种胚(大粒种子)或整粒种子(中、小粒种子),每个样品取数量相同的颗粒(如种子大小均匀时,还可称鲜重),重复 3 次。将样品放入具塞试管中,加 10 mL 0.1%TTC 溶液,试管放置在 38℃左右的恒温水浴中,加盖保持在黑暗条件下,时间长短随种类而异,一般 1～3 h 即可,倾出 TTC 溶液,以终止反应,用水冲洗样品 2～3 次,以粗滤纸吸去浮水,观察并记录样品染色部位、程度,并按圆形法记录。同时将样品倒入研钵,加少许分析纯石英砂及丙酮,充分研碎,把研磨液全部倒入容量瓶中,再用丙酮冲洗研钵 2～3 次,一并倒入容量瓶,定容并摇匀。将部分提取液倾入 10 mL 离心管中,于 3 000 r/min 下离心 5 min,吸出一定量的红色上清液,供比色用。若上清液混浊,可加入 1%的 NaCl 溶液数滴(以溶液达到清亮为度)。然后在分光光度计 490 nm 波长处测量光密度值。再从标准曲线中查出相应的还原态 TTC 量。

4. 简化 TTC 定量法

为了简化测定手续,也可略去标准曲线的配制和换算 TTC 含量等步骤,按上述说明进行样品的浸泡、染色、提取和光密度测定,直接按光密度的高低,评定种子活力的高低。

第四节 种子活力的调控

种子活力的高低主要受遗传和环境等因素的影响。遗传因素的影响主要与种被的保护性、籽粒的化学成分、幼苗的出土性状和抗逆能力等有关。

种子发育成熟期间及收获后加工、运输和贮藏过程的环境因素对种子质量影响很大,必须有针对性地采取一些措施减少或降低不利因素的负面效应,才能保持或提高种子的活力水平。

一、获得高活力种子的途径与措施

1.合理调节养分

作物生长期间,氮、磷、钾三要素对种子来说都比较重要。氮素可以增加种子重量与饱满程度,钾素则可以延长种子寿命,它们对种子活力都有一定的提高作用。除了氮、磷、钾3种元素之外,还需钙、镁、硫、硼、锰、铜、锌、钼等常量元素和微量元素,各种元素在植株生长发育过程中的生理作用是不同的,缺少任何一种均会引起生理代谢的失调,直接或间接通过母株影响种子的成熟过程,导致种子发育不良、千粒重下降、生活力和活力降低。

2.选择适宜的地理环境和生产季节

种子成熟期间的温度、水分、光照是影响种子活力的重要因素。植株在成熟灌浆期间要求逐渐降低温度,以利于养分的积累,晴朗的天气和适宜的气温能促进籽粒灌浆。高温下,营养物质转移较快,但细胞组织老化也快,酶活性丧失早,物质消耗多,种子过早停止养分的积累,对成熟品质和产量是不利的;温度过低,会引起种子冻害。

成熟期间雨水过多,植株光合作用大大降低,养分积累减少,而且容易造成倒伏。蜡熟后期多雨,有些作物种子甚至会穗上发芽,造成种子活力下降。因此,种子成熟期应避开高温多雨的天气,以保证种子的产量和质量,获得高活力的种子。

3.及时防治穗部病害

感病的和生长瘦弱的母株产生的种子比健壮母株产生的种子活力低,感病母株还将病原菌传给种子,带病种子在贮藏过程中更容易变质。为了获得高活力的种子,首先要使母株生长健壮,在栽培上保证充足氮、磷、钾肥以及微量元素肥料,提高植株的抗病性。此外,当发生病害时尤其是穗部病害,应及时加以防治,以免影响种子的产量和活力。

4.及时收获,快速脱水,分收分藏

种子成熟后要及时收获快速干燥脱水。过早收获,由于种子尚未发育成熟,不仅影响产量,还造成种子发芽率和活力的降低;过晚收获,有可能因自然衰退而使种子活力下降。在最适宜的采种期采收种子是保证较高种子活力的有效措施。种子采收后必须立即妥善干燥、降低种子水分,以达到安全水分的标准,这样才利于保持种子的生命力和活力。干燥时的温度对种子的品质及活力影响最大,在干燥时应针对不同类型的种子区别对待。淀粉类种子,可采用较高温度干燥,但不宜超过43℃;蛋白质类种子,应采用较低温度干燥,如果高温下干燥,易使种皮破裂,蛋白质变性,影响种子生活力;油脂类种子,一般来说,宜采用中等温度干燥,且由于其种皮易破裂,在较高温度下容易走油,干燥时应注意这一特性。

另外，对种子进行精细清选也是提高种子活力的有效方法之一，精细清选可以去除其他种子、杂质及带病、未成熟和不饱满的种子，有利于提高种子活力。

二、种子活力的保持

通常种子在收获后需有一段运输贮藏保管过程，在这些过程中，种子活力会逐渐降低，必须采取措施创造良好的贮藏条件，延缓衰老，保持种子活力。种子贮藏时的管理措施要围绕保持种子活力和尽量降低它的呼吸作用来考虑。运输贮藏保管期间种子含水量、温度和通气条件最为关键，因而必须特别注意。适当的超干处理，保持较低的含水量，合适的贮藏温度都有助于延长种子的贮藏寿命，保持种子活力。

种子贮藏于恒定、较低湿度的环境中，保持种子的平衡水分在安全贮藏所要求的水分以下，可使种子较长期地具有较高的活力和生活力。贮藏温度是影响种子质量的一个重要因素，在一定范围内，种子的贮藏寿命随温度的升高而缩短，在高温条件下，呼吸作用增大，容易引起种子劣变，活力降低。在贮藏中采用通风与密闭的保管方式。通风可以散热，驱逐湿气，对种子贮藏有利；而密闭则能保持种子原来的干燥状态，因而贮藏期中种子质量的变化小。有研究表明超干贮藏能较好地保持种子活力。种子超干贮藏是指把种子含水量降低到传统 5%的安全含水量的下限，在常温下进行贮藏的技术。霍平慧等对紫花苜蓿草种子进行超干贮藏，结果表明，播种 30 d 时，超干处理种子的出苗数较含水量 9.03%的种子提高 25%～ 50%。超干处理对于保持种子活力及提高种子贮藏性能具有一定的积极的作用，其效果大小与种子化学组成有一定的关系，含疏水物质的种子，超干处理效果要好一些。同种作物种子，超干处理的方法不同，作用效果也有很大差别。

同时还要避免虫害和鼠害，抑制微生物的活动，使种子活力不受这些环境因素的影响。

对于商售种子来说，如果仓库所处的地区干燥且低温，则天然贮藏也可以，即使是种质资源的种子，也可以贮藏于天然环境，例如，北欧五国的联合种质库即将一批种子贮存在北部长期结冰的矿洞中。

三、种子活力的恢复与提高

种子衰老及活力下降后，往往可以利用不同处理方法使其幼苗有更佳的表现，包括迅速及均匀出苗等性状。大量的研究与实践证明，种子活力是可以通过若干处理而获得一定程度的恢复或提高的。

1. 渗透调控

如用 PEG＋H_2O_2 处理、SPP(交联型聚丙烯酸钠)引发处理、湿冷处理或热气焖种、丸化处理以及“回干”处理等均能起到“渗控”引发而提高种子活力的效果，但不同的方法效果差异较大，有些药剂处理成本又太高，目前在生产上应用尚处于起步阶段。

2. 有机溶剂渗入法

由于有些生长调节物质(激素)、杀虫剂、杀菌剂等不能直接溶于水，可通过有机溶剂浸种后把上述物质带到种子内来引发、恢复和促进种子活力。

3. 物理因素处理

例如，经过磁场、电场、超声波及微波等处理后，可能会提高种子的活力及幼苗性能的表现，这些方法尚在试验中，目前在生产上应用较少。

本章小结

种子活力是指种子的健壮度，包括迅速整齐萌发的发芽潜力、生长潜势和生产潜力，是种子播种质量的重要指标，也是种用价值的主要组成部分。高活力种子具有明显的生长优势和生产潜力。影响种子活力的因素主要有遗传因素（内因）和环境因素（外因）两大方面，可以有针对性地采取一些措施减少或降低不利因素对种子活力负面影响，保持或提高种子的活力水平。测定种子活力的方法可分为直接法（低温处理、砖沙试验等）和间接法（酶活性测定、加速老化试验等）两类。

思考题

1. 试述种子活力的概念和意义。
2. 种子活力和种子生活力有何区别与联系？
3. 根据影响种子活力的因素以及种子的劣变机制，简述获得高活力种子的途径与措施。
4. 种子活力测定的常用方法有哪些？

第七章 种子寿命

知识目标

1. 了解种子寿命在生产上的意义及种子寿命的差异性。

2. 掌握种子衰老的表现。掌握影响种子寿命的内因和外因。

能力目标

1. 学会细胞活性染色方法。

2. 能鉴别不同老化程度的种子。

第一节 种子寿命的概念及其差异

一、种子寿命的概念

1. 种子寿命的概念

种子寿命因植物类型、贮藏条件不同而有很大差异，且与农业生产密切相关。种子寿命(seed longevity)是指种子在一定环境条件下所能保持生活力的期限，即种子能存活的时间。它是一个群体概念，指一批种子从收获到发芽率降低到50%时所经历的天(月、年)数。当然，每粒种子也都有它们各自的生存期限，但到目前为止，尚无法测定单粒种子的生物学寿命。只能用取样的方法，每隔一定时间，从种子群体中取出一小部分作为代表，测定其存活率。将半活期作为种子寿命的指标，是因为一批种子的死亡是呈正态分布的，半活期正是种子的死亡高峰，且到了半活期的种子，虽还有50%种子能发芽，但这些种子的活力水平已很低，常常不能长成正常植株，从而失去了种用价值。

2. 种子寿命与农业生产的关系

种子作为最重要的农业生产资料，其寿命的长短与农业生产密切相关。首先，种子寿命与种子在农业生产上的使用年限呈正相关，种子的寿命愈长，其在农业生产上的利用年限就愈长。长寿命的商品种子，常易于保存，贮藏费用低。虽然种子寿命与其在农业生产上的使用年限呈正相关，但以半活期的概念作为种子寿命的指标显然是不适宜的。研究表明，种子发芽率愈高就愈接近田间出苗率，当种子发芽率下降时，田间出苗率下降更快，而当一批种子发芽率下降严重时，是无法用加大播种量来弥补因衰老导致生产潜力下降所造成的损失，这是因为某些衰老种子尽管能正常发芽，但在田间条件下却无法长成正常幼苗甚至不能出苗。因此，农业生产上种子寿命的概念或称使用年限，应指在一定条件下种子生活力保持在国家颁布的质量标准以上的期限。

二、种子寿命的差异

种子寿命因植物种类不同有很大的差异，短则数小时，长则可达百年、千年。关于长寿命种子的研究已有不少报道。早在1923年，我国辽东半岛的普兰店河流域就发现过古莲子，不仅发芽而且长成了正常的植株；1952年北京植物园又派人前去挖掘，得到古莲子保存至今，经过测定，这些古莲子的寿命为(1 040±210)年。据报道，1984年5月，北京西郊温泉乡太舟坞村一鱼塘中，未种而忽生满塘荷花，经研究，是埋在地下(580±70)年的古莲子萌发所致。1967年美国曾有资料报道，世界上最长命的种子为北极的羽扇豆，估测的寿命为1万年，是在北美育空河中心地区冻土层的旅鼠洞中发现的，共有20粒，其中6粒长出了正常植株。然而，极长命和极短命的种子总是少数，大多数农作物种子的寿命常在几年至十几年。

种子寿命的长短，受多方面因素的影响，在不同地区和不同条件下的观察结果差异很大，因而对寿命长短的划分也难有一个统一标准。到目前为止，较有代表性的种子寿命划分方法有如下几种。

1.依据寿命的长短分类

这种分类是Ewart提出的，他把种子分为短命、中命、长命三大类。短命种子的寿命一般在3年以内；中命种子或称常命种子，寿命在3～15年；长命种子的寿命在15～100年甚至更多。根据他的分类标准，短命类中多为林果种子，如杨、柳、板栗、扁柏、坡垒、可可及柑橘类种子等，农作物中很少，只有甘蔗、花生、茶等。短命种子通常含油分较高，种被薄脆，保护性差，或者需要特殊的贮藏条件。中命类种子中包括了大多数农作物，主要有禾谷类如大麦、小麦、水稻、玉米、高粱、谷子、荞麦，以及豆类的一部分如大豆、菜豆、豌豆等，另外还有棉花中的中棉，十字花科的油菜，百合科的葱、韭等。长命种子的种皮都较坚韧致密，有的还具有不透水性，通常含油分较低且多偏于小粒种，主要包括豆科的绿豆、豇豆、紫云英、刺槐、皂荚，葫芦科的南瓜、黄瓜、西瓜、甜瓜等，棉花中的陆地棉、埃及棉，茄科的茄子、烟草，睡莲科的睡莲，另外还有芝麻、萝卜等。

2.依据种子贮藏的难易程度分类

Delouche等根据亚热带和热带主要农作物种子寿命的差异把种子分为易藏、中等、难藏三类。易藏的种子有水稻、谷子、大麦、燕麦等；难藏的有大豆、花生，其他为中等，包括棉花、珍珠粟、菜豆、高粱、小麦和玉米等。根据这种分类方法并结合生产实际不难看出，易藏类种子多是籽粒外包有稃壳，因而不易吸湿、生虫和发霉，种子寿命也就较长。

3.依据种子贮藏行为分类

Roberts根据种子的贮藏行为即种子对脱水干燥的适应性和对贮藏环境的需求，于20世纪70年代初将种子分为正常型和顽拗型两类。随后，Ellis等又进一步提出了中间型种子的概念，从而将种子分为3种类型，即正常型(orthodox seed)或称为传统型种子、中间型种子(intermediate seed)和顽拗型种子(recalcitrant seed)。

正常型种子耐干燥，在含水量降到较低水平时不会受到伤害，种子寿命一般随含水量和贮藏温度的下降而延长。大多数作物种子属正常型。顽拗型种子对脱水和低温高度敏感，在干燥时会受到损伤。新鲜的顽拗型种子的生活力会随种子干燥而降低，当含水量降低至某一相对临界水分或称最低安全水分以下时，种子生活力全部丧失。顽拗型种子的植物主要有两类，一类是水生植物如水浮莲、菱、茭白等；另一类是热带大粒木本植物如椰子、杧果、面包树、可可、橡胶、荔枝、龙眼、枇杷、栎树和木菠萝等，并有少数温带植物如板栗、银杏等。

中间型种子表现出介于正常型和顽拗型之间的贮藏习性，在风干贮藏条件下，种子寿命与种子含水量的负相关关系在种子含水量降低到一定程度(7%～12%)时会发生逆转，此时种子生活力反而下降。因此，这些植物的种子都有一个最佳风干贮藏条件，如小果咖啡的最佳贮藏条件是10℃，含水量10%～11%。

第二节 种子寿命的影响因素

种子寿命的长短受遗传特性、种子发育状况和贮藏条件等多种内外因素的影响。深入了解种子寿命的影响因素，有利于有效地延长种子的寿命。

一、影响种子寿命的内在因素

种子寿命的长短，在很大程度上取决于种子本身的状况即内在因素。种子本身的状况主要包括植物的遗传性、种被结构、种子的化学成分、种子的物理性状、种子的生理状态和种子含水量。

1. 种子本身的遗传性

种子寿命长短，不仅在不同植物间表现有明显差异，就是在同一植物的不同品种之间，差异也很显著。有人曾研究过8个大豆品种，发现5个月时的差异仅在95%～99%，在4年后的发芽率差异却在21%～99%。Neal等对玉米种胚内RNA和蛋白质在吸胀期间合成量的测定也表明，F_1 明显高于自交系，可见杂交种的活力明显高于父母本。实际上，种子的种被结构、化学成分也主要是受遗传所控制。

随着生物技术的日益发展，将使通过基因工程的方法来改善种子寿命成为可能。即将长寿命种子的长寿基因或长寿调控基因进行克隆并将其转移到中寿命甚至短寿命的农作物种子中，从而大大延长它们的寿命和耐贮性。

2. 种被结构

种被是种子的保护组织，是种子内外物质交换的通道，也是微生物、仓虫侵害种子的天然屏障。一般来讲，凡种被坚实、致密、色深，具有蜡质、角质的种子，寿命都较长，特别是硬实，不但种皮致密，且具不透水性，对外界不良条件的抵抗力极强，具有明显长的寿命。许多长寿命种子，无不具有坚实致密的种被结构。相反，若种被薄、结构松脆，其寿命就短，如花生种子，因其种皮薄而脆，种皮中缺乏栅状细胞层，极难贮藏。

另外，某些种被外附有保护性结构的种子，也较易贮藏，寿命相对长，例如，禾谷类中的水稻、谷子、皮大麦、燕麦等。又如，花生种子以荚果的形式贮藏，寿命会明显延长。

种皮的保护性能也影响到种子收获、加工、干燥、运输过程中遭受机械损伤的程度，凡遭受严重机械损伤的种子，其寿命将明显下降。

在大豆、菜豆等多种作物中，种皮的颜色影响到种皮的致密程度和保护性能，凡深色种皮的品种，其种子寿命较浅色品种为长。

3. 种子的化学成分

种子化学成分的差异，亦是导致寿命长短的重要因素之一。由于脂肪较糖类、蛋白质更易水解和氧化，油脂的酸败会产生许多有毒物质如丙二醛、游离脂肪酸等，对种子生活力造成很大威胁。据研究，棉花种子中游离脂肪酸的含量达到5%，种子全部死亡；豌豆种子中丙二醛浓度若增加到0.5 mol/L，其蛋白质合成速率将下降一半。油脂酸败还会导致细胞膜系统的破坏，因而油质种子的寿命一般较粉质种子和蛋白质种子短，如绿豆、豇豆，因其脂肪含量少，与同为豆类的大豆、花生相比，寿命明显长。另外，脂肪中不饱和脂肪酸含量占的比例大的种子，因不饱和脂肪酸较饱和脂肪酸更易分解氧化，因而寿命会更短。据研究，带有脂肪氧化酶缺失基因的种子，不易引起内部脂肪的氧化酸败，有利于保持种子的寿命。

4. 种子的物理性状

同一作物品种的种子，因籽粒大小、饱满度、完整性不同，其寿命亦会有明显差异。一般小粒、不饱满、不完整的种子，活力下降快，寿命短，反之则长。小粒的瘦秕种子寿命短的主要原因是所含营养物质少，种子的比面大，与外界接触多，吸湿快，且胚占的比例大，新陈代谢旺盛。而饱满的大粒种子营养丰富，胚体也较大，且比面较小，活力下降速度慢、寿命长。不完整的破碎粒活力降低很快，主要是因种皮破损降低了对种胚的保护能力，使气体交换加快、呼吸强度增高，且易受微生物和仓虫的危害。因此，在种子入库前要进行干燥和清选加工，以清除小粒、秕粒、破碎粒，并在加工、贮藏及运输等一系列环节中注意保护种子免受损伤。

5. 籽粒的生理状态

籽粒的生理状态主要包括种子的成熟度、休眠状态及受冻受潮情况。通常种子的成熟度越好，活力就越高且保持的时间越长。据研究，在蜡熟、完熟期收获的小麦种子，其活力指数比乳熟期收获的高1倍，种胚内脱氢酶活性也高1倍左右，田间出苗速度明显快。只有当种子在形态上和生理上均达成熟时，才能达到活力顶峰。未充分成熟、受冻受潮的种子，由于可溶性养分多、水解酶活性强，或胚体较小，种皮致密度差等原因，活力降低快，寿命短。休眠的种子耐贮性强，能够忍受不良的贮藏环境。

6. 胚的性状

在相同条件下，一般大胚种子或者胚占整个籽粒比例较大的种子，其寿命较短。因为胚部含有大量可溶性营养物质、水分、酸和维生素，是种子呼吸的主要部位。如大麦胚的呼吸强度（以CO_2计）为715 $mm^3/(g \cdot h)$，而胚乳（主要是糊粉层）的呼吸强度为76 $mm^3/(g \cdot h)$，胚的呼吸强度几乎是胚乳的10倍。此外，凡胚部结构疏松柔软、水分高的种子，很容易遭受仓虫和微生物的侵袭。在禾谷类作物中，玉米种子的胚较大，且含脂肪多，因此较之其他禾谷类种子难以贮藏。

二、影响种子寿命的环境条件

种子从形成到成熟乃至干燥贮藏，时刻都处在外界环境中。种子收获后的干燥、加工、运输和贮藏过程的环境条件对种子寿命影响重大。影响种子寿命的因素主要有水分、温度、气体、光线、病虫等，尤以水分、温度和气体最为关键。适宜的环境条件可延长种子寿命；反之，收获后的干燥、贮藏过程中条件不适宜，活力就会很快丧失从而过早地结束寿命。

1. 湿度和水分

湿度和水分是影响种子寿命的关键因素。在贮藏环境条件下，种子水分随着贮藏环境湿度的改变而变化。开放贮藏条件下，种子内部水分和周围环境的湿度产生交换而达到自动平衡，随着环境湿度的提高，种子将会吸湿而使水分增加，尤其是当种子中出现自由水时，种子的呼吸强度会激增；同时自由水的出现使种子中的酶得以活化，使各种生理过程尤其是物质的分解过程加速进行，甚至会使种子发热甚至萌动，这样的种子很难再安全贮藏。因此，种子水分越高种子的寿命就越短，尤其当种子水分超过安全贮藏水分时，种子寿命大幅度下降。

对于正常型种子来说，充分干燥并贮存于干燥条件下是使种子寿命长期保持的基本条件。据试验，对许多正常型植物种子来说，最适宜于延长种子寿命的种子水分为1.5%～5.5%，因种类而不同。但这样低的水分容易引起种子吸胀损伤和增加硬实率，播种以前需要进行适当的处理以防止这些不良现象的发生(Roberts，1989)。例如，大白菜种子水分降至0，并无明显损伤，大豆种子水分可以降到3%～4%，只要在萌发前预先进行湿度梯度平衡以防止吸胀损伤即可。众多研究表明，一些正常型种子贮藏期间含水量愈低，对外界不良环境的抵抗力就愈强，就愈有利于寿命的延长。顽拗型种子需要有较高的水分才能保持其生命力，水分过少则会引起死亡，如某些林木果树种子需要较高水分贮藏，茶籽需保持水分在25%以上，橡实需保持水分在30%以上。

2. 温度

贮藏温度是影响种子寿命的另一个关键因素。在水分得到控制的情况下，贮藏温度越低，正常型种子的寿命就越长。在低温条件下，种子呼吸作用弱，物质代谢水平低，能量消耗少，种子内部在细胞、遗传等方面的变化也将处于较低的程度，因而能较长期保持活力。反之，高温对种子安全贮藏十分不利，在0～55℃，种子的呼吸强度随着温度上升而增加，同时温度增高又有利于仓虫和微生物的活动以及脂质的氧化和变质，严重时能引起蛋白质变性和胶体的凝聚；特别在种子水分较高时，温度上升容易使种子的生活力迅速下降。据报道，－20～－10℃和30%相对湿度的条件有利于大多数作物种子活力的保持。

种子干燥时的温度也会影响种子寿命。干燥温度过高会使种子失水太快，会给种胚细胞造成无形的内伤而导致活力的下降。据Ragasits报道，小麦种子在60℃下干燥，发芽率下降；80℃下干燥，则发芽率仅为7%～14%；在100℃下干燥，种子将全部死亡。

关于种子水分和温度这两个对种子寿命影响最大的因素，Harrington(1959，1972)对传统种子提出了如下准则：当种子水分在5%～14%范围内，水分每上升1%，种子寿命缩短一半(后经Roberts等修正为水分每上升2.5%，种子寿命缩短一半)；种子温度在0～50℃范围内，温度每上升5℃，种子寿命缩短一半(后经Roberts等修正为温度每上升6℃，种子寿命缩短一半)。

3. 气体

除水分和温度外，气体也是影响种子寿命的重要因子。据研究，氧气会促进种子的劣变和死亡，而氮气、氦气、氩气和二氧化碳则延缓低水分种子的劣变进程，但使高水分种子加速劣变和死亡。特别是在温、湿度不适宜的条件下，气体的作用就更明显。氧气能促进种子呼吸作用，加速种子内部物质消耗及有害物质的积累，因而能引起种子的老化与死亡；相反，降低氧气浓度，增加氮气、二氧化碳等气体浓度，不但能抑制种子呼吸，还能有效地抑制仓虫和微生物活动，对种子活力保持有利。因此，在低温低湿条件下进行密闭贮存，有利于大多数作物种子寿命的延长。但必须注意，当种子水分含量和贮藏温度都较高时，密闭贮藏会迫使种子转入无氧呼吸从而产生大量的有毒物质，导致种子窒息死亡。

4. 光

强烈日光中的紫外线，对种胚有杀伤作用，且强光与高温相伴随，种子经强烈而持久的日光照射后，也容易丧失生活力，这与种子的特性和水分有关，但一般室内散光对种子寿命无显著影响。小粒而颜色深的种子在夏季强烈的日光下曝晒，容易丧失生活力，但大粒而种皮颜色较浅的种子则受害程度较轻。特别是需久藏的作物种子更不宜曝晒过度，即使是有稃壳包裹的水稻种子，夏季高温曝晒也会造成种子爆腰（即米粒中部发生裂痕）和裂壳现象，影响种子的寿命；而大豆和花生的去壳种子尤其不宜高温曝晒，以免种皮开裂，加速脂肪氧化，降低其耐藏性。

5. 微生物和仓虫

贮藏期间的微生物和仓虫活动对种子活力和寿命的危害也非常严重，有时甚至是致命的。真菌和细菌的活动，能分泌毒素并促使种子呼吸作用加强，加速其代谢过程，因而影响其生活力。仓库害虫对于种子堆呼吸作用的影响，是由于它们破坏了种子的完整性和仓库害虫本身的呼吸作用。微生物和仓虫生命活动的产物（热能和水分）都是促进种子呼吸作用和种子发热的重要因素，并能加速它本身的繁殖和活动，因而直接影响种子的寿命。

6. 化学物质

用化学物质处理种子，使种子在贮藏期间能保持生活力，是很有发展前途的一项措施，特别是高油分种子。有人曾用氯乙醇、氯丙醇等药剂处理亚麻种子和棉籽，以抑制游离脂肪酸的产生以及预防种子在大量贮藏期间的发热现象。在少量种子贮藏时，也可以在种子中施加杀菌剂和杀虫剂，以提高贮藏的稳定性，达到延长寿命的目的。据报道（Moreno-Martinez 等，1985），采用 750 mg/kg 克菌丹处理玉米种子，在 26℃和 85%相对湿度条件下贮藏 100 d，发芽率保持在 80%以上，而对照感染霉菌严重，发芽率降低至 24%。也有报道，用大蒜素 401 处理柑橘类种子能显著提高其耐藏性。

第三节　种子劣变和衰老

一、种子劣变和衰老概念

随着生物的生长，生命经过发育、生长、成熟、衰老直至死亡。衰老是机体各个部分功能的衰退和老化的过程。种子经过发育达到形态成熟和生理成熟后，若遇不到合适的萌发条件，不管是处于自然环境中还是处于人工控制的条件下，都会逐渐进入活力下降直至生活力完全丧失的不可逆历程，这一历程中所表现出来的形态的、生理的、生化的乃至遗传的综合效应便是衰老。

Gore（1965）将种子老化（aging）、劣变（deterioration）定义为：种子的品质及其性能或生活力自一较高水平下降至较低的水平。种子老化一般是指种子的自然衰老，而人工加速老化则是有别于自然老化的另一种老化过程。种子劣变是指生理机能的恶化，包括化学成分的变质及细胞结构的受损。有老化就有劣变，二者相互依存不可分割，有时成为同义词。但劣变的范围较广，因为劣变不一定由老化而引起，例如突然性的高温或结冰，可能导致蛋白质变性或冰冻损坏细胞膜，会引起种子劣变。

种子衰老是一个渐进和累积的过程，也是一个由量变到质变的过程。导致衰老的原因很多既有自身的遗传和生理原因，也有外界条件因子作用的结果。种子衰老的真正机制，目前还不甚清楚，但种子在衰老过程中所表现出的一系列生理生化变化和形态特征，则为我们探讨种子衰老机制提供了充分的依据，这些特征同时也是我们判断种子衰老程度的重要指标。

二、种子衰老的形态特征

发生衰老的种子，往往在种子和幼苗形态及超微结构上表现出衰老的特征。首先是种被颜色的变化，随着贮藏时间的延长特别是贮藏条件不良的状况下，许多植物种子的种被颜色会逐渐加深，光泽度降低，种子外表灰暗，油质种子则有"走油"现象。种子衰老后，种胚干涩，失去鲜嫩感，有些种子胚乳的角质程度降低；随着劣变的增加，种子发芽率下降，畸形苗比例增加，幼苗生长发育缓慢、整齐度下降，最终可能导致作物产量降低。另外，某些含有挥发性物质的种子如葱韭类，发生衰老后其挥发性物质挥发量增加，种堆内的异味变浓；另一些种子可能有霉酸味，可通过取样嗅辨的方法鉴别。

在超微结构方面，衰老种子最常见的变化是脂肪体的融合。首先在小麦和豌豆的胚、大葱种子的胚和胚乳、松树种子的胚乳中均发现随着种子的衰老，脂肪体膜破裂、脂质溢出，随劣变进一步发展，则形成大的脂质团；其次质膜收缩进而破损，内质网断裂或肿胀，线粒体脊变小，双层膜破损、基质流出，蛋白体内含物变稀使其看似小液泡。衰老严重的种子，核仁、核膜模糊、染色质结块，最终细胞结构消失。

三、种子衰老的机理及其生理生化变化

1. 膜系统损伤及膜脂过氧化

细胞膜和细胞器的完整性是生活细胞进行正常代谢的基础和前提，因而也是种子活力高低的具体体现。在种子成熟、干燥、贮藏过程中，由于细胞失水、收缩，组成膜的磷脂和蛋白质也发生转向、收缩，导致膜的连续界面不能保持，逐步失去膜结构的完整性，种子的代谢活性降低。当种子萌发吸胀时，随着水分的进入，细胞逐渐水合，细胞膜和细胞器很快得到修复，内含物的渗漏得到抑制，从而保证了生理代谢的正常进行，使种子得以正常萌发、生长。

当种子发生衰老时，膜系统的损伤程度远较干燥种子严重，膜渗漏现象明显；并且衰老种子对膜的修复重建能力弱，修复过程缓慢，甚至不能建立起完整的膜结构，造成膜系统永久性损伤。膜的永久性损伤造成大量可溶性营养物质及生理活性物质外渗，不仅严重影响正常代谢活动的进行，使种子难以正常萌发，而且外渗物质容易造成微生物的大量繁殖，导致萌发中的种子严重发霉、腐烂。

研究表明，种子衰老过程中膜的损伤主要是由于膜脂的氧化所引起。细胞膜是由膜脂（磷脂）和蛋白质所组成，组成膜脂的脂肪酸的性质直接影响膜的稳定性和细胞的受伤害程度。脂肪酸的氧化发生在不饱和脂肪酸的双键上，氧化的结果使双键断裂，会导致膜脂分解；反应中还伴随丙二醛的产生，丙二醛可与蛋白质结合使酶钝化，与核酸结合引起染色体变异。脂质的氧化不管是酶催化还是自然发生，都可以产生有毒害作用的超氧自由基（$\cdot O_2^-$），它又与过氧化氢作用产生单线态的氧和羟自由基（OH·）等高能氧化剂。活跃的自由基和高能氧化剂的产生会进一步引起酶、核酸及膜的损伤，导致细胞分裂和伸长受阻，幼苗生长缓慢或根本不生长。这可能是油质种子不耐贮藏的主要原因。

当种子含水量过低、贮藏温度相对较高时，脂质的自动氧化作用明显增强；而抗氧化剂如维生素 E、维生素 C、谷胱甘肽等可抑制或终止膜脂过氧化作用，超氧化物歧化酶（superoxide dismutase，SOD）、过氧化氢酶（catalase，CAT）和过氧化物酶（peroxidase，POD）可降低或清除超氧自由基和羟自由基等对膜脂的攻击能力。许多研究表明，长寿命种子如莲等的种胚内不仅含有较高活性的 SOD、CAT、POD，且许多此类酶的同工酶具有很高的耐热性，故能长时间保持种子活力，衰老缓慢。

2. 营养物质的变化

种子在贮藏过程中，因长期的呼吸消耗会导致胚体分生组织或胚轴中可利用营养物质的缺乏，这可能是导致种子生活力丧失的原因之一；其次，活细胞中的结构蛋白在高温、脱水、射线或某些化学物质的刺激下，其严密有序的空间结构会变得疏松、紊乱甚至变性，若变性程度轻微，还有恢复到原结构的可能，若变性严重则失去恢复能力而钝化，进而失去原有的生理功能，如构成染色体的组蛋白变性会阻碍 DNA 的功能、酶蛋白变性使酶失活、脂蛋白变性使细胞膜的半透性丧失等，最终导致分生组织的死亡。

种子在贮藏过程中，脂酶的活动使脂肪水解产生大量游离脂肪酸，导致脂肪酸价上升；不饱和脂肪酸特别是亚麻酸、亚油酸的含量明显降低而饱和脂肪酸含量上升，导致脂肪碘价下降。另外，部分蛋白质也会随衰老而水解产生游离氨基酸，非丁水解产生磷酸，使种子的总酸度明显上升。

3. 有毒物质积累

种子在贮藏过程中，随时间的推移及受到不良外界条件的影响，各种生理活动产生的有毒物质会逐渐积累，使正常的代谢活动受到抑制，导致劣变的逐渐加深和最终死亡。如缺氧呼吸产生的酒精和二氧化碳，脂肪氧化产生的醛、酮、酸类物质，蛋白质分解产生的多胺，脂质氧化产生的丙二醛等，这些物质的大量积累均会对种子活细胞产生毒害作用。种胚是有毒物质积累的主要部位，但胚乳中也有有毒物质的积累。

4. 生物大分子合成能力下降

老化的种子，核酸和蛋白质合成能力明显降低。有分析表明，同一品种高活力的水稻种胚内 RNA 含量高于低活力种胚，老化的大豆种子中 DNA、RNA、叶绿素含量均较新种子为低，且老化越严重含量就越低。而新核酸的合成受阻，首先是衰老种子中 ATP 的生成量减少，使 DNA、RNA 合成的能源不足，基质减少。

与种子萌发和幼苗生长有关的营养物质和能量合成能力的降低，会使胚部细胞核生理机能失常，有丝分裂受阻，幼苗瘦弱，严重的甚至会引起花粉败育。

5. 生理活性物质的破坏与失衡

许多研究表明，酶、维生素、植物激素、谷胱甘肽等生理活性物质的破坏和失衡，亦是种子衰老的重要原因。

种子老化时，许多酶的活性都不同程度地下降，如在高活力的干花生种子胚根细胞内，ATP 酶和酸性磷酸酶的活性很高，衰老后则 ATP 酶活性消失，酸性磷酸酶活性变弱。在种子劣变过程中易丧失活性的酶主要有 DNA 聚合酶、RNA 聚合酶、脱氢酶、细胞色素氧化酶、ATP 酶及 SOD 酶等，而某些水解酶如脂酶、蛋白酶、磷酸化酶、多胺氧化酶等活性反而增强。胚中维生素 C 的氧化常使胚失去发育成为幼苗的功能，而当种子活力下降时，维生素 B_1、维生素 B_2、维生素 B_6 及烟酸、泛酸、生物素的含量明显降低。

诱发种子萌发的激素如赤霉素、细胞分裂素及乙烯生成能力的降低或丧失是种子老化的基本特性;相反,衰老种子中 ABA 的含量却呈明显增加趋势。另外有人认为,谷胱甘肽(GSH)的氧化也是导致种子衰老的原因。谷胱甘肽是蛋白质合成中不可缺少的物质,但在种子贮藏过程中它极易被氧化形成双硫键,成为无活性的钝化态,使得胚部的蛋白质合成受阻,种子不能萌发和生长。

6. 遗传基础的变异

调控种子衰老的基因通常有两种类型,一种是植物本身所带有的与衰老有关的基因;另一种是由染色体畸变和基因突变所引起的。种子劣变过程中,染色体的畸变大多出现在分生组织特别是幼根的分生组织中,畸变包括残断、联桥等。染色体畸变的发生严重影响细胞的有丝分裂,使细胞周期延长。染色体畸变随种子的劣变过程而积累,贮藏时间愈长、劣变愈严重,畸变率就愈高,当畸变达到一定程度,种子就会死亡。隐性基因突变所引起的细胞学变异可被其显性等位基因掩盖,但在单倍体中,隐性基因突变可能是致死的。基因突变和 DNA 损伤会导致种子萌发和幼苗生长的延迟,从而增加微生物侵染的机会和对不良环境抵抗能力的下降。

种子衰老的原因和机制还有多种:如亚细胞结构(线粒体、微粒体)破坏,无法维持独立结构而丧失其功能。总之,种子衰老过程是一个从量变到质变的过程,随着衰老程度的加深而有不同的表现和特点,最终导致种子死亡。一批种子的衰老,可能是一种原因造成的,但多数情况下是多种因素综合影响的结果。种子老化通常是先发生生化变化,后产生生理变化,可分为生化劣变和生理劣变两个阶段(图 7-1)。

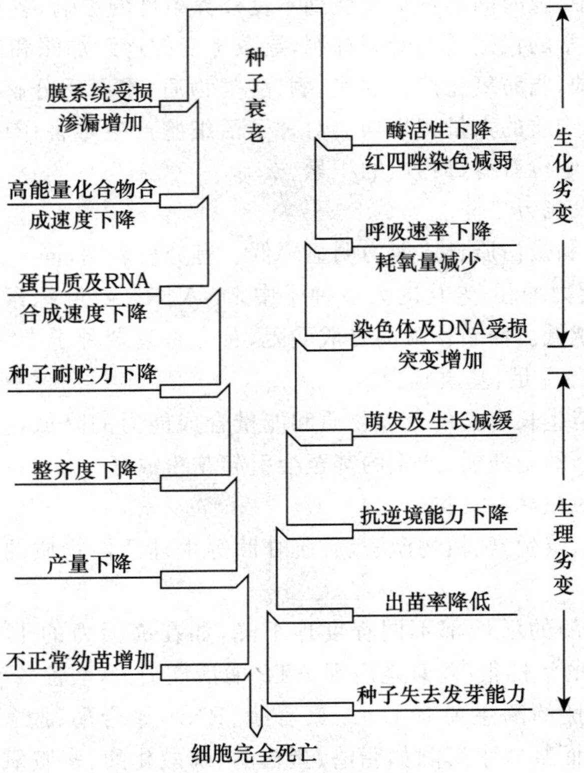

图 7-1 种子衰老各生化生理变化顺序图

(引自陶嘉龄和郑光华,1991)

第四节 陈种子的利用

一、陈种子利用的现实意义

陈种子通常是指贮藏1年或1年以上的种子。陈种子能否在生产上利用，首先取决于种子的衰老程度。一般来说，在最适宜条件下，经长期贮藏仍然能保持旺盛生活力(如90%以上)的种子，仍可作为种用，反之，就不能作为种用。当种子发芽率降低到70%～80%以下时，虽然仍有较高寿命，但该批种子的活力可能已衰退，播后可能出苗不全、不齐，畸形苗多，变异株增加，或生长不良，影响产量和品质，最好也不要作种用，尤其不能作留种田种子使用。即便是贮藏时间不长的新种子，如因特殊情况像收获期遇雨、干燥温度过高或保管不当等造成活力明显下降，也不能作种用。可见，种子的新陈并不是能否作种用的标准，最可靠的依据是其活力的高低。

用贮藏良好的陈种子播种不仅对产量无影响，而且有些还能收到缩短生育期、提高经济产量的效果。据我国各地农民经验，莴苣陈种植株结球大于新种植株；蚕豆的陈种子植株矮壮、节间缩短，荚数和粒数增加；菜豆陈种子长出的植株发育迅速、开花早且产量高；隔年番茄陈种幼苗不但生长势强且发病率低。当然，并不是说所有的陈种都比新种好，要具体种子具体对待，最好要有可靠的试验依据。这里必须强调，当种子发芽率显著下降，特别是下降到50%以下时，就表明该批种子已经衰老，其存活的部分可能含有一定频率的自然突变，不适宜在生产上使用，也不能作为品种资源保存。

有效地利用贮藏良好的陈种子，在生产上有着现实的意义。一方面能保证种子的品质，即选择气候好的年份多制种，气候不好的年份少制种或不制种，既避开了不良气候的影响，又可减少种子繁育的代数，从而也就减少了混杂退化和病虫为害的机会；另一方面有效地利用陈种，可降低因繁育代数多造成人力物力的消耗，又可保证备荒种子的供应，此外，还可避免因种子积压而造成的转商损失。

二、陈种子利用中应注意的问题

利用陈种子进行播种，一般应注意以下几方面的问题：

①在决定某批陈种子能否用于大田播种前，应进行活力测定，而不能仅看其室内发芽率。若其活力无明显降低，可作大田用种，反之则不能。

②特殊情况下需要用衰老较严重的陈种子播种时，如稀有种质、育种材料、珍贵种子等，应精细整地，给予良好的播种条件。

③一些可勉强用于播种的陈种子，可尝试用某些能提高种苗活力的处理方法如渗透调节、电晕场处理等进行处理后再播种。

第五节 顽拗型种子

一、顽拗型种子的含义

顽拗型种子是对干燥和低温敏感的种子，这类植物种子不耐干燥，一般也不耐零度以上的低温，在自然条件下贮藏会很快失去生活力，寿命短。正常型种子是指能在干燥、低温条件下长期贮藏的植物种子。但有些植物种子如咖啡和木瓜种子的贮藏特性介于顽拗型种子和正常型种子之间，这类植物的种子又称为中间型种子(Ellis 等，1990)。

二、顽拗型种子研究的意义

自然界植物种类繁多，不同植物种子贮藏特性差异很大。Hong 等(1998)通过对 6 919 种植物种子的贮藏特性研究结果表明，正常型种子占 88.6%，顽拗型种子占 7.4%，中间型种子占 1.9%，尚有 2.1%植物种子的贮藏特性未被确定。考虑到已研究的植物主要是作物或其他栽培温带植物，Hay 等(2000)认为，在种子植物中，最少有 9.3%～11.4%的植物产生顽拗型种子。

产生顽拗型种子的植物主要有两类：①水生植物，如水浮莲和菱等；②具有大粒种子的木本多年生植物，包括若干重要的热带作物(如橡胶、可可、椰子)、多数的热带果树(如油梨、杧果、山竹子、榴梿、红毛丹、波罗蜜)、一些热带林木(如坡垒、青皮、南美杉)和一些温带植物(如橡树、板栗、七叶树)。

虽然产生顽拗型种子的植物种类相对较少，但这些植物多属于经济价值较高或珍贵的作物，有些植物具有很高的生态利用价值。因此，顽拗型种子的研究越来越受到国内外种子科学工作者的重视，研究和阐明顽拗性种子贮藏特性的分化、遗传和分子机制，对更好地解决顽拗型种子的贮藏问题具有重要意义。

三、顽拗型种子的鉴定

顽拗型种子脱落时含水量高，在自然条件下贮藏寿命短。因此，当一种植物的种子在自然条件下贮藏寿命很短时，可初步确定为顽拗型种子。但这种植物的种子究竟是不是顽拗型种子还需要测定其脱水敏感性和低温敏感性，具体的鉴定程序如图 7-2 所示。若种子不耐脱水，干燥后生活力很快丧失，对低温敏感，保存种子生活力的最低含水量较高时，就属于顽拗型种子。若种子能忍受一定程度的脱水损伤，在相对低的含水量下能够存活，但不能忍受像正常型种子一样的水分丧失；如果是热带起源，即使在脱水状态下也可能对低温敏感，则属于中间型种子(Song 等，2003)。若种子既耐脱水，又耐低温，能在干燥、低温和密闭的条件下长期贮藏，则属于正常型种子。

种子的顽拗性鉴定是根据干燥后种子生活力的丧失进行的。除了种子的顽拗性之外，种子成熟度、干燥方法、种子预处理、生活力测定方法等都会影响种子生活力的测定结果。因此，在无法排除上述因素对种子生活力测定结果影响的情况下，仅凭干燥后种子生活力的丧失很难对种子的顽拗性做出准确判断，因此迄今尚有许多植物种子的贮藏特性未得到确认。

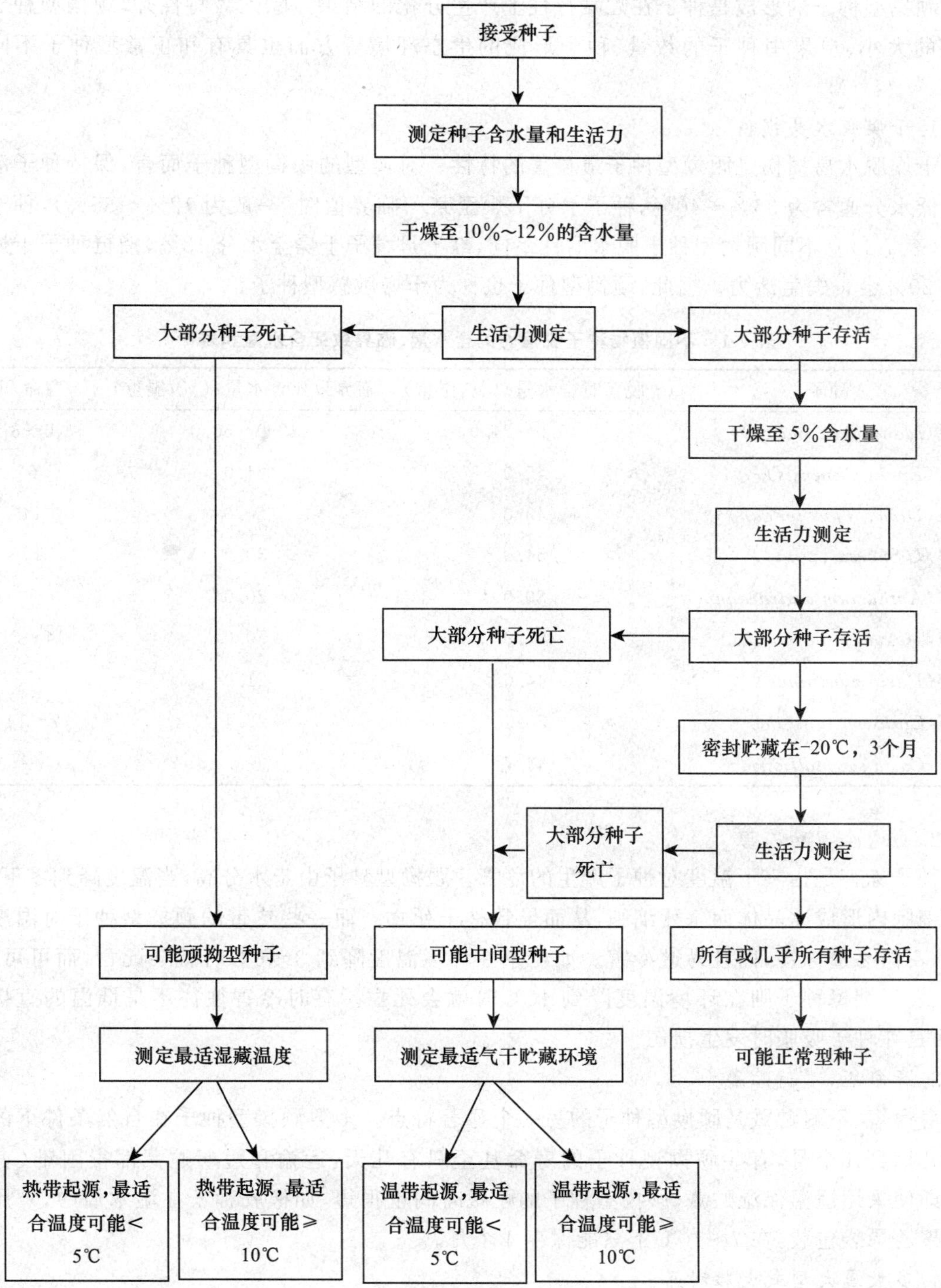

图 7-2 种子耐贮藏性测定

（引自 Hong 和 Ellis，1996）

四、顽拗型种子的特性

顽拗型种子的形成是种子在贮藏特性上产生分化的结果。除贮藏特性外，顽拗型种子在种子的大小、单果中种子的数量、种子形成的生态环境等方面也具有和正常型种子不同的特性。

1. 干燥脱水易损伤

干燥脱水易损伤是顽拗型种子最显著的特性。对典型的顽拗型种子而言，保持种子活力的最低水分通常为35%～40%，种子水分干燥至某一临界值时(一般为12%～35%)，种子则死亡(表7-1)。不同顽拗型种子脱水耐性不同，红毛丹种子干燥至水分13%，榴梿种子干燥至水分20%会丧失生活力。据此，顽拗型种子也称为干燥敏感型种子。

表7-1 不同植物种子脱落时的含水量、临界致死含水量和寿命

种子	脱落时含水量/(%，湿重)	临界致死含水量/(%，湿重)	寿命/d
杧果(*Mangifera indica*)	49.0～74.0	40.0～50.0	6～8
荔枝(*Litchi chinensis*)	45.0	21.0	6
龙眼(*Dimocarpus longan*)	43.0	20.0	14
婆罗双(*Shorea* spp.)	54.0	30.0	12
红掌(*Anthurium andraeanum*)	80.0	20.0	7
海榄雌(*Avicennia marina*)	65.0	50.0	14～21
榴梿(*Durio zibethinus*)	44.0	21.0	—
黄皮(*Clausena lansium*)	50.4	22.4	7～14
板栗(*Castanea mollissima*)	44.7	5.0	—

2. 易遭冷害和冻害

种子冻害是指零下温度对种子产生的危害。顽拗型种子由于水分高，当温度降到零下时，会在细胞内形成冰晶体而杀死细胞，从而导致种子死亡。而一些热带的顽拗型种子对温度更敏感，不但易遭冻害，而且易遭冷害。如杧果在环境温度降到3～6℃时就会死亡，而可可、红毛丹、婆罗洲樟种子则在环境温度降到10℃时就会死亡。有时冷害往往不是低温的直接作用，而是在种子吸胀时发生损伤。

3. 寿命短，不耐贮藏

寿命短、不耐贮藏是顽拗型种子的另一个显著特点。多数顽拗型种子在自然条件下的寿命为几周到几个月，有些顽拗型种子的寿命甚至只有几天，运输和短期贮藏都很困难(表7-1)。即使采用适温保湿贮藏，顽拗型种子的贮藏时间也很短，如橡胶种子在湿木屑中，外用有孔的聚乙烯袋包装，在7～10℃下只能保存4个月。

4. 多数属大型或大粒种子

顽拗型种子和正常型种子在种子形态上差异明显。多数顽拗型种子较大，种子千粒重通常大于500 g。如椰子单果重即为0.5～1.0 kg，杧果种子千粒重为4 000～5 000 g，栗子、面包果种子千粒重为600～8 000 g。然而，在水生植物中，顽拗型种子通常是小粒种子。

5. 多属于热带植物

顽拗型种子多数属于热带植物而且多数是多年生植物。多数顽拗型种子成熟时存在于肉质或多浆汁果实中，且种果皮透性差。在生理成熟期，顽拗型种子含水量通常为 50%～70%，比正常型种子（含水量一般为 30%～50%）高。

五、顽拗型种子类型

不同的顽拗型种子对水分丧失的忍耐程度有一定差异，可将其分为高度、中度和低度顽拗型 3 种类型。

1. 低度顽拗型种子

低度顽拗型种子具有较高的脱落酸（ABA）含量和类脱水蛋白（dehydrin-like protein）的合成（表 7-2）。这类种子在生活力丧失前可以忍耐较多水分的丧失。最初的发芽变化进展非常缓慢，如果不脱水至非常极端，这些种子可以保持生活力相当长的一段时期。这种类型的种子可能分布在亚热带地区，有些在温带地区。这些地区的环境条件不总是直接地对幼苗长成有利，因此，此类种子能够延长最初发芽的时期与抵抗一些水分的丧失，并且可能忍耐较低的温度。但由于种子具有相对高的含水量，不能忍耐零度或零度以下的温度。

表 7-2　低度、中度和高度顽拗型种子的比较

类型	低度	中度	高度
特征	忍耐脱水的程度较高，不外加水时萌发率低；可以忍受较低温度	忍耐中等程度的脱水；不外加水时萌发速率中等；大多数种类对温度敏感	只忍受很小程度脱水；不外加水时可迅速萌发；大多数种类对温度敏感
贮藏寿命	较长	中等	很短
ABA 含量	高	高	低
类脱水蛋白	有	有	无
分布	温带、亚热带	热带	热带森林、沼泽地
实例	栎属、南洋杉	可可、橡胶	海榄雌

注：引自彭业芳和傅家瑞，1994。

2. 中度顽拗型种子

中度顽拗型种子同样具有较高的 ABA 含量和类脱水蛋白。这类种子（如可可和木菠萝）寿命中等，不能忍受较多水分的丧失，发芽稍快于低度顽拗型种子，如果保持高的含水量，在无外加水时，种子发芽过程缓慢，使生活力保持几周。此类种子主要生长在热带，在这些地区全年任何时候均有足够的水分供给发芽。在缺少外加水时，相对缓慢的发芽速率可提供对不良条件的额外保护（根伸出时，敏感性增加，抵抗力较差）。

3. 高度顽拗型种子

高度顽拗型种子 ABA 含量较低，缺乏类脱水蛋白。这类种子脱落后发芽立即开始，甚至在缺少外加水时，其发芽代谢过程就非常快地继续进行着。高度顽拗型种子对脱水极为敏感，只能忍耐非常少的水分丧失。此类种子贮藏时生活力保持的时间是非常有限的。

这种类型的种子可能脱落在热带森林或潮湿的土壤中。在这些地方一年到头有充足的水

分供给连续的发芽。产生这类种子的植物有海榄雌、红掌等。如海榄雌种子，加水后 2～3 d 胚根就伸出，而蒲桃属的一些种则 5 d 后胚根伸出，在缺水的条件下，两个种均在 2 周内丧失生活力。有些高度顽拗性种子，在种子脱落前或脱落后，立即进行明显的下胚轴伸长。

除上述 3 种类型外，有一些种表面上像是顽拗型，但事实上有忍受低含水量的能力。如柑橘属(*Citrus* spp.)，柱状南洋杉(*Auracaria columnaris*)，咖啡(*Coffea arabica* L.)属于顽拗型和正常型之间的中间类型(Ellis 等，1990)，趋向于分布在亚热带或热带地区。此类种子不能在母株上干燥，但其在发芽开始前确实有抵抗干燥的能力，至于能干至多少程度，取决于不同的种。

六、顽拗型种子的贮藏技术

对多数顽拗型种子来说，种子存活的最低水分通常为 35%～40%；同时，顽拗型种子的贮藏温度一般不能低于 0℃，否则会因为细胞中形成冰晶而致死。顽拗型种子的高含水量及对贮藏温度的较高要求给微生物的生长和繁殖提供了极有利的条件，加上种子自身代谢旺盛，需氧量大，呼吸作用强。因此，顽拗型种子一般不能密闭贮藏。

1. 水分控制

对顽拗型种子来说，适宜的种子水分是保持种子生活力的关键。种子水分过高不仅会造成种子发热和微生物危害，降低种子生活力，而且使种子在贮藏期间易发芽；但水分过低又会造成脱水损伤。因此适合顽拗型种子的贮藏水分应略高于致死的临界水分。贮藏中可采用潮湿的木屑、木炭粉和苔藓等介质与种子混合，然后放入聚乙烯袋中，以达到控制水分的目的。但由于种子水分过高，需氧量大，因此绝对不能密封(袋口敞开或袋上打孔)。为了防止微生物、菌类的旺盛生长，在贮藏前应采用杀菌剂(如克菌丹、0.5%氯化汞等)对种子进行处理。

2. 防止发芽

顽拗型种子在贮藏过程中最易发生的现象就是发芽，在贮藏过程中可采取以下几种措施防止发芽。

(1)使种子水分刚刚低于种子发芽所需的水分

采用聚乙二醇(PEG)等渗透调节剂控制水分，使种子水分略低于种子发芽所需要的最低需水量，以达到抑制种子发芽的目的。利用这一原理，Roberts(1984)将可可种子贮藏在盛有饱和硫酸铜溶液(98%RH，相对湿度)的容器中，在 20℃下贮藏，种子发芽明显受到抑制。

(2)抑制发芽

抑制发芽通常采用发芽抑制剂，如采用甲基次萘基醋酸等种子发芽抑制剂处理种子，以抑制种子发芽。

(3)使种子保持休眠

采用提早收获、远红光照射等方法保持或加深种子休眠，防止种子发芽。如橡树、槭树等植物种子收获后，由于种子未完成后熟作用处于休眠状态，如果不对种子进行层积处理，种子就会保持休眠状态而不会发芽。黄皮种子离开未充分成熟的果实时有 1～2 d 的休眠期，此时采用密封、隔氧和保温等处理，可迫使种子再次进入休眠，贮藏 12 个月后种子发芽率能达到 90%以上，大大延长了贮藏期(陈光仪和傅家瑞，1997)。

很多未成熟的果实内有抑制剂存在，但成熟果实所含的抑制剂大大减少，保存这类顽拗型种子可提早收获未成熟果实进行贮藏。有些对光敏感的种子，可用远红光照射，将光敏色素

Pfr(活性状态)转化为 Pr(抑制状态),诱导种子休眠。

3. 适宜低温

贮藏温度是影响顽拗型种子贮藏安全的另一个重要因素。一般情况下,采用低温贮藏对保持种子生活力有利,但不同顽拗型种子对低温的敏感性不同,起源于热带、亚热带地区和水生植物的顽拗型种子易遭受冷害,贮藏温度一般为 15～20℃;而起源于温带的顽拗型种子一般不易遭受冷害,贮藏温度一般为 5～20℃。但必须注意的是顽拗型种子的贮藏温度一般不能低于 0℃。

4. 离体保存

离体保存是指在无菌的环境条件下进行植物组织和细胞培养,然后将培养得到的能再生成小植株的中间繁殖体在人工控制的条件下培养或保存,以达到长期保存种质资源目的的方法。常用的离体保存方法有常温保存和限制生长保存。

(1)常温保存

又称继代培养保存,是指在常温条件下每隔一定的时间将植物的中间繁殖体进行继代培养,以达到保存种质资源目的的方法。该法对生长较慢、对低温敏感和不易产生无性系变异的植物效果好。伊华林和邓秀新(1998)对 24 份柑橘胚性愈伤组织的常温保存研究结果表明,在(25±2)℃条件下,不同柑橘品种愈伤组织继代周期和适宜的保存培养基有所不同,对保存 13 年的锦橙胚性愈伤组织进行染色体分析,99%的细胞染色体数目没有变异,通过胚状体途径再生的植株形态和特性也没有变异。

(2)限制生长保存

此方法是通过改变培养基组分或环境条件,使中间繁殖体的生长速度降到最低限度,以达到保存种质资源目的的方法。经研究,继代培养会导致变异增加(Scowcroft,1984),而且转移时也易导致污染。因此,最理想的种质保存技术是控制条件(即只允许最小生长)进行贮藏。一般可分为 3 种:

①改变培养的物理条件。最常见的是通过降低培养温度(6～9℃)或改善容器的气体条件(如降低培养环境中的氧含量)抑制中间繁殖体的生长而进行种质的保存。起源于热带的顽拗型种子植物不耐低温,可以在较高的温度下(10～20℃)下保存,而起源于寒带和温带植物的中间繁殖体可以在 6～9℃的低温下保存。

②在培养基中加入生长迟缓剂。通常采用生长迟缓剂有脱落酸、甘露醇、矮壮素、多效唑和 N-二甲基琥珀酰胺酸(B9)等。

③改变培养基的成分。即通过减少正常生长的必需因子或减少营养的可给性,如降低蔗糖浓度;或在培养基中添加一些高渗化合物如甘露醇和聚乙二醇等来抑制或延缓中间繁殖体的生长,减少继代次数。

本章小结

种子寿命的长短与农业生产密切相关,不同种类的植物种子寿命具有明显的差异,可分为短命、中命、长命三大类。种子寿命的长短受遗传特性、种子发育状况和贮藏条件等多种内外因素的影响。种子经过发育达到形态成熟和生理成熟后,都会逐渐进入活力下降直至生活力完全丧失的不可逆历程,在这个过程中通常是先产生生化变化,后产生生理变化,最终导致种子死亡。

陈种子能否作种用取决于种子的衰老程度，判断的标准是其活力的高低。

顽拗型种子是指对干燥和低温敏感的一类种子，其在自然条件下贮藏寿命短。

思考题

1. 影响种子寿命的因素有哪些？如何延长种子的寿命？
2. 种子寿命在农业生产中有什么重要意义？
3. 种子衰老在形态、细胞、遗传、生理生化等方面有什么变化？
4. 陈种有什么利用价值？利用过程中应注意什么问题？
5. 顽拗型种子和正常型种子有何异同？可分为几种类型？

第八章 种子新技术

知识目标

1. 了解种子引发的概念和方法。
2. 初步了解种子活力测定新方法和种子增值技术。

能力目标

熟悉种子引发的方法以及种子学科最新的研究动态及发展方向。

随着科学技术的发展和进步，尤其是分子生物学、分子遗传学、基因工程、信息技术等学科的突飞猛进，以及相关学科的交叉融合，促进了种子科学和技术的研究和发展，诸如种子引发、种子增值等新的理论与技术都有了长足的发展。

第一节 种子引发及其研究进展

一、种子引发的概念

种子引发属于种子处理的范畴，是种子增值、提高种子商品性的重要种子处理技术之一。种子引发是控制种子缓慢吸收水分使其停留在吸胀的第二阶段，让种子进行预发芽的生理生化代谢和细胞内损伤的修复，促进细胞膜、细胞器、DNA 的修复和酶的活化，使种子处于准备发芽的代谢状态，但又要防止胚根伸出。种子引发最早由 Heydecker 等(1975)提出。大量研究表明，通过种子引发处理可以提高种子活力，使种子快速、整齐发芽出苗，提高逆境下的成苗率。现在美国有的种子公司已有芸薹属、胡萝卜、芹菜、黄瓜、茄子、莴苣、洋葱、辣椒、番茄和西瓜等引发种子的销售。

二、种子引发的机制和效果

1. 种子引发机制

种子引发主要反映在代谢水平和细胞内损伤的修复作用上，种子在引发过程中发生各种生理生化变化。

(1)RNA 合成及诱导相关基因的表达

根据^{3}H-尿嘧啶核苷结合进入 RNA 的时间进程，可以判断 RNA 的合成。采用 25% PEG6000(分子量 6 000 的聚乙二醇)引发莴苣种子 14 d 后，进行发芽试验。引发后种子约 6 h 开始发芽，而此时 RNA 合成达到高峰，发芽速率与 RNA 合成速率有平行的关系；未处理种子的 RNA 合成模式与引发种子相似，但总的合成活动明显低于引发种子。

研究表明，种子引发能诱导相关基因的表达，如甘蓝型油菜的两个水通道蛋白基因 *BnPIP1* 和 *BnPIP2*(Gao 等，1999)、菠菜的反式作用因子基因 *AUBE1*(Achard 等，2002)、苜蓿种子中抗氧化基因 *MtAPX* 和 *MtSOD*(Macovei 等，2010)、番茄种子中 GA 合成基因 *GAox1* 和 *GAox2*(Nakamune 等，2012)等。

Chen 等(2013)认为种子引发提高种子萌发耐逆性，可能与种子引发诱导的预代谢印记到种子中有关，从而在种子中预存"胁迫记忆"或"引发记忆"而提高耐逆性。这可能与种子引发的表观遗传机制相关，DNA 甲基化引起的基因表达的变化以及组蛋白修饰均与植物逆境记忆的建立相关。

(2)蛋白质合成

根据^{14}C-亮氨酸结合进三氯乙酸沉淀部分，可以判断蛋白质的合成。在 15℃下以 25% PEG6000 引发莴苣种子 14 d，蛋白质合成增加，蛋白质合成的速率和数量均受到引发的影响。这与观察到的引发不但加速发芽而且提高种子和幼苗的活力现象相一致。电泳后蛋白质谱带的变化也表明引发不仅影响蛋白质的合成，也影响蛋白质的质量。

Gallardo 等(2001)对拟南芥种子引发后的蛋白质组学研究表明，引发可促进细胞核中 DNA 的合成，引起种子特异蛋白的变化，如肌动蛋白、WD-40 重复蛋白、3-磷酸甘油醛脱氢酶等参与了种子吸胀和脱水等过程。Yacoubi 等(2011)研究了紫花苜蓿种子萌发与引发处理过程中的蛋白质组学，结果表明：79 个差异蛋白质与种子萌发相关，这些蛋白质主要是参与蛋白质代谢、细胞结构、生理代谢和防御等；63 个蛋白质与种子引发处理相关，其中 14 个蛋白质在种子萌发与引发处理中同时表达。

(3)酶合成和激活

利用硝基苯磷酸作为反应基质，测定了酸性和碱性磷酸酯酶活性[A_{400}/(h · mg protein)]。引发后的种子的碱性磷酸脂酶活性与未引发种子相比无明显变化，但酸性磷酸脂酶活性比未引发种子增加了 60%。Kibinza 等(2011)探明种子引发时，过氧化氢酶是活力恢复过程的关键酶。

郑昀晔等(2008)研究表明，亚精胺和精胺引发提高了低温胁迫(5℃)期间玉米自交系"黄C"和"Mo17"种子胚内过氧化物酶、过氧化氢酶、超氧化物歧化酶和抗坏血酸过氧化物酶的活性，以及可溶性蛋白质和脯氨酸含量，降低了胚渗出液的核苷酸含量，从而增强了玉米种子吸胀期间的耐冷性，提高了低温胁迫下种子的发芽能力；同时，用水杨酸(SA)引发可以提高低温胁迫条件下"黄 C"和"Mo17"种胚的腐胺、亚精胺和精胺的含量，降低种胚的丙二醛含量和质膜透性，提高发芽率，并缩短平均发芽时间。

(4)脱落酸(ABA)水平的变化

脱落酸被认为与种子的发芽和休眠有关。种子引发能减缓种子休眠，其广泛的商业应用是防止莴苣等作物在高温下产生热休眠。莴苣种子在低温条件下发芽迅速，但是大部分商用品种的种子在高温下吸胀时会进入热休眠，具体温度取决于品种及种子生产环境，因此对这类作物的生产影响很大。低温引发处理主要涉及一些关键基因表达量的变化，这些关键基因编码脱落酸、赤霉素及乙烯生物合成相关的酶类。莴苣种子在低温引发时，与脱落酸生物合成有关的基因表达量下降（如莴苣中的 *LsNCED4*）下降，而与赤霉素和乙烯生物合成有关的基因表达量增加（如 *LsGA3oxl* 和 *LsACSl*），即使将引发回干的种子随即在高温下吸胀，这一趋势也不会逆转（Schwember 和 Bradford，2010）。因此，低温引发能使种子解除因高温诱导的种子内部高脱落酸含量、低赤霉素和低乙烯含量而引起的抑制作用，使种子避免热胁迫的影响而完成发芽。

（5）诱导细胞膜的修复

Pandey（1988）的研究表明，引发诱导了法国菜豆细胞膜的修复。郑光华等（1988）发现，经聚乙二醇（polyethylene glycol，PEG）引发后的种子，由于膜相得到完善修复，即使在低温逆境下，细胞仍然吸胀均匀，细胞器发育良好，腺苷三磷酸酶（ATPase）在质膜上分布均匀，膜的结构与功能已发育正常。

2. 种子引发的效果

关于种子引发效果已有很多的报道，这里归纳成以下几个主要方面。

①快速发芽。②提高发芽和出苗的一致性。③增加产量。④提高在逆境下的出苗率。⑤提高幼苗干重、鲜重和苗高。⑥克服远红光的抑制作用。⑦提早成熟。⑧PEG 作为抗菌剂的载体，提高抗病能力。⑨减少热休眠效应。⑩防止幼苗猝倒病。⑪提高陈种子、未成熟种子的活力。⑫免除吸胀冷害的发生和损失。

三、种子引发的方法

目前常用的种子引发方法有渗调引发、滚筒引发、固体基质引发和生物引发等。

1. 渗调引发

渗调引发是目前大多数引发方法的基础。渗调引发的一般程序可以归纳如下：

①将种子置于盛有引发溶液的容器内。②将装有种子的容器置于恒温下（通常 10～30℃）经一定时间。③用蒸馏水漂洗吸湿至一定程度的种子。④通风干燥种子。⑤种子用于播种或贮藏。根据不同的情况和所用种子的不同，如渗透溶液种类和浓度，处理的时间和温度、处理期间的光强和通气性、盛放处理种子的容器类型、处理后种子的干燥方式和程度等情况的差异，以上处理条件均会有所改变。

渗透调节通常以 PEG 为材料，将种子放在适当浓度的 PEG 溶液中，以控制渗透压，调节水分进入种子。PEG 是一种高分子有机化合物，常用 PEG 相对分子质量为 6 000 或 8 000，它不能透过细胞壁而进入细胞内。

很多种类物质（主要为化学药品）可以用于种子的引发，根据不同的报道归纳为应用单一药剂处理，如 Na_2HPO_4、$Al(NO_3)_3$、$Co(NO_3)_2$、KNO_3、K_3PO_4、NaCl、$MgSO_4$、KH_2PO_4、NH_4NO_3、$Ca(NO_3)_2$、$NaNO_3$、KCl、丙三醇、甜菜碱、壳聚糖、甘露醇、脯氨酸、PEG、交联型聚丙烯酸钠（SPP）；或几种药剂混合作为处理溶液，如 $KNO_3+K_3PO_4$、$KNO_3+K_2HPO_4$、$KH_2PO_4+(NH_4)_2HPO_4$、PEG+NaCl、K_3PO_4+BA（苄基腺嘌呤）、PEG+链霉素、PEG+四环素、PEG+壳梭孢菌素、PEG+福美双、PEG+福美双+苄基青霉素、PEG+$GA_{4\sim7}$+乙烯利等。其中盐溶液在种子引发期间有两方面作用。首先，盐溶质作为一个渗透质调节水分进入种子；其次，盐离子可能进入胚部细胞影响预发芽代谢。目前种子引发研究所涉及的种类包括水稻、大麦、小麦、玉米、高粱、大豆、罗马甜瓜、香瓜、西瓜、莴苣、甜菜、大白菜、芹菜、韭葱、胡萝卜、洋葱、番茄、欧芹、豌豆、菠菜、菜豆、花茎甘蓝、辣椒、胡椒、花椰菜、茄子、芫荽、冬瓜、葡萄、月见草、扁穗雀麦、鸭茅、苇状羊茅等(Khan 等,1978;Bradford,1986;Saxena 和 Singh,1987;郑光华等,1987;Gray 等,1991;Fujikura 等,1993;Mauromicale 和 Cvallaro,1996;Jett 和 Welbaum,1996;Moller 和 Smith,1998;Hu 等,2005;邵晨霞等,2005)。

在种子引发过程中,由于种子在高湿、温暖的条件下,极易受到真菌等微生物的侵染和危害。因此,在种子引发过程中应注意病原菌的控制。Nascimento 和 West(1997)报道,在罗马香瓜的试验中种子原始带菌为 20%,用 $KNO_3+KH_2PO_4$(1.5%+1.5%)在 25℃黑暗下引发 6 d 后,种子带菌上升为 94%;但在引发前用克菌丹处理后,引发后种子带菌则下降至 60%。采用不同的杀菌剂及不同使用方法可以使种子引发过程中的真菌降低到较低水平(Tylkowska 和 Biniek,1996;Hu 和 Tylkowska,2005)。但目前尚没有单一杀菌剂能够控制所有的真菌。

2. 滚筒引发

PEG 或其他药剂作为引发剂时,种子通过半透性膜从渗透液中吸收水分保持种子内的水势在一定的水平,使种子在吸胀的第二阶段(滞缓期,各种大分子及膜系统可在此时期修复)开展代谢活动,但防止胚根伸出种皮。因此,其他方法如能产生适当的吸湿水平并紧接着一个适当的培养期,也应有类似的对发芽的效应。

基于上述原理,英国园艺研究国际组织发明了滚筒引发新技术,通过控制直接吸水方法来控制种子的水势,并于 1991 年获得英国专利。具体方法是将种子置于一个铝质的滚筒内,滚筒一侧为可拆装的有机玻璃圆盘,滚筒以水平轴转动,滚筒内种子在滚筒周线上转动,速度为每秒 1~2 cm,水汽被喷入滚筒内,当种子在滚筒内吸水 24~48 h 时,混合得非常均匀一致,这一时期结束时种子非常丰满,但表面干燥。为得到最大的效应,控制吸水程度是关键,可以运用计算机计算吸湿的速率和控制水的供应。滚筒引发包括四个不同的阶段,一是校准,这一过程是确定引发时种子吸湿的合适水平,以决定将多少水加入到种子中。二是吸湿,在一定时间内(较典型的是 1 d 或 2 d),加水至校准的水平使种子吸湿。三是培养,这一过程通常为 1~2 周,种子保持吸湿过程达到的水分,增加引发的效果。四是干燥,去除种子增加的水分,以便种子回复或接近引发前的含水量;当然,培养结束后,也可以直接播种。

3. 起泡柱引发

起泡柱直径 5 cm,高度约为 50 cm,种子在柱内引发,引发期间潮湿的空气被通入柱内,以减少 PEG 引发溶液的水分损失,并增加溶液中的氧含量(Thornton 和 Powell,1992)。在处理过程中,种子保持悬浮的状态,常给予溶解氧值在 80%饱和以上。利用氧电极持续地测定溶解氧,定时测定 PEG 的水势,如有必要则调整引发溶液或更换引发溶液。

4. 固体基质引发

固体基质引发是通过种子与固体颗粒、水以一定比例混合,并在闭合的条件下控制种子吸胀达到一定的含水量,但防止种子胚根伸出。大部分水被固相基质载体所吸附,干种子表现负水势而从固相载体中吸水直至平衡。

用于引发的固体基质必须具有下列性质:对种子无毒害作用;具有较高的持水能力;在不同的含水量下保持松散性;化学性质表现为惰性;引发结束后容易与种子分离。随着固体基质引发技术的不断发展，引发中利用的固体载体和液体成分也得到不断地改善。目前应用的固体基质主要有：蛭石、烧黏土、页岩、软烟煤、聚丙烯酸钠胶、合成硅酸钙、沙等（Khan，1992；Pill，1994；胡晋等，2002）。在引发中所使用的液体成分主要有：水、PEG 溶液和一些小分子无机盐水溶液。在基质引发中，所使用的种子与引发固体基质的比例通常 1∶(1.5～3)，所用水分量常为固体基质干重的 60%～95%（Taylor 等，1988）。

5. 水引发

水引发是将种子先在水中预浸，然后将种子放在相对湿度为 100%的密闭容器内培养。Fujikura 等（1993）用该方法引发花椰菜种子，效果比 PEG 引发要好，尤其在低温（10℃）下发芽效果更好，但它对老化种子的修复效果不如 PEG。水引发和 PEG 引发（渗透引发）可能存在机制上的不同。根据不同种子的特性，改变浸泡和培养时间，水引发可能对其他种子也会有效。

6. 生物引发

通常，有益的微生物不能与田间原有的大量存在的病原菌竞争。通过生物引发，使种子上的有益微生物大量增殖布满种皮，并能较快和有效地繁殖和保护发育中的幼苗根系。近来，美国一家公司已商业化试用生物引发的蔬菜种子产品。

Callan 等（1990，1991）采用 1.5%荧光假单胞菌（*Pseudomonas fluorescens*）AB254 的甲基纤维素悬浮液包衣甜玉米种子，然后回干 2 h，此后，包衣种子在 23℃下水合 20 h，包衣种子吸胀至 35%～40%的含水量并立即播种。生物引发期间，细菌群体增加 10～1 000 倍。结果显示，生物引发的种子很少出现由终极腐霉菌（*Pythium ultimum*）引起的出苗前的猝倒病。Reese 等（1998）建立了一个新的生物引发方法，称为加压融合生物引发。该法采用增加空气压力，达到加速种子水合，从而促进生物控制剂致金色假单胞菌（*Pseudomonas aureofaciens*）进入甜玉米种子。结果表明，引发后的甜玉米种子播后出苗率明显增加。

随着种子引发研究的不断深入，引发技术也不断地更新，新的引发效果不断地被发现，但引发的效果在种、品种、甚至种子批间也会有差异。因此，难以制定统一的处理技术标准，这对种子引发在商业大规模应用上带来了一定难度。

第二节　种子活力测定新技术

一、Q2 技术测定种子活力

种子在萌发过程中呼吸耗氧的情况与种子活力有关。低活力种子内细胞组织的呼吸弱且在吸胀时呼吸系统的自我修复能力差，种子萌发需要更长时间的呼吸作用，表现出不同的耗氧状况。因此测定种子呼吸耗氧量，能在一定程度上反映种子活力的强弱。Q2 技术就是一种基于光学的氧气检测系统，通过检测种子在萌发过程中的氧气消耗情况来鉴定种子活力。

基于 Q2 技术的测定仪可以快速且精确测量大量单粒种子的活力，可以应用于发芽试验和种子处理（如包衣、引发、老化等）结果的快速预测。测定时，将单粒种子分别放入不同塑料试管并盖上盖子；每个盖子内侧含有荧光材料，可以根据不同的氧气浓度改变荧光性质；与电脑连接的传感器向试管射出蓝光，被荧光材料吸收后产生红光再返回传感器，而试管中的氧气可以消耗一部分红光；当密闭试管中的种子开始萌发时，种子呼吸作用增强，密封试管中的氧气浓度降低，返回传感器的红光随之增强，因此可以通过测定红光强度来测量氧气浓度的变化情况。这种仪器设有机械臂可以自动测定不同的试管，Q2 软件可以分析试管中氧气浓度随时间变化的曲线，并且得到曲线的一些特征指标，根据这些特征指标可以进行种子活力的判定。

Van Asbrouck 和 Taridno(2009)将 4 个品种的番茄种子进行发芽试验，对比了 Q2 技术和传统方法测定种子活力的有效性，表明 Q2 活力指标与发芽率具有很好的相关性，Q2 测定数据重复性好，可以作为种子活力的指标。Zhao 和 Zhong(2012)采用 Q2 测定仪检测氧气消耗量，认为氧气消耗速率可以作为快速自动检测杉木和马尾松种子活力的有效指标。Q2 技术也能够用于判断不同人工老化时间的水稻种子活力差异(韩瑞，2012)。

二、伸长胚根计数测定种子活力

伸长胚根计数测定种子活力是近年提出的一种方法，适用于玉米种子的田间出苗测定。其原理是活力降低的种子，早期生理表现为种子发芽速率低，因此发芽初期玉米种子的胚根伸长数量能准确反映出发芽速率的快慢，并与发芽速率的其他表现指标密切相关。伸长胚根的种子数量多，则表明种子活力高；伸长胚根的种子数量少，则表明种子活力低。具体方法如下：

(1)发芽方法

采用纸巾卷进行正常发芽试验。设 4 个重复、每个重复分 4 个纸卷；每个纸卷 25 粒种子，摆成两排，一排 12 粒，另一排 13 粒，种子的胚根部位朝向纸巾底部。将纸巾卷好垂直向上置于塑料袋中，在 19～21℃或 12～14℃下进行培养。每次测定应设置对照。

(2)试验温度与计数时间

温度是试验中最关键的潜在变异因素，监控培养箱中纸巾卷的放置范围，每 24 h 监测 1 次温度并翻转纸巾卷。胚根伸长计数时间取决于试验温度。在 19～21℃下，培养 65.85～66.15 h 后计数。在 12～14℃下，培养 143～145 h 后计数。在 19～21℃培养条件下由于胚根生长迅速，掌握好计数时间十分重要。

(3)结果统计

用肉眼判定长度达到 2 mm 以上的清晰和明显的伸长胚根作为评定的依据，并进行计数，最后换算成每重复的比例(%)。按照《农作物种子检验规程发芽试验》(GB/T 3543.4—1995)的方法，合并相同处理的 4 个纸卷(单一纸卷 25 粒种子)为一个重复(100 粒)。试验结果需在容许差距内。

三、非破坏性测定种子活力

非破坏性测定种子活力，可以减少种质库的种子消耗，减少繁殖更新次数。此外，对一些经济价值高的种子也可以减少测定带来的损失。因此，在不破坏种子的前提下，寻找一项或几项综合指标来间接地预测种子活力的方法，具有重要的实践意义。

1. 种子浸出液电导率、可溶性糖测定

电导法可以不必破坏种子便可预测种子活力。Peskc 和 Amarral(1985)报道大豆种子渗出液的 pH 与种子活力密切相关。经过 5 次浸泡→回干(慢速)→贮藏循环处理，菜心(*Brassi-*

ca campestris L)种子活力和发芽率得以较好保持与提高,增强了耐藏性和抗老化能力,且每次循环浸泡 4 h 和 6 h 效果较好。渗漏物测定表明每次浸泡→回干→贮藏循环处理浸泡液的电导率和芥子碱相对含量均与种子活力显著负相关(张保恩等,1999)。

李灵芝等(2002)将小麦种子浸泡 2 h 或 4 h 后,在室温下经适当干燥至原含水量后测定了种子渗漏物中的电导率、可溶性糖含量、氨基酸含量和紫外光密度等 4 项指标。试验结果表明可溶性糖含量与种子活力密切相关,测定浸泡液中可溶性糖含量可以作为一个非破坏小麦种子活力的检测方法。

2. 种子挥发性组分和释放量测定

Zhang 等采用气相色谱-质谱联用方法测定了 51 种种子产生的挥发性组分,发现挥发性组分中的醛类物质是使贮藏的种子活力下降的重要因素。具体方法为:称取种子 5 g,密闭于 30 mL 试管中,在 0℃条件下贮藏 50 d;取出后抽取 1 mL 气体进行气相色谱分析。黄真池等(1998)通过测定特定条件下密闭贮藏的种子的乙醛和乙醇释放量,发现各类经 32%相对湿度平衡的种子在 0℃下产生的挥发性组分中的乙醛量或乙醛/乙醇与种子活力呈显著正相关。也有报道挥发性单萜物质含量与种子活力有关(Tammela 等,2003)。

3. 种子呼吸速率测定

大量研究表明,吸水回干处理对种子活力无明显不良影响。种子在吸水时呼吸速率急剧上升,种子呼吸速率的大小与种子活力有一定的关系,可采用瓦氏微量法测定种子的呼吸速率。对不同活力的白菜种子进行连续 5 次吸水回干处理(种子在 100%相对湿度下平衡过夜后,于 25℃浸泡 4 h。取出吸干表面水分,然后用电风扇吹风至原始含水量 8.7%。取出一部分种子自然老化 6 个月,其余种子用同样方法吸水回干处理后自然老化相同时间。吸水回干处理连续进行 5 次),发现吸水回干处理使种子的抗劣变能力显著提高。用瓦氏微量法测定种子吸胀初期的呼吸速率发现,高活力种子(发芽率 82%)和中等活力种子(发芽率 68%)的呼吸速率显著高于低活力种子(发芽率 44%)的呼吸速率。但高活力种子与中等活力种子的呼吸速率差别不明显。种子经吸水回干处理(1～5 次)再自然老化后(6 个月贮藏),种子吸胀初期(吸水后 2 h)的呼吸速率与种子活力呈明显的正相关,可以把高、中、低 3 种活力种子区分开来。

4. 近红外光谱技术的应用

近红外光谱(near infrared,NIR)分析技术是近年来分析化学领域快速发展的高新分析技术,较常规分析方法具有检测快速、不破坏样品、易于实现在线检测、不消耗化学试剂、无污染等优点。近红外光谱技术利用有机物在近红外光谱区的振动吸收而快速测定样品中多种化学成分含量,以得到这些有机分子含氢基团的特征振动信息,从而测定其化学成分的含量。蛋白质、脂肪、糖类等含有的各种含氢基团(CH、OH、NH、SH 等)的倍频与合频谱恰好落在近红外区。矿质元素金属离子在水溶液中影响周围水分子的结构从而造成近红外光谱吸收频率的改变,近红外光谱技术还可以利用这一特性测定样品中矿质元素的含量。因此,该技术对于快速鉴定种子批的活力具有潜在应用价值。

Tigabu 和 Oden(2004)采用近红外光谱技术鉴别老化和未老化的种子,发现对老化 3 d、7 d、9 d 的种子鉴别准确率分别为 80%、90%和 75%。Moller(2004)对贮藏 3～6 年和新收获的大麦种子进行发芽试验测定其活力,同时对种子进行近红外光谱分析;结果表明,近红外技术可用于预测大麦种子活力。采用近红外光谱结合主成分马氏距离模式识别方法鉴别 3 种不同活力的燕麦种子，模型对校正集样本和预测集样本的鉴别率均达到100%（韩亮亮等，2008），表明近红外光谱技术可作为快速准确无损测定种子活力的方法。阴佳鸿等（2010）也证明近红外光谱分析法能够将具有一定活力差异的燕麦种子区别开来。杜尚广（2014）以白菜、芥菜、菜心等常见芸薹属种子为材料，经过人工老化后，利用傅里叶变换近红外光谱仪，于350～1 800 nm采集芸薹属种子的近红外光谱信号，使用多元散射校正（MSC）和标准正态变量变换（SNV）光谱预处理方法，利用主成分回归（PCR）建立模型，研究表明，经SNV方法预处理所建立的白菜建模集预测模型，其相关系数（R）、交互验证均方根误差（RMSECV）和校正均方根误差（RMSEC）分别为0.979、0.527和0.360；无预处理所建立的芥菜建模集预测模型，其R、RMSECV和RMSEC分别为0.959、0.637和0.482；无预处理所建立的菜心建模集预测模型，其R、RMSECV和RMSEC分别为0.977、0.462和0.365，可以较好地预测种子活力的高低。

四、计算机图像识别技术在种子活力和生活力测定中的应用

计算机视觉技术就是以计算机和图像获取部件为工具，以数字图像处理分析技术、模式识别技术、人工智能技术等为理论，处理获取的图像信号，并从图像中提取某些特定的信息。采用计算机视觉技术可以消除或减少由于人类器官的差异造成的分析结果不一致性，甚至可以感知人类器官不能识别的信息。应用计算机视觉技术进行种子和幼苗的识别，可实现种子净度、发芽率、种子活力、品种真实性与品种纯度等指标的自动化检测，其主要流程为：图像采集→图像增强→图像转换→软件判别→输出结果。

Dell'Aquila等（2000）开发了一套种子图像分析软件，可对甘蓝种子面积、周长、宽度、长度等特征进行分析，按活力大小对种子进行分级。Venora等（2007）根据兵豆种子的形状、大小和颜色，采用计算机视觉技术进行分级，从而将不同活力的种子区分开，在加拿大建立的兵豆种子自动分级系统有效率达到99.8%。Sako等（2001）将一个倒置成像的平面扫描仪同计算机连接，扫描仪检测的幼苗形态信息传入计算机并自动进行种子活力指数计算，该系统用于评估种子批活力，具有客观、经济、易于操作的特点。Arya和Lehana（2012）采用计算机视觉技术构建了一个种子分析系统，能根据种子形状自动分析种子质量。Tong等（2013）研发了一套可根据叶面积判断幼苗质量的计算机视觉系统，对番茄、黄瓜、茄子和辣椒的判别准确率分别为98.60%、96.40%、98.60%和95.20%。

四唑染色法常用于测定种子生活力。然而，它在相当程度上受制于主观判断，从而导致效率不高。Xie和Paulsen（2001）开发了一种对玉米种子四唑染色剖面进行检测和量化的计算机自动识别方法，能够高效判断四唑染色情况，从而自动判断种子生活力。

第三节　种子增值新技术

高质量种子在优质高产的农作物生产中发挥了重要的作用。种子是遗传因素及各种技术的浓缩载体，在种子的价格构成中，遗传因素即品种占种子价格构成的60%，而收获后的种子处理技术占40%（胡晋等，2012）。可见，种子处理技术对种子价格有显著的影响，对种子的增

值起到重要作用。

种子增值是指在种子收获后及播种前进行的一系列改进种子表现的种子处理技术，用于增加种子的价值。通过增强种子活力和(或)种子生理状态促进种子播种、发芽和幼苗生长。种子增值技术包括：短暂吸水(steeping)、预发芽(pre-germination)、标记(tagging)、干湿强化(hardening)、冷热强化(thermal hardening)、引发(priming)、丸化(pelleting)、包壳或薄层丸化(encrusting)、包膜(film coating)及其他技术，但不包括常规的杀菌剂和杀虫剂处理。

一、种子标记

种子是一种特殊的商品，有时候肉眼很难分辨其真假和优劣。大多数情况下，由于缺乏特殊和明显的种子标志(如色泽等)，同一种作物不同品种或同一品种不同来源的种子往往难以区分，无法追踪其来源。目前，全球种子贸易中，假冒种子占了5%～8%，这严重损害了种子企业及农民的利益。种子标记是一种新近开发的种子增值技术，采用特殊处理方法直接对种子本身进行标记，同时采用特殊的或配套的检测技术可以检测到这种标记，以此达到辨别种子真伪和追踪种子来源的目的，以避免假冒种子的危害。

近年来，国外出现了一种新的种子防伪技术，用一种复合物作为标记处理种子以提供唯一的指纹图谱，用手持接收器检测标记物存在与否，可以鉴定种子来源，相当于给种子加上了特殊的标签，但是此项技术在实际生产上应用的成本较高。Guan 等(2011，2013)应用染色剂标记种子后，能够在特殊激发光下观察到种子和幼苗叶脉中的不同荧光(肉眼不可见)。该项技术可作为种子的一种有效防伪方法，具有成本低廉、对种子发芽及幼苗生长无不良影响等优点。

二、种子干湿强化和冷热强化

种子干湿强化(即淬水)是使种子吸水(吸湿)后回干，再吸水(吸湿)再回干，循环1～3次。如胡萝卜种子在20℃下吸水24 h，然后于20℃空气中回干，循环3次，可使种子胚长度大于对照51%，这种胚长度的增加是由细胞分裂而不是细胞膨胀引起的，因此，能提早出苗3～4 d，每公顷产量可比对照高4.8 t(Austin 等，1969)。

种子冷热强化是相对于种子干湿强化而提出的。种子冷热强化(即淬热)是指对种子进行交替的冷热处理，例如，热—冷—热、冷—热—冷、热—冷、冷—热处理。籼稻种子进行热—冷—热处理(热处理为40℃，冷处理为－19℃)后，其平均发芽时间和电导率降低，而发芽指数、发芽势、幼苗根长和根干重及鲜重增加；而粳稻以冷—热—冷的处理效果较好(Farooq 等，2005)。

三、智能型和功能型种子丸化

随着种子技术的不断进步，国内外已经开始功能型丸粒化种子的研制。浙江大学研制出抗寒和抗旱型丸化种子，其中抗旱型种衣剂所用的自制保水剂吸水倍率可达到4 000倍，远远超出传统吸水剂的吸水倍率(一般600倍以下)，可大大提高干旱逆境下种子的发芽和幼苗成长能力。基于该技术开发了双重抗旱型种衣剂，并获得国家发明专利(胡晋等，2013)。同时，胡晋等还开发出智能温控抗寒型丸化种子(Cui 等，2012)。普通丸化种子的有效抗寒成分从种子播种开始即开始释放，有时种子还未遇到低温逆境，有效成分已经流失殆尽，失去抗低温逆境的效果。而智能温控抗寒型丸化种子，只有在外界温度低于将对种子发芽和幼苗成长产生危害的临界温度值时才响应式快速释放抗寒剂，以提高种子的抗低温能力。在此，临界低温值作为释放抗寒剂的“开关”，且“开关”温度可以根据不同作物需要人为控制。

种子收获至播种前的一系列种子增值处理，是形成种子最终出售价格的一部分，可以提高种子质量，提高播种效率，提高发芽整齐度，使幼苗健壮，产量增加。随着科学技术的发展，新的种子增值技术将会不断被开发出来，对增值处理的基础理论研究也在逐步深入，这将有助于更加合理地利用不断进步的种子科学技术，使种子的增值效果更佳，更好地服务于农业生产。

本章小结

种子引发属于种子处理的范畴，是种子增值、提高种子商品性的重要种子处理技术之一。引发后的种子能快速发芽，并且发芽和出苗的一致性得到提高，同时可增强抗逆性。常用的种子引发方法有渗调引发、滚筒引发、固体基质引发和生物引发等。

随着科学技术的发展和进步以及相关学科的交叉融合，种子活力测定技术和方法也有了新突破，Q2 技术、非破坏性活力测定技术（如种子呼吸速率测定、近红外光谱分析技术等）、计算机图像识别技术等分别运用于种子活力的测定。目前，此方面的研究方兴未艾。

种子增值是指在种子收获后及播种前进行的一系列改进种子表现的种子处理技术，用于增加种子的价值。种子增值技术包括标记、干湿强化、冷热强化、引发、丸化、包膜等技术。

思考题

1. 种子引发有何作用？
2. 种子增值有哪些技术？

实验实训

实验实训一 种子外部形态的观察

一、目的要求

1. 认识主要作物种子的外部形态特征。
2. 了解主要作物种子的果实和种子类型。

二、实验材料与设备

1. 材料

① 农作物种子：水稻、小麦、大麦、玉米、大豆、棉花、油菜、蓖麻、甜菜等；
② 蔬菜种子：甘蓝、洋葱、菜豆、番茄、黄瓜、西瓜、南瓜、辣椒、芹菜、菠菜等；
③ 牧草种子：黑麦草、早熟禾、羊茅、红三叶、紫苜蓿等。
需准备干种子和吸胀种子。

2. 设备

手执放大镜、解剖镜、立体显微镜、镊子、种子长宽度测量器和盘子或数码摄像系统。

三、方法步骤

1. 果实和种子类型观察

观察以上作物的果实和种子类型，检索各作物在植物学上所属的科，并查明其果实的种类和种子类型。主要农作物果实种类包括颖果、瘦果、荚果、蒴果、角果、分果、坚果等。农业种子在植物形态学上可分为五个类型：包括果实和外部附属物、果实、包括种子和部分果实、种子、种子的主要部分。

2. 种子外部形态观察

取主要作物的干种子，利用放大镜和立体显微镜，详细观察其外部形态，特别是各类种子的主要特征，并绘简图，各部分用文字标明。如大麦种子应标明内外稃、腹沟、小基刺以及浆片所在部位；大豆、菜豆、三叶草种子应标明种皮、种脐、脐条、内脐以及种孔所在部位。

3. 种子长度和宽度的测量

各种作物种子随机取 10 粒种子，依其长度或宽度方向将种子逐粒排列在种子长宽度测量尺上(排列的方向一致，如小麦籽粒腹沟朝下)，测量种子的长度和宽度。每种种子的测量 4 次重复，求其平均数，以毫米表示。

四、结果记录、绘图

(1)绘画主要种子外部形态图，并注明各部分名称。

(2)需注明主要种子的构造类型，以及所属科。

五、注意事项

(1)柱形和卵形种子，有长宽之分而无宽厚之分，只用两个数值表示种子的大小。球形种子用直径表达大小。

(2)对于带有芒的水稻、大麦种子等，应先去掉芒，再测量种子长度。

实验实训二　种子内部构造的观察

一、目的要求

1. 认识主要农作物种子的内部构造特征。

2. 进一步认识了解种子种皮、糊粉层以及不同类型种子胚乳及子叶贮藏物质的形态特征。

二、实验材料与设备

1. 材料

①农作物种子：水稻、小麦、玉米、大豆、花生、蓖麻、油菜等；

②蔬菜种子：菜豆、蕃茄、黄瓜、菠菜等；

需准备用水浸透的种子。

2. 设备

解剖镜、显微镜、刀片、解剖针、培养皿、镊子、毛笔、载玻片、盖玻片、滴管。

3. 试剂

(1)1%的 I_2-KI 溶液

称取碘 1 g、碘化钾 2 g，溶于 300 mL 蒸馏水中。

(2)乙醚酒精混合液

乙醚与酒精等量混合。

(3)苏丹Ⅲ溶液

称取苏丹Ⅲ 1 g，溶于 100 mL 95%的酒精与甘油的等量混合液中。

三、方法步骤

1.种子内部构造观察

取吸胀软化的作物种子，用刀片将种子纵切(大豆、油菜、黄瓜种子只需剥去种皮就可观察；蓖麻种子首先用镊子剥去坚硬的种皮，再进行纵剖)。

观察切面果皮、种皮的层次；胚乳是否存在；胚与胚乳的形状、位置和比例；种胚所分化的各个部分。并绘简图标明各部分。

2.种皮及糊粉层的观察

取各类鲜种子或浸泡变软的种子，对种子进行手工切片。用镊子挑选1～2片薄而完整的切片(取靠近种皮的)，放在载玻片上，加1滴 I_2-KI溶液，将盖玻片自液滴的左侧慢慢盖下，制成临时切片。观察果皮、果皮的层次、厚度、细胞形状；有糊粉层的种子，还要观察糊粉层的厚度、层次、细胞内糊粉粒的多少等。

3.胚乳及子叶中贮藏物质的观察

取在水中吸胀的水稻种子，切开后用镊子夹取少量胚乳涂抹在载玻片上，加1滴蒸馏水装片。仔细观察淀粉粒的大小、形状和结构。然后加入1滴 I_2-KI溶液，置于显微镜下，观察淀粉粒的颜色变化。

将花生种子的子叶切成薄片，选取最薄的切片置于载玻片上，加1滴苏丹Ⅲ溶液，盖上盖玻片，将其置于低倍镜下，可见到细胞内有许多染成橘红色的球状油滴，即为脂肪体。

将蓖麻种子的胚乳切成薄片，放在培养皿中，加入乙醚酒精混合液中浸泡几个小时，使细胞中的油脂溶解，然后选取几片最薄的置于载玻片上，加1滴 I_2-KI溶液，盖上盖玻片，置于低倍镜上，可看到许多黄色的糊粉粒。再转入高倍镜观察，可观察到糊粉粒是外被薄膜的近椭圆体，椭圆体内有1个球状体和1至数个拟晶体，其周围充满无定形蛋白质体。

四、结果记录、绘图

(1)绘画主要种子内部构造图，并注明各部分名称。

(2)绘画种子种皮、糊粉层、胚乳及子叶中贮藏物质的形态构造图，并注明各部分名称。

实验实训三　种子超氧化物歧化酶、过氧化物酶和过氧化氢酶活性的测定

Ⅰ　超氧化物歧化酶活性测定

一、目的要求

掌握种子超氧化物歧化酶活性的测定方法。

二、实验原理

超氧化物歧化酶(superoxide dismutase，SOD)是需氧生物中普遍存在的一种含金属辅基

的酶，是一种清除超氧阴离子自由基（$\cdot O_2^-$）的酶。核黄素可被光还原，在有氧条件下极易再氧化而产生，当加入氯化硝基氮蓝四唑（NBT）后，在光照下被还原为蓝色化合物，产物在560 nm处有最大吸收峰，而SOD作为氧自由基的清除剂可抑制此反应。光还原反应后，反应液颜色越浅，说明酶活性越高，反之，酶活性越低。通过测定反应液的吸光值，可计算出SOD的活性。

三、实验材料与设备

1. 材料

水稻、大豆吸胀种子。

2. 设备

高速冷冻离心机、分光光度计、荧光灯（反应试管处光照度为4 000 lx）或光照培养箱（照度为4 000 lx），玻璃质地和规格一致的试管、旋转的圆盘透明试管架（有机玻璃制造）、黑色硬纸套、研钵、酸度计、天平（感量0.001 g、0.0 001 g）等。

3. 试剂

（1）50 mmol/L 磷酸缓冲液（pH7.8）

A液（0.2 mol/L 磷酸二氢钠）：3.12 g $NaH_2PO_4 \cdot 2H_2O$，以蒸馏水溶解，并定容至100 mL。

B液（0.2 mol/L 磷酸氢二钠）：71.7 g $Na_2HPO_4 \cdot 12H_2O$，以蒸馏水溶解，并定容至1 000 mL。

先分别配制A液和B液，再取21.25 mL A液与228.75 mL B液混合，稀释至1 000 mL。于4℃冰箱保存。

（2）酶提取液

提取液A：50 mmol/L 磷酸缓冲液（pH7.8），含1%（*m*/*V*）聚乙烯吡咯烷酮（PVP）。

提取液B：50 mmol/L 磷酸缓冲液（pH7.8），含0.1 mmol/L EDTA、0.3%（*m*/*V*）曲拉通（Triton X-100）和4%（*m*/*V*）PVP。

（3）130 mmol/L L-蛋氨酸（L-Met）溶液

准确称取1.939 7 g L-Met（相对分子量为149.21），用磷酸缓冲液（pH7.8）溶解并定容至100 mL，溶液需现配现用。

（4）750 μmol/L 氯化硝基四氮唑蓝（NBT）

准确称取0.153 3 g NBT（相对分子质量为817.60），用磷酸缓冲液（pH7.8）溶解并定容至250 mL，现配现用，避光保存。

（5）100 μmol/L 乙二胺四乙酸二钠（$EDTA\text{-}Na_2$）

准确称取0.037 22 g $EDTA\text{-}Na_2$（相对分子质量为372.24），用磷酸缓冲液（pH7.8）溶解并定容至1 000 mL。

（6）20 μmol/L 核黄素（又称维生素B_2）

准确称取0.007 5 g 核黄素（相对分子质量为376.36），用磷酸缓冲液（pH7.8）溶解定容至1 000 mL，避光保存，随用随配，用时稀释10倍。

四、方法步骤

1. 酶液制备

方法A:称取1.0 g吸胀种子,加入5 mL提取液A,在冰上研磨后,于4℃以12 000 r/min离心20 min,上清液即为酶粗提取液。

方法B:取1.0 g吸胀种子,用液氮研磨成粉,然后加入5倍于样品量的酶提取液B在冰浴上研磨成匀浆,将匀浆在4℃下以12 000 r/min离心20 min。上清液为SOD酶粗提取液。

2. 酶活性的测定

取透明度好、质地相同的试管4支,2支为测定管,2支为对照管,按表9-1加入试剂,以不加酶液的作为对照,混匀后,给一支对照管罩上比试管稍长的双层黑色硬纸套避光,与其他各管同时置于光照培养箱内反应10~20 min(要求各管照光情况一致,反应温度控制在25℃,视酶活性高低适当调整酶的浓度和反应时间)。

反应结束后,用黑布罩上试管,终止反应。以遮光的对照管作为空白,用分光光度计在560 nm波长下测定各管的吸光值。

表9-1 SOD反应混合液配制表

试剂	用量/mL	终浓度(比色时)
磷酸缓冲液(pH7.8)	1.5	
甲硫氨酸(Met)溶液	0.3	13 mmol/L
NBT溶液	0.3	75 μmol/L
EDTA-Na_2	0.3	10 μmol/L
核黄素溶液	0.3	2.0 μmol/L
酶液	0.1	2支对照管以缓冲液代替
水	0.5	
总体积	3.3	

注:当测定样品数量较大时,可在临用前根据用量将表中各试剂(酶液和核黄素除外)按比例混合后一次加入2.90 mL,然后依次加入核黄素和酶液,使终浓度不变,其余各步与上相同。

3. SOD活性计算

SOD活性以抑制NBT光还原反应50%的酶量为一个酶活性单位(U)。按下式计算SOD活性。

$$\text{SOD总活性 } A=\frac{(A_0-A_s)\times V_T}{A_0\times m_F\times V_n\times 0.5}$$

式中,SOD总活性A以酶活性单位每克鲜样表示(U/g),A_0为对照管的吸光值;A_s为样品管的吸光值;V_T为酶提取液的总体积,mL;V_n为测定时的酶粗提取液体积,mL;m_F为样品鲜重,g。

五、注意事项

1. 各试管的照光条件要一致。所用玻璃试管要透明度好,质地规格均一,光照度和时间要严格控制。

2. 植物中的酚类物质对测定有干扰，制备酶粗提取液时可加入多酚类物质的吸附剂聚乙烯吡咯烷酮(PVP)或聚乙烯聚吡咯烷酮(PVPP)等，尽可能除去酚类等物质。

Ⅱ 过氧化物酶活性的测定

一、目的要求

掌握种子过氧化物酶活性的测定方法。

二、实验原理

过氧化物酶(peroxidase，POD)广泛分布于植物的各个组织器官中。在POD的催化下，H_2O_2 可将邻甲氧基苯酚(即愈创木酚)氧化成红棕色的4-邻甲氧基苯酚，通过测定其在470 nm处的吸光值，即可测得POD活性。

三、实验材料与设备

1. 材料

水稻、大豆吸胀种子。

2. 设备

分光光度计、冷冻离心机、天平(感量0.001 g)、移液枪、研钵、试管、烧杯、磁力搅拌器、冰箱。

3. 试剂

(1)0.1 mol/L Tris-HCl缓冲液(pH8.5)

准确称取12.114 g三羟甲基氨基甲烷(Tris)，加适量蒸馏水溶解，用HCl调pH至8.5，稀释至1 000 mL。

(2)50 mmol/L磷酸缓冲液(pH6.7)

A液(0.2 mol/L磷酸二氢钠)：称取31.202 g $NaH_2PO_4 \cdot 2H_2O$，用蒸馏水溶解并定容至1 000 mL。

B液(0.2 mol/L磷酸氢二钠)：称取71.70 g $Na_2HPO_4 \cdot 12H_2O$，用蒸馏水溶解并定容至1 000 mL。

先分别配制A液和B液，分别取A液141.25 mL与B液108.75 mL，充分混匀，用蒸馏水定容至1 000 mL。

(3)POD反应混合液

50 mmol/L磷酸缓冲液(pH6.7)50 mL，加入愈创木酚19 μL，于磁力搅拌器上搅拌，直至愈创木酚溶解，加入30%过氧化氢28 μL，混合均匀，保存于冰箱中。

四、方法步骤

1. 酶粗提液的提取

称取吸胀种子1.0 g，加5 mL 0.1 mol/L Tris-HCl缓冲液(pH8.5)，于研钵中研磨成匀浆，以4 000 r/min离心15 min，收集上清液，放置冰上。残渣再用5 mL缓冲液提取一次，合并两次上清液，即为酶粗提取液，保存在4℃冰箱中备用。

2. 酶活性的测定

取比色杯2只。一只比色杯加1 mL 0.1 mol/L Tris-HCl缓冲液(pH8.5)，再加入POD反应混合液3 mL，作为校零对照。另一只比色杯中加粗酶液1 mL(如酶活性过高可适当稀释)，再加入POD反应混合液3 mL，立即于紫外分光光度计470 nm波长下采用动力学测定方法测量OD值，设置测定时间1～3 min(可根据具体反应情况而定)。

3. 结果计算

$$过氧化物酶活性=\frac{\Delta OD_{470nm}\times V_T}{0.01\times m\times V_n}$$

式中，ΔOD_{470}为每分钟底物溶液吸光值的变化；V_T为酶粗提液总体积，mL；V_n为测定用酶粗提液体积，mL；m为种子质量，g；0.01为A_{470}每下降0.01为1个酶活性单位(U)。

五、注意事项

1. 酶的提取应在低温下进行，预冷酶提取液和研钵，并在冰浴下研磨样品。
2. 如酶活性过高，反应速度太快，可用pH6.0的磷酸缓冲液稀释3～5倍后进行测定。

Ⅲ 过氧化氢酶活性的测定

一、目的要求

掌握种子过氧化氢酶活性的测定方法。

二、实验原理

过氧化氢酶(catalase，CAT)广泛存在于动物、植物和微生物中。CAT能促进H_2O_2分解，H_2O_2在240 nm处有最大吸收峰(注意凡在240 nm下有强吸收的物质对本实验结果都有干扰)，根据H_2O_2的减少量可检测CAT的活性。

三、实验材料与设备

1. 材料

水稻吸胀种子或新鲜绿豆芽。

2. 设备

紫外分光光度计、高速冷冻离心机、移液枪、研钵、容量瓶(25 mL)、试管(10 mL)、恒温水浴、分析天平、冰箱。

3. 试剂

(1)提取液

50 mmol/L磷酸缓冲液(pH7.8)，含20%(*V*/*V*)甘油、1 mmol/L还原型谷胱甘肽(GSH)、2 mmol/L抗坏血酸和1%(*m*/*V*)PVP。

(2)0.1 mol/L H_2O_2

取11.36 mL 30% H_2O_2，用蒸馏水定容至1 000 mL。

四、方法步骤

1. 酶液的提取

称取水稻吸胀种子或新鲜绿豆芽0.5 g，置研钵中，加入2～3 mL 4℃下预冷的提取液和少量石英砂，冰浴研磨成匀浆后，转入25 mL容量瓶中，并用提取液冲洗研钵数次，合并冲洗液，并定容到刻度。混合均匀后将容量瓶置4℃冰箱中静置10 min，取上部澄清液以4 000 r/min离心15 min，上清液即为过氧化氢酶粗提取液。

2. 酶活性的测定

取10 mL试管3支，其中2支为样品测定管，1支为对照管，按表9-2顺序加入试剂。25℃预热后，逐管加入0.3 mL 0.1 mol/L H_2O_2，每加完一管立即倒入石英比色杯中，立即于紫外分光光度计240 nm波长下采用动力学测定方法测量OD值，设置测定时间1～3 min（可根据具体反应情况而定）。

表9-2 过氧化氢酶活性试剂配置表

管 号	0	1	2
粗酶提取液/mL	0.2（煮沸灭活）	0.2	0.2
10 mmol/L磷酸缓冲液（pH7.8）/mL	1.5	1.5	1.5
蒸馏水/mL	1.0	1.0	1.0

3. 结果计算

CAT活性以1 min内A_{240}减少0.1的酶量为1个酶活性单位（U）。

$$过氧化氢酶活性(U)=\frac{\Delta A_{240nm}\times V_T}{0.1\times V_1\times t\times m_F}$$

$$\Delta A_{240}=A_0-\frac{A_1+A_2}{2}$$

式中，A_0为对照管吸光值；A_1、A_2为样品管吸光值；V_T为酶粗提取液总体积，mL；V_1为测定用酶粗取取液体积，mL；m_F为样品鲜重，g；0.1为A_{240}每下降0.1为1个酶活性单位（U）；t为动力学测定的反应时间（min）。

实验实训四　种子形成发育阶段特征观察

一、目的要求

（1）认识种子各个发育时期的特点、外形和内部结构。

（2）了解胚和胚乳发育的关键时期。

二、实验材料与设备

1. 材料

双子叶植物（大豆、油菜等）和单子叶植物（玉米、水稻等）不同发育时期的种子以及永久制片。

2. 设备

普通显微镜、解剖镜、冰箱、游标卡尺、放大镜、载玻片、盖玻片、刀片、镊子、带盖玻璃瓶、滤纸、烧杯、滴管、培养皿。

3.试剂

70%乙醇、固定液(95%乙醇3份、冰醋酸1份混合,现配现用)。

三、方法步骤

1.鲜种子的固定和保存

将当天开花授粉的花或果穗挂牌标记。从授粉当天开始,隔2~5 d取样一次。取样时选取有代表性的种子、果实或果穗(含种子20~30粒),保持新鲜状态带回室内。在冰浴上进行解剖,取其种子放入干净的玻璃瓶中,倒入固定液,使液面高出种面1/3以上。室温下固定4~6 h,然后换入70%的乙醇中,放4℃冰箱中保存。

2.玻片的制作

将固定好的各期种子样品,取其一部分,做成手工临时玻片或永久玻片(有条件的还可以制作石蜡切片或塑料切片),供观察和保存。

3.外形变化的观察

将在冰箱中保存的各期种子样品取出,分放在培养皿中,用肉眼或置解剖镜下观察、测量种子的形状、颜色、长、宽、厚、胚和胚乳所占比例等。

4.内部结构变化观察

将制作好的临时切片或永久切片置显微镜下,先用低倍镜再用高倍镜,观察项目如下:

(1)胚珠(或子房)的结构

用合子期的切片,观察胚珠的形状、大小、构造、类型;珠被的层次、珠心的厚薄;胚囊的位置、形状、构造;合子的大小、特点及合子与初生胚乳核的分裂等。

(2)胚的发育

用各期切片观察胚的发育,各发育时期胚的形状、大小,胚柄的比例及细胞学特征。

(3)胚乳的发育

观察胚乳的发育时期、发育特点和类型,重点观察游离核的分布、胚乳细胞化的时期和细胞壁的形成、胚乳的增殖和胚乳的消退(无胚乳种子)。

(4)胚乳和子叶中营养物质的积累

用灌浆期开始至成熟期的切片,观察有胚乳种子的胚乳或无胚乳种子的子叶,注意淀粉粒和蛋白质体出现的时期,颗粒的形成、大小、数量的变化,脂滴的有无、数量等。

四、结果记录、绘图(或照相)

将以上的观察结果进行记录,绘图(或照相),用以总结所观察作物种子的发育时期、各期的发育特点、内部构造和外部形态变化的相关性等。

实验实训五　作物种子的休眠及其破除

一、目的要求

(1)了解加温干燥、预先冷冻、擦伤种皮、GA_3和光照处理破除休眠的方法。

(2)了解主要种子种皮不透气、不透水和存在发芽抑制剂及缺乏活化光敏色素等引起休眠的原因。

二、实验材料与设备

1. 材料

小麦、水稻、紫云英、莴苣(生菜)等新收获种子。

2. 仪器设备

人工气候箱、发芽盒、培养皿、镊子、发芽纸、标签纸、细砂、研钵等。

3. 试剂

赤霉素(GA_3,100 mg/kg)。

三、方法步骤

1. 发芽床准备

取4层发芽纸垫入培养皿或发芽盒底部,加水使其饱和,倒出多余水分(用GA_3溶液的,以GA_3溶液代替水浸湿发芽床)。

2. 种子处理及置床

按表9-2所列方法处理种子。每个处理组种子400粒,每100粒一个重复,4次重复。

3. 粘贴标签及置发芽箱培养

置床完毕,写好标签(包括作物种类、处理编号、组号、置床日期等),盖上盖子。水稻置于30℃,小麦、紫云英、莴苣置于20℃恒温下培养。

4. 观察与记录

于发芽开始后,定期统计种子发芽势和发芽率(表9-3)。

表9-3 水稻、小麦、紫云英、莴苣种子休眠解除实验方法

作物种子	编号	处理方法
水稻	1	对照(不经任何处理)
	2	45℃高温处理6 d
	3	100 mg/kg GA_3溶液浸湿发芽床
小麦	1	对照(不经任何处理)
	2	5～10℃低温处理7 d(砂中)
紫云英	1	对照(不经任何处理)
	2	擦破种皮(种子放于研钵内轻研3～5 min)
	3	切破种子
	4	当年收获,放置室温下的种子
莴苣	1	对照(不经任何处理)
	2	30℃下光照72 h
	3	100 mg/kg GA_3溶液浸湿发芽床

四、注意事项

机械或硫酸破除硬实时应注意保持种子的完整性，如果造成机械损伤或化学灼伤，会影响种子活力，在发芽实验中造成种子腐烂。

实验实训六 种子的萌发试验

一、目的要求

掌握温度、光照对种子发芽的影响。

二、实验原理

温度、光照是种子萌发的重要影响因素。通过调查不同的温度、光照条件下种子发芽情况，可以了解温度、光照条件对种子萌发的影响。

三、实验材料与设备

1. 材料

水稻种子(中光种子)、莴苣(喜光种子)、茄子(忌光种子)。

2. 设备

光照培养箱、发芽盒、发芽纸、镊子等。

3. 试剂

0.1%次氯酸钠溶液。

四、方法步骤

(一)温度对种子发芽的影响

①数取水稻种子400粒(每个条件100粒)，用0.1%次氯酸钠溶液消毒3～5 min，然后用清水洗净晾干。

②在发芽盒中垫2层发芽纸，然后用蒸馏水润湿作为发芽床。

③将消毒过的种子整齐播种在上述发芽床上，盖好盖子。

④放入温度为10℃、20℃、30℃、40℃的光照培养箱中培养(光照750～1 250 lx，8 h)，及时补充水分保持芽床湿润。

⑤记录不同温度条件下种子发芽情况。

(二)光照对种子发芽的影响

①数取水稻、莴苣、茄子种子各300粒(每个条件100粒)，同法消毒处理。

②播种在湿润发芽床上，放入培养箱。

③温度20℃，光照3种情况：8 h/16 h＝光照/黑暗，24 h光照，24 h黑暗。

④及时补充水分。

⑤记录不同光照条件下种子发芽情况。

五、结果计算

比较不同温度、光照条件下种子发芽的情况，分析温度、光照条件对种子萌发的影响(表 9-4)。

表 9-4 种子发芽记载表

发芽条件(温度)	发芽情况	幼苗生长情况
10℃		
20℃		
30℃		
40℃		
发芽条件(光照)	发芽情况	幼苗生长情况
8 h/16 h=光照/黑暗		
24 h 光照		
24 h 黑暗		

实验实训七 种子的生活力测定

种子生活力是指种子发芽的潜在能力。种子生活力测定在农业生产上有重要的意义，可以快速预测种子的发芽力，种子衰老的程度。

一、目的要求

(1)了解四唑染色测定种子生活力的原理。

(2)掌握四唑染色测定种子生活力的方法和判别有无生活力的鉴定标准。

二、实验原理

有生活力的种子活细胞在呼吸过程中都会发生氧化还原反应。四唑溶液作为一种无色的指示剂，被种子吸收后参与活细胞的还原反应，从脱氢酶接受氢离子，在活细胞里产生红色、稳定、不扩散、不溶于水的三苯基甲臜，无生活力的种子则无此反应。根据种子四唑显色的部位，即可分出种子中有生活力的部分和死亡部分。

三、实验材料与设备

1. 材料

水稻、小麦、玉米、大豆、棉花、番茄等作物种子。

2.设备

烧杯、滤纸、刀片、镊子、培养皿、容量瓶、垫板、放大镜或体视显微镜、恒温培养箱。

3.试剂

1.0%(或0.1%)的四唑磷酸缓冲液　称取1 g(或0.1 g)四唑粉剂溶于100 mL磷酸缓冲液(pH 6.5～7.5)中。

四、方法步骤

从净度分析后并经过充分混合的净种子中，随机数取100粒种子，4次重复。

1.水稻种子四唑测定

将种子去壳，放纸间或水中30℃预湿12 h，沿种子侧面胚纵切，放入0.1%四唑磷酸缓冲液35℃染色1～2 h，凡是胚的主要构造染成正常鲜红色，或胚根尖端2/3不染色而其他部分正常染色的种子为有生活力种子。

2.小麦、玉米种子四唑测定

将种子放入30℃水中3～4 h或纸间12 h，沿胚纵切，浸入0.1%四唑溶液中，35℃ 0.5～1 h。凡是胚的主要构造染成正常鲜红色，或盾片上下任一端1/3不染色(小麦胚根大部不染色，但不定根原基染色)的，为有生活力种子。如盾片中央有不染色，表明已受热损伤，作为无生活力种子。

3.大豆种子四唑测定

将大豆种子放在湿毛巾间预湿12 h，一般需剥去种皮，然后浸入1%四唑溶液，35℃ 2～3 h。凡是整种子染色正常明亮鲜红，或仅胚根尖端1/2不染色，或子叶顶端(离胚芽端)1/2不染色的为有生活力种子。

4.棉花种子四唑测定

将种子放纸间预湿，30℃ 12 h，纵切一半种子或剥去种皮，浸入0.5%四唑溶液，染色反应2～3 h，凡是整个种子染成明亮红色，或仅胚根尖端1/3不染色，或子叶表面有小范围坏死，或子叶顶端1/3不染色，为有生活力种子。

5.番茄种子四唑染色测定

取种子样品200粒，放湿纸间30℃预湿12 h，然后在种子中心刺破种皮和胚乳，浸入0.2%四唑溶液，在35℃染色反应0.5～1.5 h。凡是胚和胚乳全部染色的，为有生活力种子。

五、结果记录

(1)计算种子生活力。

(2)分析染色不正常无生活力种子的类型及其引起的原因。

实验实训八　种子衰老的试验

一、目的要求

(1)了解衰老种子的形态特征；

(2)掌握测定种子浸泡液电导率从而判断种子活力的方法。

二、实验材料与仪器

人工老化和未老化的种子；老化盒(干燥器)，网袋，电导率仪，水浴锅，试管(烧杯)，滤纸。

三、实验步骤

1. 种子老化

清洗老化容器，底部加适量的水(6～8 cm 高)，装好网架，数取种子100粒或50粒，4次重复，分别放在老化容器的网架上，盖上盖子，移入恒温培养箱，用40～45℃和100%相对湿度(RH)，处理1～10 d。处理温度和时间因种子种类而不同(表9-5)，最适的老化时间可根据经验加以调整。

表9-5 种子加速老化的适用范围及条件

属或种名	种子质量/g	老化温度/℃	老化时间/h	老化后种子的含水量/%
大豆	42	41	72	27～30
苜蓿	3.5	41	72	40～44
菜豆(干)	42	41	72	28～0
菜豆(法国)	50	45	48	26～30
菜豆(菜园)	30	41	72	31～32
油菜	1	41	72	39～44
玉米(大田)	40	45	72	26～29
玉米(甜)	24	41	72	31～35
莴苣	0.5	41	72	38～41
绿豆	40	45	96	27～32
洋葱	1	41	72	40～45
红花属	2	41	72	40～45
三叶草	1	41	72	39～44
黑麦草	1	41	48	36～38
高粱	15	43	72	28～30
烟草	0.2	43	72	40～50
番茄	1	41	72	44～46
小麦	20	41	72	28～30

2. 种子形态观察

观察比较人工老化种子和未老化种子的种被颜色、光泽度等外部形态。

3. 电导率测定

(1)取出种子摊薄，风干1～2 d，保存在干燥器中，在常温或稍低温度下备用。试验进行之前要与未处理的种子同时在25℃、93%RH条件下平衡水分24 h。

(2)选取大小一致且无机械损伤的种子10粒，称重(W)，精确至0.01 g，2个重复。取直径为80 mm左右的烧杯3个，用热水和去离子水数次洗净，用滤纸吸干表面水分。

(3)将种子放入烧杯中,加入 250 mL 去离子水,另一烧杯内加去离子水作对照。烧杯须用铝箔或薄膜盖好,以减少水分蒸发和被灰尘污染。

(4)所有烧杯于 20℃下放置 24 h(时间长短以种子充分吸胀为宜),然后用电导仪测定浸泡液和对照的电导率。也可将种子与浸泡液分离,然后再测定。

4. 计算

将各重复样品电导率减去对照电导率,按下列公式求出 2 个重复的平均电导率。

$$\text{单位质量电导率}[\mu\text{S/cm}\cdot\text{g}]=\left[\frac{\text{重复 1 电导率}-\text{对照电导率}}{\text{重复 1 种子重}}+\frac{\text{重复 2 电导率}-\text{对照电导率}}{\text{重复 2 种子重}}\right]\div 2$$

如果 2 个重复间差值超过 4 时,应重做试验;当结果高于 30 时,则容许差距为 5。

比较人工老化种子和未老化种子的电导率。

四、注意事项

(1)电导率结果受许多因素,如种子大小及完整性、种子水分、浸泡温度及时间、容器大小、溶液体积等影响,应注意。

(2)溶液的电导率高低是反映种子活力变化的一个敏感指标,但影响种子内含物外渗的因素很多,因此测定种子外渗液的电导率应计算相对电导值,以获得更客观反映种子活力水平的数据。

(3)测定最好使用去离子水,使用前水温应保持在 20℃。

(4)所有电导率都应在 20℃下测定,因为微小的温度变化会导致电导率发生很大差异。另外,种子渗出液也不宜久置。

(5)测定不同的样品时,必须用双蒸水彻底清洗电极,并用滤纸吸干表面水分。

(6)种子在浸泡和煮沸过程中,水分会蒸发,应保持浸泡液体积,故须用铝箔或薄膜盖好。

(7)测定电导率之前浸泡液必须在涡旋混匀器上混匀。

(8)如果样品较少,能够保证在短时间完成测试,电极可以直接插在浸泡液上层完成,如果待测样品较多,则应倾出浸泡液终止浸泡,测定浸泡液的电导率。

实验实训九　种子引发试验

一、目的要求

掌握种子引发对种子萌发的影响。

二、实验原理

种子引发的原理是通过引发处理控制种子缓慢吸收水分,修复种子生理生化代谢和细胞内损伤,促进细胞膜、细胞器、DNA 的修复和酶的活化,使种子处于准备发芽的代谢状态,有利于种子的萌发。常见的引发剂有聚乙二醇(PEG)、无机盐溶液及植物激素等,在玉米、蔬菜、大豆等上有大量的报道。

三、实验材料与设备

1. 材料

玉米或蔬菜种子。

2. 设备

恒温箱、烧杯、玻璃棒、光照培养箱。

3. 试剂

不同浓度的 PEG 溶液(一般采用 10%、20%、30% PEG 进行引发技术的筛选)。

四、方法步骤

(1)数取颗粒饱满的玉米或蔬菜种子 100 粒。

(2)将上述种子置于小烧杯中,倒入不同浓度 PEG 溶液。

(3)将装有种子的小烧杯置于恒温箱(通常 10～30℃)浸泡处理一段时间。

(4)用水漂洗干净引发种子表面的药剂。

(5)通风干燥上述引发处理的种子。

(6)播种引发过的种子,测定引发和对照(CK)种子的发芽率、发芽势、苗长(cm)或苗质量(g),计算活力指数。发芽势一般以初次计数发芽率(%)表示;活力指数(VI)= $S\times\sum(Gt/Dt)$,Dt 为发芽日数,Gt 为 Dt 相对应的每天发芽种子数,S 为一定时期内正常幼苗的长度(cm)或质量(g)。

(7)分析比较筛选出最适宜的种子引发处理方法。

五、注意事项

种子引发的效果受多因素影响,如种子种类及老化程度,渗透溶液种类和浓度,处理的时间和温度、光强和通气性,盛放处理种子的容器类型,处理后种子的干燥方式和程度等条件,因此种子引发技术应用之前须进行最佳引发处理方法的筛选。

参考文献

[1] 高荣岐，张春庆. 作物种子学[M]. 北京：中国农业出版社，2010.
[2] 张红生，胡晋. 种子学[M]. 北京：科学出版社，2010.
[3] 毕辛华，戴心维. 种子学[M]. 北京：中国农业出版社，1994
[4] 周惠明. 谷物科学原理[M]. 北京：中国轻工业出版社，2003.
[5] 颜启传. 种子学[M]. 北京：中国农业出版社，2001.
[6] 胡晋. 种子学 2 版. [M]. 北京：中国农业出版社，2014.
[7] 纪瑛，胡虹文. 种子生物学[M]. 北京：化学工业出版社，2009.
[8] 胡晋. 种子生物学[M]. 北京：高等教育出版社，2006.
[9] 周惠明. 谷物科学原理[M]. 北京：中国轻工业出版社，2003.
[10] 黄上志，宋松泉. 种子科学研究回顾与展望[M]. 广州：广东科学技术出版社，2004.
[11] 陶嘉龄，郑光华. 种子活力[M]. 北京：科学出版社，1991.
[12] 颜启传. 种子检验原理和技术[M]. 杭州：浙江大学出版社，2001.
[13] 郑光华. 种子生理研究[M]. 北京：科学出版社，2004.
[14] Dennis M，Tekrony J F. 种子活力测定[J]. 谢特立译. 种子，2003(4)：63-66.
[15] 申书兴，邹道谦. 普通番茄的受精过程及胚胎发育的研究. 河北农业大学学报，1989，12(4)：81-87.
[16] 杨期和，叶万辉，宋松泉，等. 种子脱水耐性及其与种子类型和发育阶段的相关性. 西北植物学报，2002，22(6)：1518-1525.
[15] 乌凤章，刘桂丰，姜静，等. 种子萌发调控的分子机理研究进展[J]. 北方园艺，2008(2)：54-58.
[16] 张繁，张海清. 种子包衣技术研究现状及展望[J]. 作物研究，2007，21(5)：531-535.
[17] 王少先，彭克勤，萧浪涛，等. 种子包衣及丸化技术研究进展[J]. 种子，2002，5：32-35.
[18] 隋雪燕，周泽琳，张文清，等. 壳聚糖包衣对油菜种子萌发和幼苗生长以及几个生理生化指标的影响[J]. 植物生理学通讯，2002，38(3)：225-227.
[19] 张树权，董志国，高继堂. 包衣大豆萌发期、苗期生理与形态指标研究[J]. 大豆科学，2000，19(3)：286-290.

[20] 肖龙云，程嘉翎，冯明磊. 生物种衣剂包衣对桑种子萌发和幼苗生长的影响[J]. 蚕业科学，2009，35 (4)：851-855.
[21] 余培玉，熊远福，邹应斌，等. 丸化剂对水稻种子出苗和秧苗生长的影响[J]. 作物研究，2004(3)：141-144.
[22] 张海军，杨荣超，郑禾，等. 蔬菜种子加工处理技术研究. 种子，2011，30(6)：50-56.
[23] 李皓，李传中，曾瑞珍，等. 种子引发技术研究进展[J]. 热带农业工程，2012,36(3)：20-23.
[24] 徐金金，蒋芳玲，薄丽萍，等. 不同化学引发剂对不结球白菜种子引发效果的研究[J]. 种子，2011，30(1)：8-12.
[25] 狄文伟，周彤，赵冰. 不同引发剂对茄子种子引发效果的研究[J]. 北方园艺，2014，9：12-14.
[26] 江绪文，任长华，胡江漫，等. 水引发处理对菠菜种子萌发及活力的影响[J]. 中国农业大学学报，2011，16(2)：43-51.
[27] 王永超，郭素娟，王文舒. 引发处理对华山松种子萌发及生理的影响[J]. 东北林业大学学报，2011，39(2)：21-23.
[28] 孙园园，孙永健，王明田，等. 种子引发对水分胁迫下水稻发芽及幼苗生理性状的影响[J]. 作物学报，2010，36(11)：1931-1940.
[29] 王存纲，王跃强，张素娟. 蔬菜种子发芽特性及发芽技术研究[J]. 信阳农业高等专科学校学报，2007，17(1)：122-123.
[30] 王贵余. 几类常见蔬菜种子的发芽特性[J]. 种子世界，1995(12)：26.
[31] 阎富英. 论蔬菜种子发芽特性和发芽技术[J]. 天津农林科技，2005(1)：27-29.
[32] 吕云生. 玉米种子播前处理技术[J]. 农村科学实验，1994(3)：7.
[33] 王新颜. 牧草种子播前处理法[J]. 科学养殖，2005(9)：16-17.
[34] 赵庚义. 蔬菜种子播前处理应用技术[J]. 蔬菜，1989(6)：7-8.
[35] 曹振木. 常见蔬菜种子的播前处理[J]. 热带农业科学，1999(6)：111-116.
[36] 李龙军，胡嘉欣. 蔬菜种子的播前处理[J]. 种子科技，1994(2)：39.
[37] 郑成超. 播前种子处理技术的研究进展[J]. 中国农学通报，1989(5)：27-30.
[38] 张文峰，岳玉琴，齐心，等. 蔬菜种子播前处理概述[J]. 北方园艺，1993(1)：37-39.
[39] 刘军，黄上志，傅家瑞. 种子活力与蛋白质关系的研究进展. 植物学通报，2001,18(1)：46-51.
[40] 黄雪梅，傅家瑞，宋松泉. 提高黄皮种子贮藏活力的技术研究[J]. 中山大学学报(自然科学版)，2000，39(6)：271-275.
[41] 陈振华，张胜，胡晋. 铅污染对 3 个水稻品种种子活力的影响[J]. 中国水稻科学，2005，19(3)：269-272.
[42] 胡晋，蔡素琴. 超甜玉米种子低温吸胀的生理生化变化[J]. 作物学报，2001，27(3)：371-376.
[43] 张文明，倪安丽，王昌初. 杂交水稻种子活力的研究[J]. 种子，1998，(2)：7-9.
[44] 黄善军，陈银龙，胡晋，等. 自然与人工老化粳稻种子活力与田间苗期性状的相关性析种子[J]. 2001，(3)：23-26.

[45] 黄上志,傅家瑞. 花生种子贮藏蛋白质与活力的关系及其在萌发时的降解模式[J]. 植物学报,1992,34(7):543-550.

[46] 胡晋,戴心维,叶常丰. 杂交水稻及其三系种子的贮藏特性和生理生化变化[J]. I. 不同水分种子贮藏期间含水量和活力的变化. 种子,1988(1):11-18.

[47] 胡晋,宋文坚,卢风龙. 杂交稻早夏季制繁种种子生活力和活力低的原因分析[J]. 浙江农业大学学报,1999,25(3):271-275.

[48] 孟祥栋,李曙轩. 菜用大豆种子活力与DNA、RNA及蛋白质合成的关系[J]. 植物生理学报,1992,78(2):121-125.

[49] 乔燕祥,高平平,马俊华,等. 两个玉米自交系在种子老化过程中的生理特性和种子活力变化的研究[J]. 作物学报,2003,29(1):123-127.

[50] 姚大年,徐秀红,钱森和,等. 糯小麦种子活力的初步研究[J]. 安徽农业科学,2002,30(5):690-691.

[51] 胡伟民,胡晋,宋文坚,等. 超干长期贮藏对不同类型水稻种子生活力和活力的影响. 中国水稻科学,2003,17(4):379-382.

[52] 李爱莲,曾献英,陈玉萍,等. 转育Bt抗虫基因棉与常规棉种子的活力比较[J]. 作物杂志,1998(2):37-38.

[53] 张文明,郑文寅,任冲,等. 电导法测定大豆种子活力的初步研究[J]. 种子,2003(2):34-36.

[54] 张文明,姚大年,王昌初,等. 籽粒性状对油菜种子活力的影响[J]. 种子,1999(3):28-29.

[55] 彭业芳,傅家瑞. 顽拗型种子的研究进展[J]. 生物学杂志,1994(6):1-3.

[56] 黄雪梅,傅家瑞,宋松泉. 种子脱水耐性的成因及其诱导. 植物生理学通讯,2000,36(5):464-469.

[57] 李庆荣,郑郁善. 顽拗型种子种质超低温保存研究进展[J]. 江西农业大学学报,2003,25(4):608-612.

[58] 杜尚广. 基于近红外光谱技术快速评价芸薹属种子活力[D]. 南昌大学,2014.

[59] 胡晋,崔华威,关亚静,等. 一种双重抗旱型种衣剂[P]:中国,2013,ZL20110294164.6.

[60] 胡晋,关亚静,胡伟民. 种子增值概念和技术[M]. 种子,2012,31(7):72-74.

[61] 李灵芝. 种子生活力测定的非破坏性方法研究初探[J]. 种子,1994,(5):1-4.

[62] 刘天玲,苏琪雅,孙群,等. 基于NIR分析和模式识别技术的玉米种子识别系统[J]. 光谱学与光谱分析,2012,32(5):1209-1212.

[63] 邵晨霞,胡晋,宋文坚,等. 不同酸度壳聚糖溶液引发对玉米发芽和幼苗素质的影响[J],浙江大学学报(农业与生命科学版),2005,31(6):705-708.

[64] 解秀娟,胡晋. 沙引发对紫花苜蓿种子盐逆境下发芽及幼苗生理生化变化的影响[J]. 种子, 2003(4):5-6.

[65] 阴佳鸿,毛培胜,黄莺,等. 不同含水量劣变燕麦种子活力的近红外光谱分析[J]. 红外,2010,31(7):39-44.

[66] 杨锦忠,郝建平,杜天庆,等. 基于种子图像处理的大数目玉米品种形态识别[J]. 作物学报,2008,34(6):1069-1073.

[67] 郑光华,张庆昌,燕义唐,等. PEG引发应用于大豆抗寒早播的效果[J]. 种子,1987(1):

12-15.

[68] 郑昀晔,曹栋栋,张胜,等.多胺对玉米种子吸胀期间耐冷性和种子发芽能力的影响[J].作物学报,2008,34(2):261-267.

[69] 霍平慧,李剑锋,师尚礼,等.种子超干贮藏对紫花苜蓿前期生长和生理特性的影响[J].干旱地区农业研究,2014(1):171-176.

[70] 李鑫,王倩.种子超干贮藏研究进展.中国农学通报[J],2005,21(7):73-76.

[71] Hampton J C,Tekrong D M. Handbook of Vigour Test Methods[M]. 3rd edition. Zurich:The International Seed Testing Association, 1995.

[72] ISTA. International Rules for Seed Testing[M]. Zurich: ISTA, 2004.

[73] Copeland L O,Miller M B. Principles of Seed Science and Technology[M]. 4th edition. London:Kluwer Academic Publishers,2001.

[74] Ching T M. Biochemical aspects of seed vigor[J]. Seed Science & Technology,1973(1):73-76.

[75] Roberts E H. Loss of seed viability during storage[J]. Advances in Research and Technology of Seeds, 1983(8):9-34.

[76] Roberts E H. Seed deterioration and loss of viability[J]. Advances in Research and Technology of Seeds, 1980:4-5,25-35.

[77] Song S Q, Kenneth M, Fredlund,*et al*. Changes in low-molecular weight heat shock protein 22 of mitochondria during high-temperature accelerated ageing of *Beta vulgaris* L. seeds[J]. Acta Phytophysiologica Sinica, 2001, 27(1): 73-80.

[78] Black M,Bradford K J,Vazquez-Ramos. Seed Biology: advances and application[M]. Wallingford,Oxon Ox10 8DE UK:CABI publishing,2000.

[79] Farrant J M,Pammenter N W,Berjak P. Recalcitrance-a current assessment[J]. Seed Science & Technology,1988,16(1):155-166.

[80] Greggains V,Finch-Savage W E,Atherton N M,*et al*. Viability loss and free radical processes during desiccation of recalcitrant Avicennia marina seeds[J]. Seed Science Research,2001(11):235-242.

[81] Song S Q,Berjak P,Pammenter N,*et al*. Seed recalcitrance:a current assessment[J].植物学报,2003,45(6):638-643.

[82] Song S Q,Berjak P,Pammenter N. Desiccation sensitivity of *Trichilia dregeana* axes and antioxidant role of ascorbic acid[J].植物学报,2004,46(7):803-810.

[83] Arya S,Lehana P. Development of a seed analyzer using the techniques of computer vision[J] . International Journal of Distributed and Parallel Systems,2012,3(1):149-155.

[84] Bradford K J. Manipulation of seed water relations via osmotic priming to improve germination under stress conditions. HortScience,1986(21):1105-1112.

[85] Chen K,Arora R. Priming memory invokes seed stress-tolerance[J] . Environmental and Experimental Botany,2013(94):33-45.

[86] Guan Y J,Hu J. Seed priming with chitosan improves maize germination and seedling growth in relation to physiological changes under low temperature stress [J]. Journal

of Zhejiang University,Science B,2009,10(6):427-433.

[87] Heydecker W,Higgins J,Turner Y J. Invigoration of seeds[J]. Seed Sci. and Technol. ,1975(3):881-888.

[88] Hu J,Zhu Z Y,Song W J,*et al*. Effects of sand priming on germination and field performance in direct-sown rice(*Oryza sativa* L.)[J]. Seed Sci. & Tech. ,2005,33(1):243-248.

[89] Kitto S,Janick J. Polyox as an artificial seed coat for asexual embryos[J]. HortScience,1982(17):448.

[90] Schwember A R,Bradford K J. A genetic locus and gene expression patterns associated with the priming effect lettuce seed germination at elevated temperatures[J]. Plant Molecular Biology,2010,73(1-2):105-118.